"十三五"江苏省重点图书出版规划项目

Key Construction Technology
of Large Span Spatial
Steel Structure

大跨空间
钢结构施工关键技术

以南京青奥体育公园为例

鲁开明 陈勤斌 王 进 刘荣桂 编著

江苏大学出版社
JIANGSU UNIVERSITY PRESS

镇 江

图书在版编目(CIP)数据

大跨空间钢结构施工关键技术：以南京青奥体育公
园为例/鲁开明等编著.—镇江：江苏大学出版社，
2017.12
　　ISBN 978-7-5684-0709-0

　　Ⅰ.①大… Ⅱ.①鲁… Ⅲ.①大跨度结构－钢结构－
建筑物－建筑施工 Ⅳ.①TU745.2

中国版本图书馆 CIP 数据核字(2017)第 318990 号

大跨空间钢结构施工关键技术：以南京青奥体育公园为例
Dakua Kongjian Gangjiegou Shigong Guanjian Jishu：Yi Nanjing Qing'ao Tiyu Gongyuan Wei Li

编　著	鲁开明　陈勤斌　王　进　刘荣桂
责任编辑	吴蒙蒙　汪再非
出版发行	江苏大学出版社
地　址	江苏省镇江市梦溪园巷 30 号(邮编：212003)
电　话	0511-84446464(传真)
网　址	http：//press.ujs.edu.cn
排　版	镇江文苑制版印刷有限责任公司
印　刷	镇江文苑制版印刷有限责任公司
开　本	718 mm×1 000 mm　1/16
印　张	19.5　插页 16 面
字　数	394 千字
版　次	2017 年 12 月第 1 版　2017 年 12 月第 1 次印刷
书　号	ISBN 978-7-5684-0709-0
定　价	68.00 元

如有印装质量问题请与本社营销部联系(电话：0511-84440882)

序

随着国家综合国力的不断增强,各类体育、会议、演艺等活动广泛开展,大跨度空间结构迎来了空前的发展时机,一大批结构形式新颖和施工技术先进的钢结构工程项目脱颖而出,这对大跨空间钢结构的设计理论和施工技术提出了巨大的挑战。因此,对大跨度空间钢结构的施工关键技术开展系统的研究很有必要。南京青奥体育公园项目是南京市的地标建筑之一,结构新颖,设计难度大,施工技术复杂,该工程形成了大量科技成果,已获"中国钢结构金奖"等奖项。南京建工集团有限公司以南京青奥体育公园项目为背景,对大跨空间钢结构的施工关键技术进行系统的研究。基于大量工程数据和实践成果,南京建工集团有限公司组织工程技术人员编写了《大跨空间钢结构施工关键技术》一书,对相关研究成果进行系统的介绍和论述。

该书详细分析了大跨空间钢结构的施工关键技术问题,在理论方面重点研究了大跨度钢结构施工的基本理论及有限元分析原理;在工程应用方面重点介绍了大跨钢结构施工方案的优化、拉索玻璃幕墙施工方案的研究与分析、BIM技术和绿色施工的应用及成效展示等施工关键技术,为大跨空间钢结构施工提供工程参考案例。

南京建工集团有限公司是全国建筑业竞争力百强企业,长期以来,公司把追求"以技术引领企业发展,努力成为拥有绿色建筑技术和具有承接工程总承包业务能力的大型控股集团"作为企业战略目标,在科技创新方面打造企业核心技术,为我国城市建设做出了突出贡献。

该书可为从事大跨空间钢结构施工企业及设计院所技术人员、管理人员提供参考,亦可供大专院校土木工程等相关学科学生学习参考。

东南大学教授　博士生导师
钢结构研究设计发展中心主任

前　言

　　大跨空间结构是大型体育场馆和公共建筑等采用的主要结构形式,一大批结构形式新颖和施工技术先进的钢结构工程项目脱颖而出,这对大跨空间钢结构的设计理论和施工技术提出了巨大的挑战,必须对大跨空间钢结构的施工关键技术开展系统地研究,为工程建设提供技术保证。南京青奥体育公园是南京市的地标建筑之一,结构新颖,设计技术难度大,施工复杂,该工程形成了大量科技成果,已获"中国钢结构金奖"。南京建工集团有限公司以南京青奥体育公园项目为背景工程,对大跨空间钢结构的施工关键技术进行系统的研究,组织工程技术人员根据研究成果,编写了《大跨空间钢结构施工关键技术》一书。该书的出版将填补目前市场上对大跨空间钢结构施工技术相关学术专著的不足,对提高我国大跨钢结构技术水平有重要意义,具有重要推广应用价值。

　　本书共7章。第1章论述了大跨空间钢结构国内外发展概况,重点介绍了大跨空间钢结构的特点和结构形式,并总结了大跨空间钢结构在体育场馆中的应用。第2章基于大跨空间结构施工阶段的受力特点及理论研究,对大跨空间钢结构的施工力学理论、施工过程模拟技术、动力分析基本方法以及拉索结构有限元分析理论进行了总结。第3章介绍了南京青奥体育公园的工程概况以及大跨空间钢结构施工过程中主要采用的关键技术。第4章介绍了临时支撑卸载的基本问题,并对青奥体育场馆大跨钢结构卸载过程进行有限元模拟,结合模拟结果,最终确定钢结构卸载控制施工方案与施工挠度监测方案,为项目有效施工控制提供理论依据。第5章基于南京青奥体育公园中体育馆的拉索点支式玻璃幕墙工程的施工,对拉索点支式玻璃幕墙结构的施工工艺进行了介绍。第6章阐述了BIM技术在大跨空间钢结构工程中的应用。第7章介绍了绿色施工的产生背景和内涵,进一步讨论了绿色施工的5个特点。

　　在本书的编写过程中,南京建工集团有限公司技术负责骨干及江苏大学刘荣桂教授课题组老师对本书做出了贡献。刘荣桂、胡白香撰写了第1章;刘荣桂、延永东撰写了第2章;陈勤斌、崔钊玮撰写了第3章;王进、崔钊玮撰写了第4章;王进、谢甫哲撰写了第5章;鲁开明、韩豫撰写了第6、7章。此外,樊淑清、徐斌、范伟忠、刘志军、姚卫忠、池苏庆、王东海、姚昌慧等在书稿写作过程中提出了宝贵意见。

该书内容丰富，观点独特，写作严谨认真，该书的出版将填补目前市场上对大跨空间钢结构施工技术相关学术专著的不足，也可为从事大跨空间钢结构施工企业及设计人员、管理人员提供参考，更可供高校结构工程、工程力学等相关学科本科生、研究生学习参考。

由于作者水平有限，书中难免存在不足之处，恳请读者批评指正。

编著者

2017 年 11 月

目　录

第二篇 大跨空间钢结构施工关键技术

大跨空间钢结构发展现状与基础理论

第一篇

第1章 大跨空间钢结构特点、形式及应用

1.1 概述

20世纪60年代，《空间结构》杂志前主编马考夫斯基(Z. S. Makowski)还只是认为空间结构是一种有趣但仍属陌生的非传统结构，然而今天它已在全世界广泛应用。国际壳体与空间结构协会(The International Association for Shell and Spatial Structures，IASS)创始人托罗哈认为最佳结构有赖于其自身受力之形体，而非材料潜在之强度。"实现建筑工业技术最伟大的现代天才"、"全能设计师"、美国科学家巴克斯特·富勒认为自然总是建造最经济的结构。

大跨空间钢结构由于其受力合理、结构刚度大、跨度大、重量轻、用钢量低，突出结构美而且富有艺术表现力、造型丰富优美、生动活泼等优点，已被广泛应用于大众文化、交通、体育娱乐等重要设施，如公共建筑类的剧院、展览馆、体育场馆、会展中心、候车厅等；专门用途建筑类的飞机库、汽车库；生产性建筑类的飞机制造厂的总装配车间、造船厂的船体结构车间等。随着经济的发展及相应理论研究的成熟，大跨空间钢结构不断地发展，日益显示出一般平面结构无法比拟的创造潜力，体现出科技创新的美丽和神奇。

随着经济、文化建设需求的提升及人们对建筑造型设计要求的增加，各种造型独特、结构复杂的大跨空间钢结构不断涌现。2008年北京奥运会、2010年上海世博会、2014年南京青奥会的成功举办，为大跨空间钢结构在我国的应用发展提供了新的契机。近20年来我国大跨空间钢结构取得了快速发展，体育建筑、会展建筑、交通枢纽建筑等的建设规模居全球之首。

大跨结构的跨度没有统一的衡量标准，我国国家标准《钢结构设计规范》《网架结构设计与施工规程》等将跨度60 m以上结构定义为大跨度结构，其计算和构造均有特殊规定。

大跨度结构主要在自重荷载下工作，其主要设计目标是减轻结构自重，故最适宜采用钢结构。大跨空间钢结构是目前空间结构发展的主要趋势，其形式新颖丰富

且采用了大量的新材料、新技术,已得到广泛的工程应用,是现代设计技术、材料技术和建造技术的集中体现,并成为反映一个国家建筑科学技术水平的重要标志。

1.2 大跨空间钢结构的特点

空间钢结构是不宜分解为平面结构体系的三维空间形体,鉴于三维受力特性,在荷载作用下呈空间工作状态,由多个方向的构件同时参与工作,从而使内力分布得更加均匀。

空间钢结构可以通过合理的曲线形体来有效抵抗外荷载的影响,使结构以承受轴力为主,可充分利用钢材的高强度性能,具有传力途径简捷、结构刚度大、自重轻等特点,能适应不同跨度、不同支承条件的各种建筑要求;形状上也能适应正方形、矩形、多边形、圆形、扇形、三角形,以及由此组合而成的各种形状的建筑平面;同时,又具有建筑造型轻巧、结构形式丰富而生动活泼、便于建筑处理的特点,突出结构美而且富有艺术表现力。

大跨空间钢结构主要呈现出以下几个特点:

(1) 结构跨度大

经济文化的快速发展,要求越来越多的建筑能够覆盖更广阔的空间来体现特色。图1.1为2008年奥运会国家体育场,长轴332.3 m,短轴296.4 m,"鸟巢"外形结构主要由巨大的门式刚架组成,共有24根桁架柱,围护结构为覆盖膜、钢承重骨架,主刚架平面外的稳定性由与其相交的次结构保证。图1.2为英国伦敦于1999年建成的千禧穹顶,整个建筑为穹庐形,跨度300 m,12根100 m高的钢桅杆直刺苍穹张拉着直径365 m、周长大于1 000 m的穹面钢索网。

图1.1 大跨空间钢结构示例——
北京国家体育场

图1.2 大跨空间钢结构示例——
伦敦千禧穹顶

(2) 形式多样化

随着建筑科学技术水平的提高,大跨空间钢结构逐渐展现出复杂化和结构形式多样化的特点。大跨空间钢结构并不是大量建设项目,因此方案极具个性化。

（3）材料特殊化

传统钢材已经不能满足大跨空间钢结构的发展需求。高强钢材、厚钢板的应用为大跨复杂空间钢结构的发展提供了有力保障，不锈钢、铝合金、膜材等新材料的应用进一步推动大跨空间钢结构的发展。

图 1.3 为部分应用特殊材料的网壳结构建筑。

(a) 上海国际体操中心(铝合金网壳)

(b) 上海浦东游泳馆(铝合金网壳)

(c) 上海长宁体育馆(铝合金单层网壳)

(d) 上海会展中心（耐候钢网壳）

图 1.3　特殊材料网壳结构建筑

（4）节点复杂化

多姿多彩的建筑造型使得结构的节点设计模式不断增多，也给构件加工和施工增添了一定的复杂性。

例如，位于北京朝阳公园的凤凰国际传媒中心钢结构属超大跨度空间结构（见图 1.4），钢结构屋盖由双向交叉叠合梁结构及竖向支撑系统组成，长约 130 m，宽约 124 m，由箱型截面构件（轮廓尺寸 700 mm×500 mm）形成的梯形网格构成，且构件具有不同程度的空间弯扭特征。凤凰国际传媒中心钢结构制作安装新技术的研究成功，对于今后各种不同曲面奇特造型的大跨空间钢结构设计施工具有重要的参考价值。

（5）充分应用新技术

在大跨空间钢结构中引入现代预应力技术，不仅使结构造型更为丰富，而且也使其先进性、合理性、经济性得到充分展示。

例如,贵阳奥体中心(见图 1.5),西看台罩棚纵向长约 284 m,高度约 52 m,最大宽度约 68 m,看台上部设一排支撑,最大悬挑约 49 m,最大高度约 51 m。西看台罩篷属于超限大悬挑结构,采用沿屋盖上表面径向设置预应力大悬挑斜交斜放的空间管桁架结构。该结构属于局部区域施加预应力结构,通过局部布置的预应力拉索施加预应力来提高结构的竖向刚度,预应力拉索位于树状支撑点至悬挑末端附近。大跨度悬挑空间钢结构与预应力组合成为一种新的结构体系。

图 1.4 凤凰国际传媒中心   图 1.5 贵阳奥体中心

(6) 设计与施工难度大

大跨空间钢结构具有规模庞大、造型复杂等特点,给设计和施工都增加了相当大的难度,对结构的设计及施工提出了更高的要求,这需要设计师和现场技术人员进行全方位的交流,只有更加密切地交流才会做出更好的结构。

1.3 大跨空间钢结构主要形式及典型应用

空间结构的发展与人类生活生产的需要、科学技术水平及物质条件的发展紧密相连。20 世纪的工业革命推动了建筑科学技术的发展。在出现了水泥和钢铁等新型材料之后,人们学会了建造桁架、拱、刚架等平面结构。随着时代的进步,人对生产和生活提出了大跨度空间的需求,例如要求能够容纳几万人进行体育比赛、文娱表演、集会的大型场馆,跨度需做到 100～200 m,甚至更大。

在我国,延续数千年的古建筑均采用的是木、砖、石结构,因此跨度都比较小,一般限制在 10 m 以内。20 世纪初,钢木结构、钢筋混凝土结构屋架的出现将结构跨度提高到 20 m 左右,到 20 世纪 50 年代预应力技术的发展又将结构跨度提高到 60 m。随着工业技术的发展,特别是钢技术的提升,多种形式的大跨钢屋盖开始出现,并以平面桁架和网架的形式在 20 世纪 60 年代开始获得应用,并获得一致好评。

　　近些年来,随着我国经济建设的蓬勃发展,大跨度工业厂房、候机大厅、会展中心、剧院、体育场馆等大型工业及公共建筑不断涌现,大跨空间钢结构得到了前所未有的发展及应用。从起初的平面桁架、平板网架、单层网架到现在的空间立体桁架、多层网架、各种网壳等,特别是现代预应力技术的引入后,大跨空间钢结构造型更为丰富,先进性、合理性、经济性得到了充分展示。悬索体系、索拱/索网体系、张弦梁/张弦桁架体系、索膜体系、整体张拉体系等一大批新的结构体系随之产生,我国开始了真正的大跨空间钢结构时代。

　　空间结构的不断创新、发展,大量采用了新材料、新技术,使得大跨空间钢结构成为一个朝气蓬勃的研究领域。

　　根据结构形式的不同(如多跨、连续跨等)和受力特征的不同(如壳体、悬索等),大跨度结构形式一般可以划分为表 1.1 所示的体系。从某种意义来说,空间结构是一种仿生结构,如蛋壳、海螺等是薄壳结构,蜂窝和放射虫的骨骼结构是空间网格结构,肥皂泡是充气结构,蜘蛛网是索网结构,棕榈树叶是折板结构。

　　在大跨空间钢结构中应用较多的是网格结构(网架及网壳),张力结构(悬索结构、薄膜结构),组合结构(刚性的网格结构与柔性的索、膜结合)等。

表 1.1　大跨度空间结构形式分类

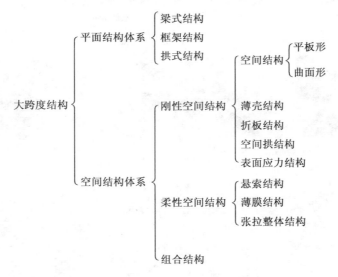

1.3.1　网格结构

　　20 世纪 60 年代以来,焊接技术的日益成熟、高强钢材的出现、电子计算技术的突飞猛进,使得空间网格结构(网架及网壳)发展迅速。这类结构体系是由杆件按一定规律组成的网格状高次超静定空间结构体系,整体刚度好,具有优良的抗震性能,而且能够承受由于地基不均匀沉降带来的不利影响,技术经济指标优越,尤其可提供丰富的建筑造型,受到建设者和设计者的喜爱,被广泛应用于公共建筑和工业厂房中。

空间网格结构的空间刚度大、整体性强,杆件与节点易于标准化,可以精确地加工、定位,适合于工业化生产。

网架是杆件按一定规律通过节点连接而形成的平板形或微曲面形空间杆系结构,主要承受整体弯曲内力。网壳是杆件按一定规律通过节点连接而形成的曲面状空间杆系或梁系结构,主要承受整体薄膜内力。网架在国外被称为空间桁架,或者说是格构化的板,一般为平板形,或者略有弯曲(曲面),通常厚度(相对于跨度)较大。网壳可以看作格构化的壳,整体表现为曲面,一般相对于跨度来说厚度较小。

网格结构的主要节点形式有焊接或螺栓钢板节点、焊接空心球节点、螺栓球节点、相贯节点、铸钢节点和我国自行研制开发的嵌入式毂节点等,如图 1.6 所示。

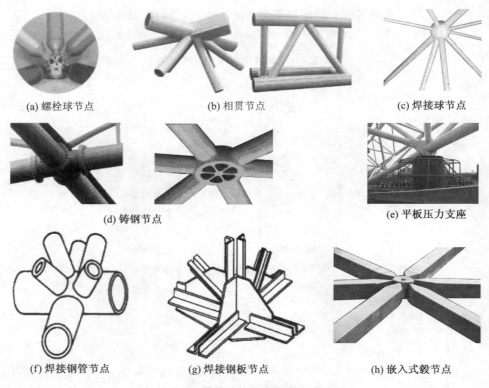

(a) 螺栓球节点　　　　　(b) 相贯节点　　　　　(c) 焊接球节点

(d) 铸钢节点　　　　　　　　　　　　　　(e) 平板压力支座

(f) 焊接钢管节点　　　　(g) 焊接钢板节点　　　　(h) 嵌入式毂节点

图 1.6　网格结构的主要节点形式

1. 网架结构

网架结构由许多规则的几何体组合而成。其主要特点有：

（1）由于网架结构杆件之间的相互作用，网架的整体性好，空间刚度大，结构非常稳定。

（2）空间网架是多向受力的空间结构，结构靠杆件的轴力传递载荷，材料强度得到充分利用，既节约钢材，又减轻了自重；高次超静定，安全度高。

（3）抗震性能好。由于网架结构自重轻，地震时产生的地震力就小，同时钢材具有良好的延伸性，可吸收大量的地震能量，结构稳定，不会倒塌，所以具备优良的抗震性能。

（4）网架结构高度小，可有效利用空间。普通钢结构高跨比为 $1/8\sim 1/10$，而网架结构高跨比只有 $1/14\sim 1/20$，能降低建筑物的高度。

（5）建设速度快。网架结构的构件，其尺寸和形状规格有限，可在工厂成批生产，且质量好、效率高，同时不与土建争场地，因而现场工作量小，工期短。

（6）网架结构轻巧，能覆盖各种形状的平面，又可设计成各种各样的体形，造型美观大方。

（7）网架结构的缺点是汇交于节点上的杆件数量较多，制作安装较平面结构复杂。

网架一般为钢结构，其杆件可由钢管、热轧型钢和冷弯薄壁型钢制作，节点形式一般为空心球节点、钢板焊接节点，适用于中小跨度的工业和民用建筑、大跨度的体育馆和展览馆等屋盖结构，同时也适用于各种平面形式的建筑，如矩形、圆形、扇形及多边形。

网架的结构形式，按结构组成通常分为双层网架和三层网架；按支承情况分，有周边支承、点支承、周边支承和点支承混合等形式；按照网架组成情况，可分为两向正交正放网架、两向正交斜放网架、三向交叉网架和锥体网架。表 1.2 描述了网架的不同结构形式及其特性。

表 1.2　网架的结构形式及主要特点

结构示意图	主要特点
① 双层网架	由上弦、下弦和腹杆组成的空间结构，是最常用的网架形式。

结构示意图	主要特点

② 三层网架

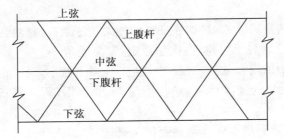

由上弦、中弦、下弦、上腹杆和下腹杆组成的空间结构；当网架跨度较大时，三层网架用钢量比双层网架用钢量省；但由于节点和杆件数量增多，尤其是中层节点所连杆件较多，这使其构造复杂，造价有所提高。

③ 两向正交正放网架

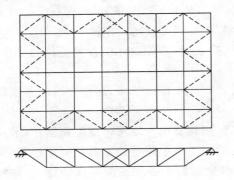

两个方向桁架跨度相等或接近时，两个方向桁架受力比较均匀，且能发生整体空间作用；如建筑平面为长方形，空间作用不明显；为几何可变体，刚度差，需设斜撑。

④ 两向正交斜放网架

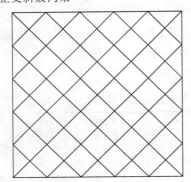

短桁架对长桁架有嵌固作用，受力有利，角部产生拉力，常取无角部形式。

结构示意图	主要特点

⑤ 两向斜交斜放

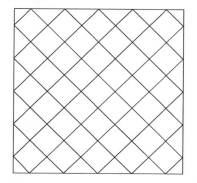

适用于两个方向网格尺寸不同的情形,受力性能欠佳,节点构造较复杂。

⑥ 三向交叉网架

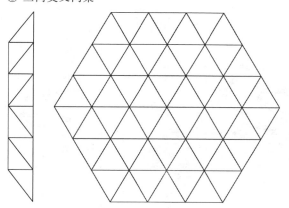

上下弦网格均为三角形;空间刚度比两向网架好;杆件内力更均匀;结点汇交杆件多,构造复杂。

⑦ 正放四角锥网架

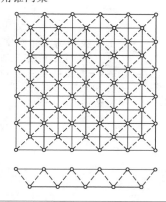

空间刚度较好,但杆件数量较多,用钢量偏大。适用于接近方形的中小跨度网架,宜采用周边支承;杆件内力均匀,点支承时除支座处杆件内力较大,其他杆件内力均匀;屋面板规格比较统一,上下弦杆等长,构造简单。

续表

结构示意图	主要特点

⑧ 斜放四角锥网架

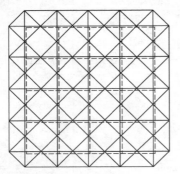

上弦网格呈正交斜放,下弦网格为正交正放。网架上弦杆短,下弦杆长,受力合理;适用于中小跨度周边支承,或周边支承与点支承相结合的矩形平面。

⑨ 星形四角锥网架

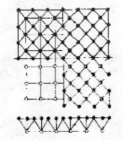 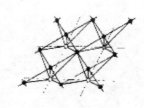

上弦杆比下弦杆短,受力合理。竖杆受压,内力等于节点荷载。星形网架一般用于中小跨度周边支承情况。

⑩ 三角锥体网架

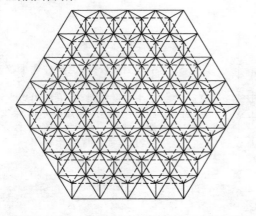

上下弦均为三角形网格,空间刚度好;当上、下弦杆和腹杆等长时,三角锥网架受力最均匀;整体性和抗扭刚度好;适用于平面为多边形的大中跨度建筑。

结构示意图	主要特点

⑪ 抽空三角锥网架

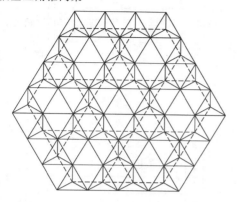

保持三角锥网架的上弦网格不变,按一定规律抽去部分腹杆和下弦杆。抽杆后,网架空间刚度受到削弱。下弦杆数量减少,内力较大。它适用于平面为多边形的中小跨度建筑。

⑫ 蜂窝三角锥网架

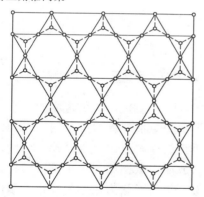

上弦网格为三角形和六边形,下弦网格为六边形。腹杆与下弦杆位于同一竖向平面内。节点、杆件数量都较少,适用于周边支承,中小跨度屋盖。蜂窝形三角锥网架本身是几何可变的,借助于支座水平约束来保证其几何不变。

⑬ 单向折线形网架

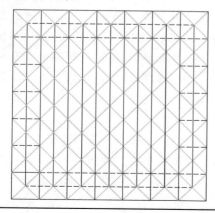

由一系列平面桁架斜交成 V 形,也可看成正放四角锥网架取消了纵向上下弦杆;单向受力,不需要支撑;周边增设部分联系杆件,增加整体刚度,构成空间结构。

网架结构的主要支承形式,如图 1.7 所示。

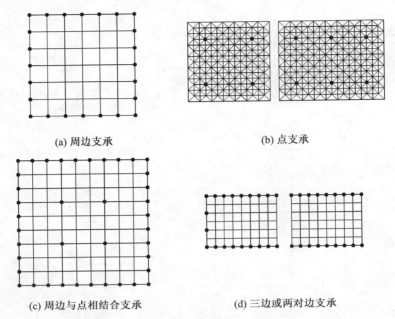

(a) 周边支承   (b) 点支承

(c) 周边与点相结合支承   (d) 三边或两对边支承

图 1.7　网架的支撑形式示意图

　　网架的选型应结合工程的平面形状、建筑要求、荷载及跨度的大小、支承情况和造价等因素综合分析确定。平面形状为矩形的周边支承网架,当其边长比(长边/短边)小于或等于 1.5 时,宜选用正放或斜放四角锥网架、棋盘形四角锥网架、正放抽空四角锥网架、两向正交斜放或正放网架。中小跨度结构,也可选用星形四角锥网架或蜂窝形三角锥网架。平面形状为矩形的周边支承网架,当其边长比大于 1.5 时,宜选用两向正交正放网架、正放四角锥网架或正放抽空四角锥网架。当边长比不大于 2 时,也可用斜放四角锥网架。平面形状为矩形、多点支承的网架,可选用正放四角锥网架、正放抽空四角锥网架、两向正交正放网架。多点支承和周边支承相结合的多跨网架,还可选用两向正交斜放网架或斜放四角锥网架。平面形状为圆形、正六边形及接近正六边形且为周边支承的网架,可选用三向网架、三角锥网架或抽空三角锥网架。中小跨度结构也可选用蜂窝形三角锥网架。

　　下面图例介绍了网架结构在实际工程中的一些典型应用情况。

　　图 1.8 为莫斯科奥运会主场馆和自行车赛车馆。建筑外形呈圆柱体状,屋盖采用内凹式钢网架结构体系,使其在节约空间与节省空调能源方面具有明显效果。

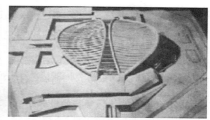

(a) 主场馆　　　　　　　　　　　　　　(b) 自行车赛车馆

图 1.8　莫斯科奥运会场馆工程(1970 年)

图 1.9 是首都体育馆,由于其平面是矩形,立面为平顶,并要有足够的抗震性能,选用了型钢杆件与钢板节点的正交斜放的平顶网架(99 m×112 m)。

图 1.10 是上海万人体育馆(又称上海体育馆),采用了三向空心球网架,直径为 110 m。上海体育馆在设计上采用了外环圆形、内环椭圆形,呈波浪式马鞍形的整体结构,尽可能为观众提供最佳的视线质量。

图 1.9　首都体育馆(1968 年)　　　　　　图 1.10　上海万人体育馆(1973 年)

图 1.11 中的上海游泳馆采用钢管球节点三向网架结构,三向网架的每一根正三角形边的投影长度为 5.196 m,网架为不等边六角形。

图 1.12 中的深圳体育馆屋盖为上弦起坡的变高度四柱支承焊接空心球节点网架。

图 1.11　上海游泳馆(1973 年)　　　　　图 1.12　深圳体育馆(1985 年)

1996 年建成的首都机场四机位库（见图 1.13），结构设计新颖，钢屋盖由大门钢桥、中梁桁架及正交斜放多层四角锥焊接空心球管网架三种结构形式组合而成。

2000 年建成的厦门国际会展中心一期（见图 1.14）的 81 m×81 m 有柱展厅，其屋盖采用双向空间钢桁架结构。桁架下弦标高为 10.55 m，桁架高度为 4.0 m，钢桁架沿纵向间距为 27 m，沿横向间距为 9 m，均支承在钢筋砼柱柱顶。该区屋面为屋顶花园，屋面活荷载按 8.0 kN/m² 设计，故屋盖承重结构选用钢桁架，并且正交桁架高度相等，弦杆为刚性连接，在纵向垂直支撑、系杆的保证作用下形成空间桁架结构体系。

图 1.13　首都机场四机位库（1996 年）　　图 1.14　厦门国际会展中心（2000 年）

鄂尔多斯会展中心造型独特（见图 1.15），屋面结构为钢管桁架和钢网架，展览中心由三个独立展厅组成，展厅之间通过连廊连接，展览中心为框架结构，屋盖为螺栓球节点双层异形钢网架，正方四角锥形式，网格尺寸 4 m×4 m，柱间支承。

2015 年，苏南硕放国际机场二期航站楼扩建工程位于原航站楼北侧，如图 1.16 所示。候机大厅的屋盖采用网架结构，南北长 226.3 m，东西宽 118.8 m，跨度 72 m，柱距 24 m，按航站术语，屋盖内为陆侧，外为空侧。低端空侧轴线外悬挑 13.139 m，高端陆侧轴线外悬挑 33.675 m，屋盖安装高度 19.26～39.28 m。整体屋盖结构由空间弧形曲面网架、莲花瓣状 9 榀棱形桁架气楼组成，网格大小约 3.0 m，网架高度 1.5～3.0 m，两向正交正放布置，桁架高度 1.1～5.0 m，为四角锥体系。屋盖结构投影面积约 26 000 m²，用钢量 1 700 t，材质为 Q345B，屋盖通过 4 根斜杆支承在 9 组四肢格构式钢管混凝土柱上。

图 1.15　鄂尔多斯会展中心(2008 年)　　　　**图 1.16　苏南硕放国际机场二期航站楼(2015 年)**

2．网壳结构

网壳结构是一种曲面形空间网格结构,兼具网架结构和薄壳结构的特点,适用于中大跨度屋盖。其主要特点是:

(1)网壳结构是典型的三维结构,合理的曲面可使结构力流均匀,节约钢材,具有较大的刚度,结构变形小,稳定性好。

(2)具有优美的建筑造型,不论是建筑平面、立面或形体都能给设计师以充分的创作自由,既能表现静态美,又可通过平面和立面的切割及网格、支承与杆件等变化表现出动态美。

(3)可以用细小的杆件组成很大的空间,结构中的杆件和节点可以在工厂预制,实现工业化生产,重量较轻,综合经济指标较好。

(4)施工简单,工期短,适合采用各种条件下的施工工艺。

(5)自然排水,无须找坡。

网壳结构的缺点包括:曲面外形增加了屋盖表面积和建筑能耗;构造处理、支承结构和施工安装均较复杂;单层网壳结构的整体稳定问题不容忽视。图 1.17 为布加勒斯特 93 m 直径的单层网壳失稳倒塌的实例。

图 1.17　单层网壳失稳倒塌实例

　　网壳结构按层数可分为单层网壳、双层网壳和三层网壳,如图 1.18 所示。按曲面外形可分为球面网壳、柱面网壳、双曲抛物面鞍形网壳(或扭网壳)、双曲扁网壳和各种异形网壳,以及上述各种网壳的组合形式,如图 1.19～图 1.28 所示。此外,还有预应力网壳、斜拉网壳(用斜拉索加强网壳)等结构体系。

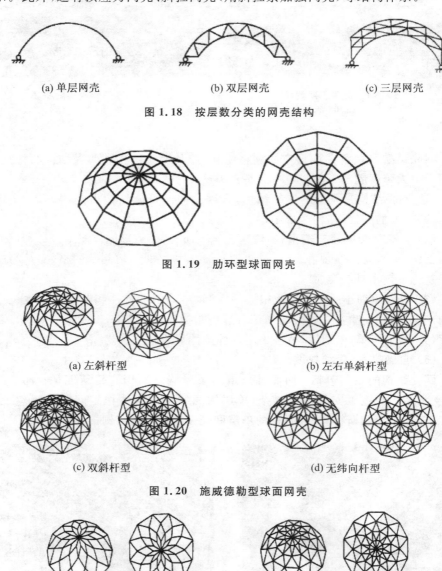

(a) 单层网壳　　　　　　(b) 双层网壳　　　　　　(c) 三层网壳

图 1.18　按层数分类的网壳结构

图 1.19　肋环型球面网壳

(a) 左斜杆型　　　　　　　　　　(b) 左右单斜杆型

(c) 双斜杆型　　　　　　　　　　(d) 无纬向杆型

图 1.20　施威德勒型球面网壳

(a) 无纬向杆　　　　　　　　　　(b) 有纬向杆

图 1.21　联方型球面网壳

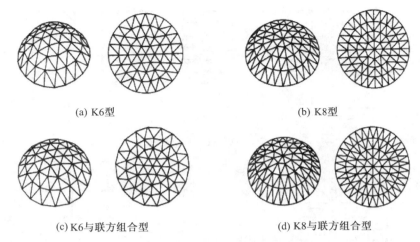

(a) K6型   (b) K8型

(c) K6与联方组合型   (d) K8与联方组合型

图 1.22 凯威特型球面网壳

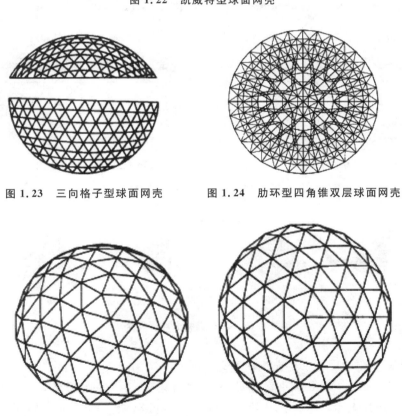

图 1.23 三向格子型球面网壳   **图 1.24 肋环型四角锥双层球面网壳**

图 1.25 短程线球面网壳

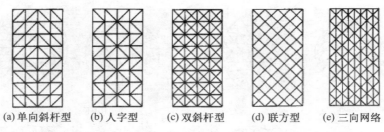

(a) 单向斜杆型　　(b) 人字型　　(c) 双斜杆型　　(d) 联方型　　(e) 三向网络

图 1.26　单层柱面网壳的网壳

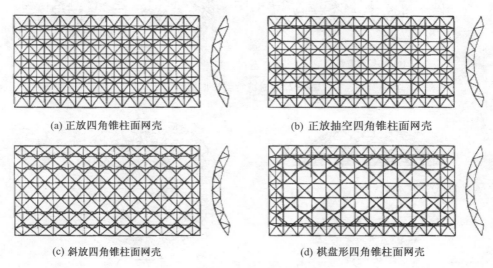

(a) 正放四角锥柱面网壳　　　　　　　(b) 正放抽空四角锥柱面网壳

(c) 斜放四角锥柱面网壳　　　　　　　(d) 棋盘形四角锥柱面网壳

图 1.27　双层柱面网壳的网壳

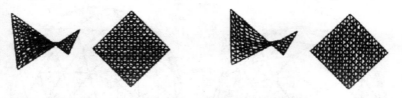

图 1.28　双曲抛物面鞍形网壳

下面介绍国内外一些典型的网壳结构工程实例。

图 1.29 a 是美国得克萨斯州休斯敦市建造的一座圆形体育馆,直径达 193 m,高约 64 m。屋顶正中有一个通气孔,可以便于污浊空气的排除。图 1.29 b 是美国新奥尔良超级穹顶体育馆的钢网壳,直径 207 m,矢高 83 m,采用 K12 型双层网壳。

(a) 得克萨斯州休斯敦体育馆(1966年)　　　　(b) 新奥尔良超级穹顶(1976年)

图 1.29　国外典型网壳结构工程(美国)

图 1.30 是日本的网壳结构的工程实例。日本神户"世界纪念"体育馆(见图 1.30 a),平面尺寸为 108 m×68 m,创造了顶升法安装网壳的技术。体育馆中间部分的穹顶与其上的屋面覆盖、下面的悬挂物等作为一个单元,它与周边的网壳用铰链相连,周边的柱是不可移动的,但利用柱底的铰可以在径向平面内移动,柱顶与环形网壳也用铰链相连,从而形成一个大型空间结构。世界上最大的单层球面网壳结构是日本名古屋体育馆(见图 1.30 b),其直径达 187 m。

(a) 神户"世界纪念" 体育馆(1990年)　　　　(b) 名古屋体育馆(1997年)

图 1.30　国外典型网壳结构工程(日本)

国内典型网壳结构工程如图 1.31~图 1.36 所示。

天津市人民体育馆是我国第一个有影响的大跨度圆柱面网壳(见图 1.31 a),平面尺寸为 52 m×68 m。濮阳中原化肥尿素仓库(见图 1.31 b)采用了双层正放四角锥柱面网壳,平面尺寸为 58 m×135 m。石景山体育馆是正三角形平面(见图 1.31 c),边长 99.7 m,由三片双曲抛物面双层网壳组成,三块网壳由 726 个焊接空心球节点与 94 种规格的 3 267 根无缝钢管杆件焊接组成的三向交叉桁架构成。哈工大体育馆采用南北向单层鞍形网壳和东西向双层抛物面网壳的组合层盖(见图 1.31 d)。德阳体育馆根据建筑造型及功能要求,屋盖采用了双曲抛物面正交斜放双层钢网壳结构(见图 1.31 e)。

(a) 天津市人民体育馆(1956年)

(b) 濮阳中原化肥尿素仓库(1989年)

(c) 石景山体育馆(1989年)

(d) 哈工大体育馆(1994年)

(e) 德阳体育馆(1995年)

图 1.31　国内典型网壳结构(一)

　　1997 年建成的长春五环万人体育馆工程位于长春市南岭体育中心(见图 1.32 a),主结构采用橄榄球面肋环型双层网壳,40 条肋直接落地。长轴屋脊为主肋,其余 38 条径向肋在网壳中心环内与主肋相交,9 个环与径向肋一起构成一个巨大的双层肋环型网壳。长轴跨度 192 m,短轴跨度 146 m,网壳矢高 42 m。图 1.32 b 为北京海洋馆的表演场,其蚌壳形曲面跨度约 60 m,双层焊接球节点,矢高 3.6 m,点支撑;展览馆为渐开线旋转曲面,螺栓球节点,点支撑。漳州后石电厂储煤仓项目中有 5 个直径 123 m 的圆形煤场网壳工程(见图 1.32 c),该网壳工程总高度 68 m,其中柱顶标高 17.70 m,网壳为双层球面网格结构,矢高 45.25 m,网格高度 3 m。网壳为点支承,均匀搁置在 36 个斜柱柱顶上。

(a) 长春五环体育馆(1997年)

(b) 北京海洋馆表演场(1998年)

(c) 漳州后石电厂储煤仓(1999年)

图 1.32　国内典型网壳结构(二)

河南省安阳市鸭河口电厂干煤棚(见图 1.33 a)设计跨度 108 m,长度 90 m,采用正放四角锥三心圆柱面双层网壳的结构形式,是当时亚洲跨度最大的三心圆柱面煤棚结构。

图 1.33 b 所示的深圳市民中心大屋盖呈大鹏展翅状,由巨型钢桁架和网架组成。巨型钢桁架共有 12 榀,其中有 4 榀主桁架分别安放在圆塔和方塔两边。主桁架长 122.5 m,高 8.6 m,呈弧状。

2007 年落成的国家大剧院采用肋环双层网壳体系(见图 1.33 c),外形为椭球壳体,椭球壳体由顶部的中心环梁、148 榀辐射状的双肢钢框架和水平环向连系杆等组成。

北京奥运会老山自行车馆位于北京市石景山区老山街,屋盖采用双层球面网壳结构,如图 1.33 d 所示,覆盖直径达 149.536 m,矢高 14.69 m,矢跨比约为 1/10,表面积约为 18 240 m²。网壳通过环形桁架支承于高 10.35 m 的倾斜"人"字形钢柱上,环形桁架由 4 根环梁通过腹杆连接而成。柱顶支承跨度为 133.06 m,柱脚周边直径为 126.40 m。钢结构总高度为 28.34 m,柱脚标高为 7.15 m。网壳厚度 2.8 m,为跨度的 1/47.5。钢结构总用钢量为1 860 t。

(a) 鸭河口电厂干煤棚(2001年)

(b) 深圳市民中心(2003年)

(c) 国家大剧院(2007年)

(d) 老山自行车馆(2008年)

图 1.33　国内典型网壳结构(三)

　　2009 年竣工的上海世博会世博轴及地下综合体工程(简称世博轴,见图1.34 a),共有 6 个阳光谷,结构体系均为三角形网格组成的单层网壳,结构下部为竖直方向,到上部边缘逐步转化为环向。作为国内最大的单层箱形截面网壳结构,阳光谷的钢结构设计、加工制作和安装在充分吸收国外经验基础上,结合国内加工安装的实际情况,参与各方进行了联合攻关,取得了成功。

　　天津商业大学新建体育馆是 2017 年全运会场馆之一,如图 1.34 b 所示,通过连廊与既有训练馆连为整体,屋盖钢结构平面投影为椭圆形,长轴 118.96 m,短轴 71.7 m,覆盖面积约为 6 780 m²,结构矢高为 8.3 m,采用环桁架拱支单层网壳复合结构体系。

(a) 上海世博会世博轴(2010年)

(b) 天津商业大学新建体育馆效果图

图 1.34　国内典型网壳结构(四)

3. 网格结构的主要安装方法

安装方法选择的好坏将直接影响结构的施工质量、施工安全、施工工期和施工费用。网格结构常用的施工安装方法,如图 1.35 所示。

(1) 高空散装法

将杆件和节点(或小拼单元)直接在设计位置拼装成整体,该方法适用于非焊接连接的各种类型的网架、网壳。高空散装法有全支架法和悬挑法两种,只要有一般的起重机械和扣件式钢管脚手架即可进行安装,对设计施工无特殊要求,但脚手架用量大,高空作业多,工期较长,需占建筑物场内用地,且在技术上有一定的难度。

(a) 分条（分块）安装法

(b) 高空散装法

(c) 高空滑移法

(d) 整体吊装法

图 1.35　网格结构的常用施工安装方法

（2）分条（分块）安装法

分条（分块）安装法，又称小片安装法，就是将网格结构分成条状或块状单元，分别由起重机吊装至高空设计位置，然后再拼装成整体的安装方法。所谓条状是指将网格结构沿长跨方向分割成若干区段，块状是指沿纵横方向分割的单元为矩形。分条或分块安装法的大部分焊接、拼装工作在地面上进行，有利于提高工程质量，并可省去大部分拼装支架。分条吊装时正放类网格结构一般在自重下能形成稳定体系，可不考虑加固；斜放类网格结构分条后需临时加固大量杆件，很不经济。分块吊装时斜放类网格结构只需在单元周边加设临时杆件。

（3）高空滑移法

高空滑移法通过设置在结构端部或中部的局部拼装架（或利用已建结构物作为高空拼装平台）和设在两侧或中间的通长通道，在地面拼成条状或块状单元，吊至拼装平台上拼装成滑移单元；用牵引设备将结构滑移到设计位置。它可解决起重机械无法吊装到位的困难，在网格施工期间土建作业可交错施工。拼装支架比高空散装法节省约 50% 的作业时间，且占用建筑物周边场地少。

根据滑移过程方式的不同,高空滑移法可以分为两种:① 单条滑移法。将待滑移单元一条一条地分别从拼装台架的一端滑移到另一端就位安装,各条之间分别在高空就位再进行连接,即逐条滑移,逐条连成整体。② 逐条累积滑移法。先将一个单元滑移一段距离后(能空出第二单元的拼装位置即可),再连接好第二条单元,两段单元一起滑移一段距离(滑至空出第三单元的拼装位置),再连接第三条单元,三段又一起滑移一段距离,如此循环操作直至接上最后一条单元为止。

当结构的纵向尺寸较大时,也可以将以上两种方式结合使用。如平面桁架采用滑移法时,由于单榀桁架稳定性差,可先采用累积滑移法,将若干榀桁架组成一个稳定性较好的滑移单元后,再一次滑移到设计位置。

(4) 整体吊装法

整体吊装法是指结构在地面总拼后,采用单根或多根拔杆、一台或多台起重机进行吊装就位的施工方法。这种方法的特点是:网格结构地面总拼时可以就地与柱错位总拼或在场外进行。当就地与柱错位总拼时,网格结构起升后在空中需要平移或转动 1~2 m 再下降就位,因为柱是穿在网格中的,所以凡与柱相连接的梁均应断开,在网格结构吊装完成后再施工框架梁。当场地许可时,可在场外地面总拼网格结构,用起重机抬吊至建筑物上就位,这样虽解决了室内结构拖延工期的问题,但起重机必须负重行驶较长距离。就地与柱总拼适用于拔杆吊装,场外总拼适用于起重机吊装。

(5) 整体提升法

整体提升法与整体吊装法的区别在于:前者只能作垂直起升,不能水平移动或转动,后者则可以。因此,整体提升法有两个特点:一是网格结构必须按高空安装位置在地面就位拼装,即高空安装位置和地面拼装位置必须在同一投影面上;二是周边与柱或联系梁相碰的杆件必须预留,待网格结构提升到位后再进行补装。大跨度网格结构整体提升法有三种基本方式,即在拔杆上悬挂千斤顶提升网架;在结构上安装千斤顶提升网架;在结构上安装升板机提升网架。目前,国内最大提升重量为 6 000 t,如上海歌剧院屋盖工程,最大提升跨度为 90 m,还有上海虹桥机场机库屋盖,平面尺寸为 150 m×90 m。

图 1.36~图 1.38 所示是整体提升法施工实例。

图 1.36　上海游泳馆网架整体提升过程

图 1.37　河南鸭河口电厂干煤棚柱面网壳施工过程

图 1.38 名古屋穹顶施工过程

1.3.2 张力结构

张力结构利用预应力将索、杆、梁、膜等不同类型的结构形式组合成杂交空间结构(Hybrid Space Structure),这种结构充分发挥了预应力的性能,使大部分结构处于受拉状态,减轻了结构自重,具有跨越大跨度和超大跨度的优越性能,从而越来越受到人们的关注,在国外发展很快,在我国也有相应的研究和实例。美国亚特兰大奥运会体育馆(Georgia Dome)、伦敦千年穹顶、上海浦东国际机场等运用张力结构的中外建筑,巧妙地将建筑的技术与艺术融为一体,形式新颖,气势磅礴,给人们留下了深刻的印象。

根据张力结构的受力特点,可将其分为张拉整体体系(或称全张力体系,如索穹顶)、现代大跨度预应力结构(它介于传统的刚性预应力结构和完全柔性预应力结构之间,如张弦梁)、张拉膜结构。

张力结构的主要受力构件是单向受拉的索或双向受拉的膜。由于构件主要承受拉力,可以充分利用钢材的高强度,因此特别适合于大跨空间钢结构。

1. 悬索结构

(1)悬索结构的发展与应用

悬索结构最早应用于桥梁工程中,蒙古包、帐篷可作悬索结构的雏形,如图 1.39 所示。

悬索屋盖结构是由柔性受拉索、边缘构件及下部支撑构件所形成的承重结构。索的材料可以采用钢丝束、钢丝绳、钢绞线、链条、圆钢,以及其他受拉性能良好的线材。边缘构件和下部支承构件则常为钢筋混凝土结构。悬索结构能充分利用高强材料的抗拉性能,具有跨度大、自重小、材料省、易施工的优点。悬索为轴心受拉构件,在竖向荷载作用下,支座处的水平拉力与悬索的垂度成反比。对于建筑而言,拉索显示出柔韧的状态使得结构形式轻巧、具有动感,而且平面形式自由灵活。

(a) 明石海峡大桥

(b) 中国江阴长江公路大桥

(c) 美国旧金山金门大桥

(d) 游牧民族的帐篷

图 1.39　悬索结构应用实例

索结构的轻、柔特点使其在风荷载和非对称荷载作用下,易产生较大的机构性位移和振动,因此形状稳定性是索结构的核心问题。为有效抵抗机构性位移,需要采取不同的构造措施,可采用的办法有:增加结构重量,增加结构刚度,增加相反曲率的构件,增加额外的约束。由此就形成多种不同的悬索体系。

悬索结构按屋面几何形式的不同分为单曲面、双曲面两种;按拉索布置方式的不同分为单层悬索体系、双层悬索体系、交叉索网体系(鞍形索网体系)三种,如图 1.40～图 1.45 所示。

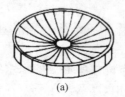

(a)

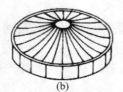

(b)

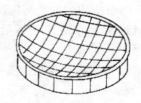

图 1.40　辐射式布置的单层悬索体系　　**图 1.41　网状布置的单层悬索体系**

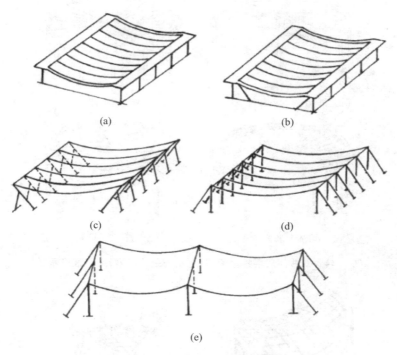

图 1.42　平行布置的单层悬索体系

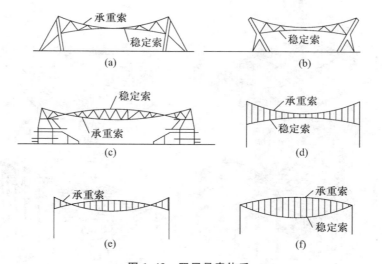

图 1.43　双层悬索体系

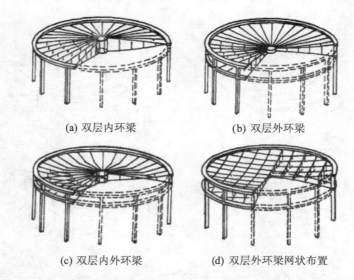

(a) 双层内环梁　　　　　　　　(b) 双层外环梁

(c) 双层内外环梁　　　　　　　(d) 双层外环梁网状布置

图 1.44　双曲面双层拉索索系(上索既是稳定索,又可直接承载)

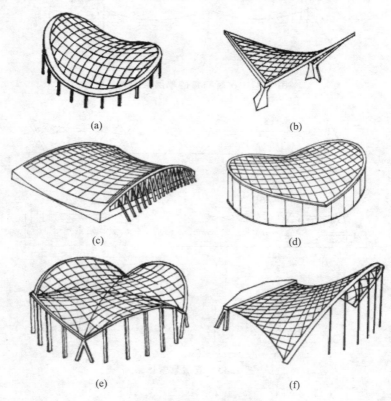

(a)　　　　　　　　　　　　　(b)

(c)　　　　　　　　　　　　　(d)

(e)　　　　　　　　　　　　　(f)

图 1.45　交叉索网体系

悬索结构的主要特点：① 轴向拉伸可抵抗外荷载作用（充分利用钢材强度）；② 便于建筑造型，适用于各种平面；③ 施工方便，费用低，自重小；④ 可创造良好物理性能的建筑空间；⑤ 稳定性差，单索是几何可变体；⑥ 边缘构件和下部支承必须具有一定的刚度和合理的形式，以承受索端巨大的水平拉力。

柔性的悬索在自然状态下没有刚度，必须采用敷设重屋面或施加预应力等措施，才能赋予一定的形状，成为在外荷载作用下具有必要刚度和形状稳定的结构。

单层悬索结构具有构造简单、传力明确的优点，但单层悬索结构稳定性差，主要表现在以下 3 个方面：① 适应荷载变化的能力差，外形会随活载如不对称风、雪荷载的大小与位置而变化，且幅度很大，振荡过于频繁，对保持屋面形状、保证屋面防水性能非常不利。② 抗风吸能力差，索只能单向传力，即荷载必须与垂度同向，若风为吸力或竖向地震力时，则立即失去稳定，无力抵抗向上风力和竖向地震力，严重时甚至屋盖被局部掀起或屋盖被完全揭顶。③ 抗风震、地震能力差，风荷载与地震作用具有动力和随机性，悬索像绷紧之弦，易于受到颤动，并会产生振动。一旦发生振动，屋盖即遭破坏。

增强单层悬索结构稳定性的措施主要有：① 增加悬索结构的荷载；② 形成预应力索-壳组合结构；③ 形成索-梁或索-桁架组合结构；④ 增设相反曲率的稳定索（双层悬索结构、交叉索网结构）。

由一系列承重索和曲率相反的稳定索组成的预应力双层索系，是解决悬索结构形状稳定性的另一种有效形式。1966 年瑞典工程师 Jawerth 首先在斯德哥尔摩滑冰馆采用一组下凹的承重索和一组曲率相反的稳定索组成，两索之间用拉索或受压撑杆相联系，施加预应力后形成双层悬索体系，也被称为"索桁架"的专利体系，其后这种平面双层索系在各国广泛应用。我国无锡体育馆也采用了这种体系。

交叉索网体系刚度大、变形小、具有反向受力能力，结构稳定性好，适用于大跨度建筑的屋盖。交叉索网体系适用于圆形、椭圆形、菱形等建筑平面，边缘构件形式丰富多变，造型优美，屋面排水容易处理，应用广泛。屋面材料一般采用轻屋面，如卷材、拉力薄膜，以减轻自重，节省造价。交叉索网体系也称为鞍形索网，由两组相互正交的、曲率相反的拉索直接交叠组成，形成负高斯曲率的双曲抛物面。两组拉索中，下凹者为承重索，上凸者为稳定索，稳定索应在承重索之上。

现代大跨度悬索屋盖结构的广泛应用，只有 60 多年的历史。

1956 年建成的德国乌柏特市游泳馆（见图 1.46 a），是最早的单层悬索结构，比赛大厅平面尺寸为 65 m×40 m，屋盖设计成纵向单曲单层悬索，悬索拉力通过看台斜梁传至游泳池底部,两侧对称平衡,使地基仅承受压力。

1966 年,美国奥克兰市比赛馆(见图 1.46 b)建成,是跨径最大的碟形单层悬索结构($D=128$ m)。

(a) 德国乌柏特市游泳馆　　　　　　　　(b) 美国奥克兰市比赛馆

图 1.46　单层悬索结构应用示例

1966 年,世界上第一个双层索系结构——瑞典斯德哥尔摩约翰尼绍夫滑冰场屋盖(见图 1.47 a)建成。芬兰赫尔辛基冰上运动场(见图 1.47 b)、罗马尼亚布加勒斯特文体宫(见图 1.47 c)也是双层悬索结构。

(a) 瑞典斯德哥尔摩约翰尼绍夫滑冰场　　　　　(b) 芬兰赫尔辛基冰上运动场

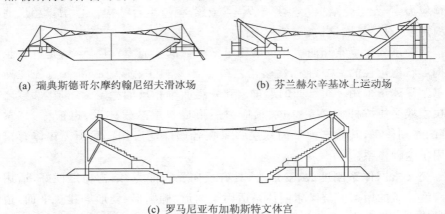

(c) 罗马尼亚布加勒斯特文体宫

图 1.47　双层悬索结构应用示例

1958 年建成的美国耶鲁大学溜冰馆(见图 1.48 a)是典型的组合悬索结构。屋盖结构由沿建筑物纵向轴竖立的中央钢筋混凝土平面大拱和两侧的两片预应力索网组成。

美国于 1953 年建成的雷里竞技馆(见图 1.48 b),采用以两个斜置的抛物线拱作为边缘构件的鞍形正交索网,其平面尺寸为 92 m×97 m,稳定索拱跨比为 1/10,承重索垂重比为 1/9。

1957 年建成的柏林会堂(见图 1.48 c),建筑体形由所采用的马鞍形悬索结构决定,建筑师把底层处理成平台,悬索结构的边拱做成宽阔的挑檐,建筑造型具有飞腾的动势,建筑色彩既鲜亮又沉稳。

由丹下健三设计的 1964 年东京奥运会主会场——代代木体育馆(见图 1.48 d),采用高张力缆索为主体悬索屋顶结构,创造出带有紧张感和灵动感的大型内部空间。该体育馆采用组合悬索结构,由悬挂在两个塔柱上的两条中央悬索及两侧的两篇鞍形索网组成,两根主索跨度 126 m,悬挂点标高 39.6 m。

(a) 耶鲁大学溜冰馆

(b) 雷里竞技馆

(c) 柏林会堂

(d) 代代木体育馆

图 1.48　组合悬索结构应用示例

我国现代悬索结构的发展开始于 20 世纪 50 年代后期,北京工人体育馆和浙江人民体育馆是当时的两个代表作。

北京工人体育馆(见图 1.49 a)建成于 1961 年,其屋盖为圆形平面,直径为 94 m,采用车辐式双层悬索体系,由截面为 2 m×2 m 的钢筋混凝土圈梁、中央钢环,以及辐射布置的两端分别锚定于圈梁和中央钢环的上索和下索组成。浙江人民体育馆(见图 1.49 b)于 1969 年 9 月建成,坐落于杭州市内,造型美观,比赛大厅为椭圆形,鞍形悬索屋盖。为了便于观众的疏散和保持沿街主立面的完整,结合体育馆单体的布局,将椭圆形比赛大厅的长轴平行于城市干道。

(a) 北京工人体育馆

(b) 浙江人民体育馆

图 1.49 国内早期悬索结构

利用斜拉索可以组成各种斜拉混合结构。在梁、板、刚架、桁架、拱、壳体、网架、网壳等大跨度建筑结构中，都可以利用塔柱顶端伸出的斜拉索作为附加的弹性支承点，使结构的跨度减小，将受弯构件的传力途径改为由索和塔柱承受拉、压的传力途径，以达到减小结构截面、减少材料用量的目的。在悬挑结构中，斜拉索可以增加悬臂构件的约束，提高结构的安全度，平衡倾覆力矩。

我国悬索结构在许多工程中运用了各种组合手段。主要的方式是将两个以上的索网或其他悬索体系组合起来，并设置强大的拱或刚架等结构作为中间支承，形成各种形式的组合屋盖结构。

1980 年竣工的成都市城北体育馆（见图 1.50）悬索屋盖系为一直径为 61 m 的无拉环双层悬索结构，该体育馆底层直径 65 m，建筑面积 7 482 m²，能容纳 6 000 名观众。

1986 年建成的吉林滑冰馆（见图 1.51）平面为矩形，底层轮廓尺寸为 67.4 m×76.8 m，屋盖采用双层预应力悬索结构体系。与一般的平面双层索系不同的是，该工程中的承重索与稳定索不在同一竖向平面内，而是相互错开半个柱间布置。

图 1.50 成都市城北体育馆（1980 年）

图 1.51 吉林滑冰馆（1986 年）

1988 年建成的四川省体育馆（见图 1.52）为矩形平面（73 m×79 m），拱跨度 102 m，是我国首次采用拱与索网的组合形式。体育馆屋盖平面尺寸为 102 m×86 m，面积约 9 000 m²。这种屋盖结构跨度大，整个屋盖由南北对称的两个索网组成，在建筑中部沿东西方向设有两道跨度为 102.45 m 的相互倾斜的抛物线形钢筋混凝土落地拱，周边为现浇的支承在框架上的钢筋混凝土边梁，两个索网分别悬挂在落地拱及边梁上。拱顶标高约 36 m，边梁标高约 21 m。屋盖采用单层双曲悬索结构，主索锚固在拱和南（北）边梁上，呈下凹曲线。副索置于主索之上，锚固在东西边梁上，呈上凸曲线。每个索网有 45 束主索（承重索），索长为 22～41 m 不等，10 束副索（稳定索），长度为 66～82 m 不等。这种大跨度单层双曲悬索屋盖的预应力张拉等整套施工，技术复杂，要求较高，施工组织严密，难度很大。通过预应力的建立，既要控制最终达到设计要求的索网标高，结构几何形状满足屋盖的建筑功能，还必须控制和达到设计要求的各主、副索的内力，使索网合理受力和有足够的刚度。

1989 年，北京奥林匹克体育中心综合馆（见图 1.53）：屋盖平面尺寸为 80 m×112 m。屋盖结构由三部分组成：① 两榀双层圆柱面网壳，采用斜放四角锥结构体系；② 设置在中间屋脊部位的立体桁架，作为网壳一边的支座；③ 8 对共 16 根斜拉索。游泳馆屋盖平面尺寸为 78 m×117 m。斜拉索一端锚固在钢筋混凝土塔筒上，另一端拉住沿建筑物纵向布置的中央箱形钢梁。横向布置的"人"字平面钢桁架一端支承在中央钢桁架上，另一端支承在钢筋混凝土框架柱上。

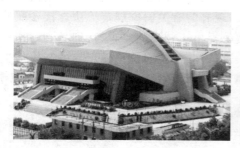 

图 1.52　四川省体育馆　　　　图 1.53　北京奥林匹克体育
　　　（1988 年）　　　　　　　中心综合馆（1989 年）

为亚运会建造的北京朝阳体育馆（见图 1.54），由两片索网和被称为"预应力索拱体系"的中央支承结构组成。形状为近椭圆形，拱跨度 57 m，索跨度 59 m，耗钢量 52.2 kg/m²。

安徽体育馆（见图 1.55）的平面呈不等边六边形。索跨度 72 m，垂跨比 1/16，索水平力由看台框架承担。梯形钢桁架，间距 6 m，最大跨 42 m，跨中截面高 3.2 m，端部高 1.6 m。屋盖总用钢量 22 kg/m²。

图 1.54　北京朝阳体育馆(1989 年)　　　　图 1.55　安徽体育馆(1989 年)

　　1990 年建成的青岛体育馆(见图 1.56)形状近椭圆形,由预应力索网＋混凝土拱组成。其屋盖是由一对圆弧形钢筋混凝土落地交叉拱和两个不对称的鞍形曲面索网组成的大跨度轻质屋盖的空间结构,在两交叉点之间形成一长61 m,拱顶中心距为 10 m 宽的菱形自然采光带。两个不对称的索网分别悬挂在落地交叉拱及圈梁上,拱轴标高＋23.50 m,南、北端索网标高为＋16.00 m与 19.20 m。

　　2001 年建成的广州新体育馆(见图 1.57)的中主场馆平面呈椭圆形,长轴160 m,短轴 110 m,屋面采用透光板。主场馆屋架采用空间钢结构,由主桁架、辐射桁架、周边水平钢环梁和拉索组成。主桁架采用变截面倒梯形空间钢管桁架;辐射桁架采用由钢管、实心钢棒、方钢管和钢板组成的平面桁架,在辐射桁架之间沿环向设置五道垂直拉索和一道水平拉索;周边水平钢环梁采用由四块钢板焊接成形的箱形梁。由于结构复杂,现有的有关国家规范无法直接参照使用,因此设计对原材料、制作加工及安装等提出了较高的要求,特别是对结构的焊缝质量、焊接变形、加工精度等的要求远远高于有关规范,使屋架的制作加工具有较大的难度。

图 1.56　青岛体育馆(1990 年)　　　　图 1.57　广州新体育馆主场馆(2001 年)

　　晋城体育中心(见图 1.58)采用由两个平行的钢拱悬吊椭球面形状的钢结构屋面,钢拱跨度 120 m,屋面的水平投影为椭圆形状,长轴 81 m,短轴 69 m。

图 1.58　晋城体育中心(2005 年)

南京奥林匹克体育中心(见图1.59)是 2008 年北京奥运会举办前国内较具规模、功能齐全、技术标准高、环境美的综合性大型体育建筑和体育公园。其主体育场屋盖钢结构是由与水平面成 45°倾角、跨度为 360.06 m 的三角形变截面钢桁架拱和 104 榀钢箱梁构成的马鞍形屋面(罩棚)组成,整个屋

图 1.59　南京奥林匹克体育中心(2005 年)

盖结构体系由主拱和钢箱梁外端的 V 形支撑将荷载传至下部结构。倾斜的主拱宛如飘带,线条简明、结构造型新颖美观。由于倾斜主拱和屋盖箱梁互相依托,其传力体系异常复杂。主拱的拱脚支座相距 360.06 m,弧线长为 415 m,主拱顶标高为65 m,单榀重量 1 635 t,向外倾斜 45°。钢结构总吨位约为 12 000 t。

(2)悬索结构的安装施工

① 钢索与锚具

a. 钢索的种类与制作

钢索一般采用平行钢丝束、钢绞线或钢绞线束等。

高强钢丝是用优质高碳钢盘条经多次冷拔,并经矫直回火处理制成。平行钢丝束是由多根高强钢丝制成。近年来,开发的新品种有低松弛钢丝和镀锌钢丝。高强钢丝的直径常用的有 5 mm、6 mm 和 7 mm,强度标准值为 1 570 MPa 与 1 670 MPa。

钢绞线是用多根高强钢丝在绞线机上成螺旋形绞合,并经回火处理制成。常用的 1×7 钢绞线是由 6 根外层钢丝围绕着一根中心钢丝绞成。近年来,开发的新品种有低松弛钢绞线、镀锌钢绞线、铝包钢绞线和模拔钢绞线等。钢绞线的直径常用的有 12.7 mm 和 15.2 mm,强度标准值为 1 720 MPa 和 1 860 MPa。

钢索的制作一般须经下料、编束、预张拉及防护等几个程序。编束时,钢丝束或钢绞线束均宜采用栅孔梳理,以使每根钢丝或多股钢绞线保持相互平行,防止互相交错、缠结。成束后,每隔1m左右要用铁丝缠绕拉紧。钢索的张拉一般取极限强度的50%~55%。钢索在下料前应抽样复验,内容包括外观、外形尺寸、抗拉强度等,并出具相应的检验报告。下料前先要以钢索初始状态的曲线形状为基准进行计算,下料长度应把理论长度加长至支承边缘,再加上张拉工作长度和施工误差等。另外在下料时还应实际放样,以校核下料长度是否准确。钢索应采用砂轮切割机下料,下料长度必须准确。在每束钢索上应标明所属索号和长度,以供穿索时对号入座。

钢索的防护应根据钢索所在的部位、使用环境及具体施工条件选用。不论采用哪种方法,在钢索防护前均应做好除污、除锈工作。钢索的防护有以下几种做法:灌水泥浆法、涂油裹布法、涂油包塑法、PE料包覆法、多层防护做法。

b. 钢索的锚具

钢索的锚具有钢丝束镦头锚具、钢丝束冷铸锚具与热铸锚具、钢绞线夹片锚具、钢绞线挤压锚具、钢绞线压接锚具等。各类锚具的锚固性能应符合国家标准《预应力筋用锚具、夹具和连接器》(GB/T 14370)的规定。

② 钢索安装

a. 预埋索孔钢管

对于混凝土支承结构(柱、圈梁或框架),在其钢筋绑扎完成后,先进行索孔钢管定位放线,然后用钢筋井字架将钢管焊接在支承结构钢筋上,并标注编号。模板安装后,再对钢管的位置进行检查和校核,确保准确无误。钢管端部应用麻丝堵严,以防止浇混凝土时流进水泥浆。

对于钢构件,一般在制作时先将索孔钢管定位固定,待钢构件吊装时再测量对正,以保证索孔钢管角度及位置准确;也可在钢构件上焊接耳板,待钢构件吊装定位后,将钢索的端头耳板用销子与焊接耳板连接。

b. 挂索

当支承结构上预留索孔安装完成,并对其位置逐一检查和校核后,即可挂索。在高空架设钢索是悬索结构施工中难度较大、非常重要的工序。挂索顺序应根据施工方案的规定程序进行,并按照钢索上的标记线将锚具安装到位,然后初步调整钢索内力及控制点的标高位置。

对于索网结构,先挂主索(承重索),后挂副索(稳定索),在所有主副索都安装完毕后,按节点设计标高对索网进行调整,使索网曲面初步成型,此即为初始状态。索网初步成型后开始安装夹具,所有夹具的螺母均不得拧紧,待索网张拉完毕经验收合格后再拧紧。

c. 钢索与中心环的连接

对于设置中心环的悬索结构体系,钢索与中心环的连接可采用两种方法,即钢索在中心环处断开并与中心环连接;钢索在中心环处直接通过。

③ 施加预应力

施加预应力是悬索屋盖结构施工的关键工序。通过施加预应力,可使各索内力和控制点标高或索网节点标高都达到设计要求。对于混凝土支承结构,只有在混凝土强度达到设计要求后才能进行此项工作。

在悬索结构中,对钢索施加预应力的方式有张拉、下压、顶升等多种手段。其中,采用液压千斤顶、手动葫芦(倒链)等张拉钢索是最常用的一种方式;采用整体下压或整体顶升方式张拉,是一种新颖的施工方法,具有简易、经济、可靠等优点。如安徽体育馆、上海杨浦体育馆等索桁屋盖,利用钢桁架整体下压在悬索上,对悬索施加预应力。具体做法是借助于边柱顶部预埋螺杆,通过拧紧螺母将每榀桁架端支座同时压下。

张拉千斤顶常用的有:100~250 t 群锚千斤顶(YCQ、YCW 型)、60 t 穿心千斤顶(YC 型)、18~25 t 前卡千斤顶(YCN、YDC 型)等。前两者可用于钢绞线束与钢丝束张拉,后者仅用于单根钢绞线张拉。

钢索的张拉顺序应根据结构受力特点、施工要求、操作安全等因素确定,以对称张拉为基本原则。

钢索的张拉方法:对直线束,可采取一端张拉;对折线束,应采取两端张拉。张拉力宜分级加载;采用多台千斤顶同时工作时,应同步加载。实测张拉伸长值与计算值比较,其允许偏差为−5%~10%。

张拉结束后切断两端多余钢索,但应使其露出锚具不少于 50 mm。为保证在边缘构件内的孔道与钢索形成有效黏接,改善锚具受力状况,要进行索孔灌浆和端头封裹。这两项工作一定要引起足够的重视,因为灌浆和封裹的质量直接影响钢索的防腐措施是否有效持久,从而影响钢索的安全与寿命。

④ 高空作业

a. 高处作业要定期进行体检,凡有高血压、心脏病、贫血、癫痫病者不得从事高空作业。

b. 高处作业要系好安全带,拴好挂牢,不准穿硬底鞋、带钉易滑鞋登高作业。

c. 在框架上作业要设计搭设安全网,在檩条上行走要铺跳板,走人马道应加设防滑条。

d. 高处作业的工具、材料不准上下抛掷,应用绳索索吊,高处作业要有专人指挥。

e. 梯子、升降架等脚手架应按规定要求设置,并经检查验收后方可使用。

f. 及时清理高处及安全网上的杂物和垃圾。

2. 薄膜结构

(1) 薄膜结构的发展与应用

膜结构是以建筑膜材为主体并与钢结构及钢索共同组成的结构体系,是自然美、技术美和艺术美的结合。薄膜结构体系起源于远古时代人类居住的帐篷(支杆、绳索与兽皮构成)。现如今,膜结构已经被应用到各类建筑结构中,在城市中充当着不可或缺的角色。

① 薄膜结构的形式与特点

根据结构形式的不同,薄膜结构可分为骨架式膜结构、张拉式膜结构、充气式膜结构 3 种形式。骨架式膜结构以钢构或是集成材构成屋顶骨架,并在其上方张拉膜材,下部支撑结构安定性高。因屋顶造型比较单一,开口部不易受限制,且经济效益高等特点,广泛适用于任何规模的空间。张拉式膜结构以膜材、钢索及支柱构成,利用钢索与支柱在膜材中导入张力以达安定的形式。除了可实现具创意、创新且美观的造型外,也是最能展现膜结构精神的构造形式。大跨空间也多采用以钢索与压缩材构成钢索网来支撑上部膜材的形式。因施工精度要求高,结构性能强,且具有丰富的表现力,所以造价略高于骨架式膜结构。充气式膜结构是将膜材固定于屋顶结构周边,利用送风系统让室内气压上升到一定压力后,使屋顶内外产生压力差,以抵抗外力,因利用气压来支撑及钢索作为辅助材,无须任何梁、支撑,可得更大的空间,施工快捷,经济效益高,但需维持进行 24 h 送风机运转,持续运行及机器维护费用较高。

张拉式膜结构是索膜建筑的代表,又分为索网式、脊谷索式。张拉式表现力强,结构性能好,造价稍高,施工精度要求高。骨架式在特定条件下采用。骨架体系自平衡,膜体仅为辅助物,膜体本身的强大结构作用发挥不足。骨架式与张拉式结合使建筑效果富有变化。骨架式造价低于张拉式。充气式索膜建筑历史长,形象单一,空间要求气闭,使用功能有明显的局限性。但充气式索膜体系造价低,施工速度快,在特定条件下有优势。

薄膜结构的主要特点如下:

a. 建筑造型优美。膜结构建筑是 21 世纪最具代表性与充满前途的建筑形式。它打破了纯直线建筑风格的模式,具有的优美曲面造型,是刚与柔、力与美的完美组合,呈现给人以耳目一新的感觉,同时给建筑设计师提供了更大的想象和创造空间。它具有良好的环保性、透光性、自清洁性,膜材表面采用 PVDF(聚偏二氟乙烯)涂层或二氧化钛涂层,具有较好的隔热效果,可反射掉 70% 的太阳热能,膜材本身吸收 17%,传热 13%;透光率在 20% 以上,经过 10 年的太阳光直接照射,其辉度仍能保留 70%。

　　b. 覆盖大跨度空间。膜结构中所使用的膜材约为 $1\ kg/m^2$，由于自重轻，加上钢索、钢结构高强度材料的采用，与受力体系简洁合理——力大部分以轴力传递，故使膜结构适合跨越大空间而形成开阔的无柱大跨度结构体系。

　　c. 具有良好的防火性与抗震性。膜结构建筑所采用的膜材具有卓越的阻燃性和耐高温性，故能很好地满足防火要求。薄膜结构自重轻，又为柔性结构且有较大变形能力，故抗震性能好。

　　d. 工期短。拼合成型及骨架用的钢结构、钢索均在工厂加工制作，现场只需组装，施工简便，故施工周期比传统建筑短。

　　e. 始终处于拉伸状态。预张力使"软壳"各个部分（索、膜）在各种最不利荷载下的内力始终大于零（永远处于拉伸状态）。

　　② 薄膜结构的应用

　　1917 年，英国人兰彻斯特建议利用新发明的电力鼓风机将膜布吹胀，作野战医院，并申请了专利；1956 年，华特·贝尔德为美国军方做了一个直径 15 m 圆形充气的雷达罩，可以保护雷达不受气候侵袭，又可让电波无阻的通过，从而使相隔了多年的专利付诸实施；1956 年以后，美国一共建立了 50 多家膜结构公司，制造各种膜产品，用做体育设施、展览场、设备仓库、轻工业厂房等，但多因设计不周全，或制作粗糙，或是业主维护不当，造成许多不幸事件，大多数的工厂亦因之倒闭。

　　1960 年间，德国斯图加特大学的佛赖·奥托先生（Frei Otto），对膜结构深入研究，并同帐篷制造厂商合作，做了一些帐篷式膜结构和钢索结构，其中最受人注目的是 1967 年在蒙特利尔博览会的西德馆，其后在欧洲，尤其是德国，开拓了膜结构商业化的先河。20 世纪 70 年代以后，出现高强、防水、透光且表面光洁、易清洗、抗老化的建筑膜材料。1970 年大阪博览会上的美国馆采用的膜材为涂覆聚氯乙烯（PVC）的玻璃纤维织物，强度上经受了两次台风的考验。其后美国制造商改进了涂覆的面层，采用了聚四氟乙烯（PTEF，商品名 Teflon）制造商又对价格较低、涂覆 PVC 的聚酯织物进行改进，再加一面层，比较成熟的有聚氟乙烯（PVF，商品名 Tedlar），抗紫外线，提高了自洁性。

　　图 1.60～图 1.77 为部分国外薄膜结构应用示例。

　　1970 年，膜结构在日本大阪万国博览会上集中展示，并引起广泛关注。川口卫设计的富士集团展厅（见图 1.60）采用气承式膜结构（临时建筑），是第一个现代大跨度膜结构，由 16 根直径 5 m、长 78 m 的拱形气肋围成，气肋间每隔 5 m 用宽 500 mm 的水平系带环箍在一起。同时参展的美国馆也采用了气肋式膜结构。139 m×78 m 无柱大厅的屋面仅用了 32 根沿对角线交叉布置的钢索与膜布覆盖。该气承式膜结构的新设计技术，受到建筑工程界一致认可后，却面临膜材料的问题。这种膜材只有七八年的使用寿命，在太阳紫外线及风、雨的交互作用下,膜布会变得硬脆、破裂,而失去结构性能。在盖格公司领导下,同美国的杜邦公司、康宁玻纤公司等5家共同开发永久性的结构膜。堪萨斯城的建筑师约翰·西弗在加州的拉维恩建了一座学生活动中心,几乎同时即1973年在圣太西弗率先使用此产品,在加州的拉维恩建了一座学生活动中心(见图1.61),经过20多年的考验,材料还保持70%～80%的强度,仍透光。另外,几乎同时即1973年在圣太·克罗拉的加州分校建了一座气承式游泳馆(活动屋顶)及学生活动中心,从此永久性膜结构便正式在美国风行。

图1.60　大阪博览会富士集团
展厅(1970年)

图1.61　拉维恩学院
学生活动中心(1973年)

第20届奥运会主赛场——德国慕尼黑奥林匹克体育场(见图1.62)是由鞍形索网、桅杆、内边索及一系列吊索组成的索网结构。

美国庞提亚克银色穹顶(见图1.63)跨度220×168 m,将世界最大充气膜结构的纪录保持到1983年。充气膜结构的跨中不需任何支撑,适用于跨度超过70 m的大跨度体育设施,建造直径达2 000 m的充气膜结构也是可能的。

图1.62　德国慕尼黑
奥林匹克体育场(1972年)

图1.63　美国庞提亚克
银色穹顶(1975年)

1981年建成的沙特阿拉伯哈吉国际航空港(见图1.64),由两组各五排210个锥形膜单元组成,单元平面尺寸为45 m×45 m,覆盖总面积达57 hm^2。

1984年建成的加拿大林赛体育中心(见图1.65),索网下设有纤维棉保暖层,不但能防寒,还能透过4%的光线,足以在白天不用人工采光。此外,在保暖层下面还有一层很薄的蒸汽绝缘层，能起吸音作用。

图 1.64　沙特阿拉伯哈吉
国际航空港(1981 年)

图 1.65　加拿大林赛
体育中心(1984 年)

　　1985 年建成的沙特阿拉伯利雅德体育场(见图 1.66)，外径 288 m，其看台挑篷由 24 个连在一起的形状相同的单支柱帐篷式索膜结构单元组成。每个单元悬挂于中央支柱，外缘通过边缘索张紧在若干独立的锚固装置上，内缘则绷紧在直径为 133 m 的中央环索上。1985 年在日本茨城县举行的国际科学技术博览会的美国馆(见图 1.67)以高耸的桅杆悬挂银白色的屋面。

图 1.66　沙特阿拉伯利雅德体育场(1985 年)　　图 1.67　日本茨城博览会的美国馆(1985 年)

　　1988 年建成的日本东京后乐园棒球场(见图 1.68)屋盖是钢索与气承膜组成的索膜结构，跨度 202 m，采用双层膜构造并采用了先进的自动控制技术，中央计算机可自动检测风速、雪压、室内气压、膜和索的变形和内力，并自动选择最佳方式来控制室内气压和消除积雪，从而保证膜结构的安全与正常使用，但运行费用昂贵。

　　1990 年，日本秋田天空穹顶(见图 1.69)建成，跨度 130 m×100 m，屋顶PTFE(单层)屋盖的格构式空间拱系沿长向为空腹拱、沿短向为钢管拱。利用紧贴膜面的钢管拱作为通道，向其中送暖风，对屋盖有融雪作用。

图 1.68 日本东京后乐园棒球场(1988 年)

图 1.69 日本秋田天空穹顶(1990 年)

1993 年建成的美国丹佛国际机场候机大厅(见图 1.70)采用完全封闭的张拉式索膜结构,平面尺寸为 305 m×67 m,由 17 个连成一排的双支柱帐篷式单元组成,每个长条形的单元由相距 45.7 m 的两根支柱撑起。屋顶采用双层PTFE 膜材,中间间隔 600 mm,保证大厅内温暖舒适,并且不受飞机噪音的影响,利用直径 1 m 的充气软管解决膜屋顶与幕墙之间产生相对位移时的连接构造问题。

2000 年,阿根廷拉普拉达体育场(见图 1.71),平面由两个重叠的圆(直径为 85 m,圆心相距 48 m)组成,具有双峰的外形。两个穹顶支承在看台顶部周边三角形桁架和中间钢拱架上。屋面采用 22%透光率的新型织物,加上周边开敞和良好的通风系统,使得草坪得以生长。

图 1.70 美国丹佛国际机场候机大厅

图 1.71 阿根廷拉普拉达体育场(2000 年)

建于 2001 年的英国伊甸园工程(见图 1.72),是沿着一个深坑而建的延展型建筑,是全球最大的温室植物园,有 4 座测地线穹顶组成,最大跨度为 110 m,高 55 m,穹顶表面呈蜂窝状,六边形网格尺寸为 9 ~11 m,采用 3 层 ETFE 气枕,每个气枕高 2 m。

2005 年建成的德国慕尼黑的 Allianz Arena(见图 1.73),悬挑长度 50 m,3 层 ETFE 膜材覆盖,2 816 个扁菱形气垫,每个气垫可抵抗 1.6 m 高的雪荷载。

图 1.72　英国伊甸园工程
（2001 年）

图 1.73　德国慕尼黑的
Allianz Arena（2005 年）

马来西亚科隆坡国家体育综合体室外体育场（见图 1.74），采用环形索膜屋顶结构。36 个索构架在一个外部钢制压力环和两个内部拉力环之间呈放射状布置。外部压力环为直径 1 400 mm 的钢管。内部拉力环由直径 100 mm 的绳索构成，两个拉力环的垂直距离为 20 m，并由 36 根钢制支柱相连。

美国偌默尔市伊利偌斯州立大学红鸟竞技场（见图 1.75），体育场的屋顶为半透明和保温的悬索膜顶。伞状的折顶形式通过 24 个飞杆将脊索撑起而形成峰顶，拉直的谷索形成峰谷。

图 1.74　科隆坡国家体育综合体室外体育场　　**图 1.75　美国伊利偌斯州立大学红鸟竞技场**

美国巴尔的摩内港 6 号码头音乐厅（见图 1.76）形状为蟹状的张拉式索膜篷顶，有 2 000 个座位。原设计使用期限为 5 年，后受到欢迎，保留了 10 年，直至膜片更换。

白龙穹顶（见图 1.77）以中央拱与曲线边梁为边缘构件的预应力鞍形膜结构。

图 1.76 美国巴尔的摩内港 6 号码头音乐厅

图 1.77 白龙穹顶

图 1.78 为薄膜结构的其他用途。

(a) 膜结构用于商业街

(b) 膜结构用于过街桥

图 1.78 薄膜结构的其他用途

自 1995 年以来,薄膜结构在我国的应用也日益增多,如图 1.79~图 1.85 所示。

1997 年建造的上海八万人体育场(见图 1.79),其马鞍形屋盖平面投影尺寸为 288.4 m×274.4 m。看台挑蓬为大型钢管空间结构,由 64 榀大悬挑主桁架和 2~4 道环向次桁架组成。屋面为钢骨架支承的膜结构。这是我国首次将膜结构大面积应用到永久建筑上,对中国膜结构的发展影响深远。

1997 年,长沙世界之窗五大洲剧场(见图 1.80),位于长沙市郊世界之窗景区内,膜结构建筑覆盖面积约为 3 500 m²。工程采用了典型脊谷式索膜结构体系,膜材料采用美国 SEAMAN 公司生产 SHELTERRITE,表面敷有 TEDLAR 高级防污自洁涂层。钢索及索接头、钢柱等全部采用国产材料。

图 1.79 上海八万人体育场

图 1.80 长沙世界之窗五大洲剧场

　　杭州健身中心游泳馆(见图 1.81)采用钢桁架＋脊谷式索膜结构,覆盖面积 4 280 m²,双层 PVC 膜材。

　　青岛颐中体育场(见图 1.82)观众席挑篷采用整体张拉式索膜结构,由 60 个锥形索膜单元组成典型的脊谷式索膜张拉结构形式。整个建筑长轴为 266 m,由 86 m 长的直线段和二端半径各 90 m 的半圆弧组成,短轴为180 m,覆盖面积(水平投影)约 30 000 m²。

图 1.81　杭州健身中心游泳馆

图 1.82　青岛颐中体育场

　　2001 年修建的武汉体育中心(见图 1.83),将常见的钢结构支承上覆盖膜体系改进为索膜张拉受力组合体系,由 64 个伞状膜单元形成纵向独立受力单元,通过角筒、环梁、下拉杆屋盖水平支撑形成整体空间受力体系,造型轻巧、功能良好,又充分利用了材料受力性能,形成整体的全场受力体系,将建筑功能和结构作用融为一体,提高了安全性,节省了用钢量和投资。

　　2002 年竣工的山东威海体育场(见图 1.84),看台为钢筋混凝土框架结构,看台罩蓬即为典型的张拉式膜结构,其外缘水平投影呈近似椭圆形,轮廓尺寸为 237 m×209 m,内环尺寸 205 m×143 m,罩蓬覆盖面积约 25 000 m²。整体形状为马鞍形,由 34 个连在一起的形状渐变的单桅杆伞形膜结构单元组成。每个伞形单元由中央桅杆、前后脊索、边脊索、谷索、前后边索和薄膜等构件组成。中国国家游泳中心"水立方"为 2008 年奥林匹克运动会的比赛场地,是世界上最大的膜结构工程。"水立方"的长宽高为 177 m×177 m×31 m,赛时建

图 1.83　武汉体育场

图 1.84　威海体育场

筑总面积 80 000 m^2,赛后建筑总面积 100 000 m^2,赛时座位 17 000 座,赛后永久座位 6 000 座。

深圳 2011 年世界大学生运动会主体育场(见图 1.85)采用了内设张拉膜的钢屋盖体系,钢结构形式为单层折板型空间网格结构,平面形状为 285 m×270 m 椭圆形,在不同的区域悬挑长度为 51.9~68 m,悬挑长度大,支撑少。

图 1.85　深圳大运会主体育场

(2) 膜布安装工艺流程

① 施工准备

a. 检查现场的机器设备是否安全;

b. 召集现场工人,讲解安装步骤及注意事项;

c. 清理工作场所和中心地带为膜布张开做准备;

d. 检查钢结构上的中心楔眼是否与膜布的模型相吻合;

e. 封闭接近现场道路,如需要可放置栅栏;

f. 检查场地上的新材料,是否分门别类,放在清洁通风的地方;

g. 审查材料,保证所有的材料完全合格到达现场,同时清除不合格的材料。

② 架设脚手架

根据现场施工情况架设脚手架至距顶 1 m 处。

③ 膜布准备

a. 把膜布打开放在清洁的防潮布上;

b. 把膜对折在半个纵带上,然后夹住膜布使其成自由状;

c. 膜材临时就位;

d. 保证所有的调整都有利;

e. 把索系在较低的底部,以保证绳索系索具的末端;

f. 插入边缘绳索,与膜布相配合;

g. 把绳索系在膜布的角上;

h. 把绳索系在较高点的一头,让这些绳索超过膜布;

i. 使钢结构上的插销与膜布上的金属板相配合;

j. 检查所有的插销是否达到了设计要求;

k. 检查所有的支索、设备及附件是否准确;

l. 清洗膜布;

m. 落实审查所有的零件是否到位,同时清理杂物。

④ 铺膜

a. 将膜吊至铺装位置；

b. 用索扣固定牢固，保持织物的松持状态；

c. 将松散的膜和脊索分别拉至四周的接点处；

d. 连接四周的接点板并安装索扣将其固定牢固，注意膜保持在松弛的状态。

⑤ 张拉

a. 检查接触表面、所有的钢膜结构部位是否连接牢固；

b. 将膜铺至指定位置，同时注意配合协调，保持其稳定性；

c. 完毕后用索扣将其牢固固定；

d. 最后戴上压条。

3. 索穹顶结构

索穹顶结构（Cable Dome）是唯一在建筑中实现的张拉整体体系，它是一种结构效率极高的全张力体系，构思最初在 1954 年出自于雕塑家 Snelson 和建筑大师 Fuller，"空间的跨越是由连续的张力索和不连续的压力杆完成"，预应力使大多数构件为拉力，采用钢索，少数的"压杆是张力大海中的孤岛"，荷载从中央张力环通过一系列辐射状的脊索、张力环和中间斜索传递至周边的压力环。索穹顶的自重极轻，不像传统刚性结构自重随跨度加大而急剧增加，索穹顶单位自重为 $15\sim25\ \text{kg/m}^2$，不随跨度而增大。

索穹顶的概念是美国工程师 Geiger 提出的，他认为空间的跨越能力是由连续张拉索和不连续的压杆完成的。这个概念是最接近 Fuller 张拉整体结构思想的。索穹顶有两种：Geiger 索穹顶索网为肋环形，也称肋环形索穹顶；由于 Geiger 索穹顶屋面稳定性较差，美国工程师 M. P. Levy 和 T. F. Jing 将索网改为联方型布置，称联方型索穹顶。由于穹顶的索材较一般钢材强度高 5～8 倍，所以索穹顶自重轻、跨越能力大。从结构的观点来看，这种结构形式较其他结构更为合理。从经济方面来看，索穹顶耗材少、施工简单，且平均造价不会随结构跨度的增加而明显增大，从而使得索穹顶结构具有很好的经济性。从建筑观点来看，索穹顶构造轻盈、造型别致、色彩明快。

国外部分索穹顶结构应用示例，见图 1.86。

汉城奥运会体操馆（见图 1.86 a）和击剑馆（见图 1.86 b）是 1988 年第 24 届汉城奥运会主赛馆，是世界上首次在大型场馆中采用索穹顶体系。1996 年建成的美国佐治亚穹顶（见图 1.86 c）是第 26 届亚特兰大奥运会的主体育馆，采用新颖的双曲抛物面整体张拉式索膜结构，其平面为椭圆形（193 m×240 m）（索穹顶结构）。屋顶平面，由涂有聚四氟乙烯的玻璃纤维膜覆盖，屋面呈钻石状，看上去像水晶一般。整个屋顶由宽 7.9 m、厚 1.5 m 的砼受压环梁固定，共 52

根支柱支撑着 700 m 周长的环梁。受压环坐落在"特氟隆"承压垫上,可作径向移动,将风力和地震力均匀传向基础。

(a) 汉城奥运会体操馆（D=120 m）

(b) 汉城奥运会击剑馆（D=93 m）

(c) 美国佐治亚穹顶

图 1.86 国外部分索穹顶结构应用示例

国内部分索穹顶结构应用示例,见图 1.87。

2012 年建成的内蒙古伊旗全民健身体育中心（见图 1.87 a）屋盖结构中部采用索穹顶结构体系,跨度为 71.2 m,是我国大陆地区首座大跨度索穹顶结构。活动中心还有三大特点:独特的铝管幕墙建筑外形属目前国内第一;43 m 大悬挑空间钢结构上的两层活动场馆也属国际领先水平;71.2 m 的大跨度双索膜、保温、透光的膜结构也属国内第一。整个活动中心的设计、施工和管理难度均达到了国内领先水平,是建筑的结晶。台湾桃园体育场（见图 1.87 b）跨度为 120 m,有 3 圈环索,能容纳 15 000 名观众。

(a) 伊旗全民健身体育中心

(b) 台湾桃园体育场

图 1.87 国内部分索穹顶结构应用示例

1.3.3　混合结构

将刚性构件(梁、拱、桁架、网架、网壳等)与柔性的索、膜结合,可以形成丰富多彩的轻型屋盖体系。混合结构是集中两种或几种结构的优点组成的,故有时也称为杂交结构。

1. 张弦梁(桁架)结构

用实腹式或格构式刚性构件代替双层索系中的稳定索便形成了张弦结构体系。张弦结构体系设计合理可以做到体系内力自平衡,减小支撑结构的负担。

张弦梁(Beam String Structure,BSS)是杂交空间结构在大跨体系中的良好尝试,它将一度在大跨体系中被摒弃的拱(梁)、桁架结构和在大跨体系中应用日益广泛的悬索结构结合起来,形成了一种受力合理、施工方便的新型空间结构形式。张弦梁结构由日本斋藤公男(M. Saitoh)教授于 1979 年提出,得名于"弦通过撑杆对梁进行张拉"这一基本形式。虽然其形式多种多样,并不仅仅局限于梁、杆、索等简单组合,但各种形式的张弦梁结构均通过撑杆连接抗弯受压构件和抗拉构件,所以 M. Saitoh 教授将这种结构定义为"用撑杆连接抗弯受压构件和抗拉构件而形成的自平衡体系"。张弦梁结构的产生可以从受力结构的组合发展观点来理解。悬索和两铰拱是常用的 2 种基本结构形式,悬索在上部添加梁,两铰拱在下部添加弦,以及它们之间的组合,便分别形成了 BSS 的 3 种基本类型,即直线形、拱形、人字形张弦梁结构。

常用的张弦梁结构形式是预应力张弦拱结构,它通过在拱两端张拉弦的办法,使下弦索负担上弦拱产生的外推力,并且通过撑杆对下弦索施加预应力,以使拱产生与使用荷载作用时相反的位移,从而部分抵消外载的作用。所以,预应力张弦拱结构是一种能充分发挥拱形和索材优势、结构效率较高的合理杂交空间结构形式,受力性能优于传统的拉杆拱。张弦梁结构中,上弦梁可改用立体桁架,此时张弦梁便成为带拉索的杆系张弦立体桁架,可使结构计算和构造得到简化。

张弦梁在国内外的应用实例,如图 1.88~图 1.92 所示。

1990 年建成的日本 Green Dome Maebashi 多功能体育馆(见图 1.88)为辐射式张弦桁架。

图1.88　国外张弦梁应用示例——日本 Green Dome Maebashi 多功能体育馆

1997年,我国首次将张弦桁架结构应用于超大跨度建筑——上海浦东国际机场航站楼(见图1.89)。航站楼是上海浦东国际机场的枢纽建筑,其建筑外形是1组轻灵的弧形钢结构支承在稳重的混凝土基座上,犹如展翅欲飞的海鸥。航站楼共有4种跨度的张弦梁结构,其中,中央办票厅跨度最大,其支点水平投影跨度达82.6 m,这在国内房屋结构建筑中尚无先例,在国际上也未见报道。该工程还有一个特点,整个下弦在平面外完全不设置支撑,为保持结构的稳定和增加抗侧刚度,结构在上弦面内布置了大量支撑,并按不同方式布置了多股钢索。

图1.89　国内张弦梁应用示例(一)——上海浦东国际机场航站楼

广州国际会议展览中心(见图1.90 a)张弦桁架跨度为126.6 m,南北高差为3.2 m,桁架间距为15 m。桁架使用倒三角形截面钢管桁架。

哈尔滨国际会展体育中心(见图1.90 b)屋面结构采用的也是倒三角形张弦桁架结构,支座跨度达128 m。

(a) 广州国际会议展览中心　　　　　　(b) 哈尔滨国际会展体育中心

图 1.90　国内张弦梁应用示例(二)

国家体育馆(见图 1.91 a)由比赛馆和热身馆两部分组成。两个馆的屋顶平面投影均为矩形,其中比赛馆平面尺寸为 114 m×144 m。屋面结构为双向张弦空间网格结构,其上弦为由正交桁架组成的空间网格结构,下弦为相互正交的双向拉索。双向张弦结构的空间作用明显,在预应力施工过程中,各榀钢索的拉力相互影响,因而其施工过程与单向张弦结构相比复杂得多。

2008 年奥运会乒乓球馆(见图 1.91 b)位于北京大学校园内,其屋盖体系由中央刚性环、中央球壳、辐射桁架、拉索和支撑体系组成,结构新颖、形式复杂,预应力拉索设置合理,能够有效增加结构的刚度、降低结构竖向变形。屋盖钢结构平面尺寸为 92.4 m×71.2 m,采用预应力张弦桁架结构,共有 32 榀辐射桁架,每榀辐射桁架下设置有预应力拉索,为自平衡体系。辐射桁架上弦为受压圆钢管,下弦为型号 $\phi 5 \times 151$ 的预应力拉索,直径为 79 mm,拉索一端固定且一端可调。

(a) 国家体育馆　　　　　　　　　　(b) 奥运会乒乓球馆

图 1.91　国内张弦梁应用示例(三)

2010 年,深圳湾体育中心(见图 1.92 a)的热身馆和网球馆平面均为76 m×

39 m,两个馆的结构布置完全相同。屋面结构采用实腹钢梁和钢索组合的张弦结构,受建筑造型效果的影响,水平抗侧力结构由 V 字梭形钢管柱组成,需要利用屋面的交叉钢索将水平荷载传递至两侧山墙的 V 字梭形钢管柱,结构传力路径十分复杂。

2012 年,镇江体育会展中心(见图 1.92 b)包括体育场、体育会展馆和综合训练馆三部分,体育会展馆屋面采用外环平面桁架与内椭圆的张弦桁架结构,椭圆形平面的长轴 211 m,短轴 162 m。由于建筑造型的要求,屋顶为一椭圆形壳体,平行台阶状倾斜放置,节约了空间,并可以利用侧面天窗采光排烟。

(a) 深圳湾体育中心　　　　　　　　　　(b) 镇江体育会展中心

图 1.92　国内张弦梁应用示例(四)

2. 弦支穹顶结构

弦支穹顶(也称索承网壳,Suspense Dome)是日本法政大学川口卫教授(M. Kawaguchi)于 1993 年提出的。国内学者对该结构的力学性能进行了深入的研究,并取得了一系列成果。

弦支穹顶是由单层网壳和去掉上层索的索穹顶结构组成的,与单层网壳结构相比,具备更多的稳定性且有效地减小支座水平推力,与索穹顶相比,它不仅减少周围环向压力,而且大幅度降低了结构的施工难度。

弦支穹顶在国内外的应用实例见图 1.93～图 1.96。

日本东京于 1994 年 3 月建成了世界上第一个弦支穹顶——光丘穹顶(见图 1.93 a)。该穹顶跨度为 35 m,上层网壳采用由工字形钢梁组成的联方型网格划分方式。1997 年 3 月日本长野又建成了聚会穹顶(见图 1.93 b),穹顶采用弦支穹顶结构,跨度为 46 m。整个弦支穹顶支撑在周圈钢柱上,钢柱与下部钢筋混凝土框架连接。

(a) 光丘穹顶

(b) 聚会穹顶

图 1.93　国外弦支穹顶应用示例

　　天津大学刘锡良团队于 2001 年在多年对弦支穹顶研究的基础上成功设计了我国第一个弦支穹顶工程——天津保税区商务中心大唐屋盖(见图 1.94 a)。

(a) 天津保税区商务中心大唐屋盖

(b) 北京奥运会羽毛球馆

(c) 武汉体育中心体育馆

(d) 常州体育馆

图 1.94　国内弦支穹顶应用示例(一)

北京奥运会羽毛球馆（见图 1.94 b）为大跨度弦支穹顶结构，单层网壳的平面形状为圆形，直径 93 m，结构的复杂性决定了其深化设计必须与施工方法紧密结合。

武汉体育中心体育馆（见图 1.94 c），结构形式和特点是双层（厚 3 m）椭球型三向网格网壳，长轴方向跨度为 130 m，短轴方向跨度为 110 m。

常州体育馆（见图 1.94 d）采用了弦支穹顶结构，屋面形状为椭球形，长轴为 120 m，短轴为 80 m，屋盖矢高为 23 m。沿圆周共设置有 24 个支座。屋盖上层为凯威特型（K8）与联方型混合布置的圆管网壳。下部的索杆系为由 6 道环向索、24 道（每道 2 组）径向索和撑杆构成的 Levy 索系。总体安装思路：采用搭设满堂脚手架＋增强支撑架，高空散装。采用环索张拉、整体一次、同环同步、由外向内、逐环张拉的预应力张拉方案。

济南奥体中心体育馆（见图 1.95 a），屋盖平面为直径 122 m 的圆形，跨度为 122 m，屋盖矢高 12.2 m；在屋盖中间设高 2.5 m、直径 27.792 m 的圆形风帽；结构沿圆周均匀设置 36 个支座。结构的上部为凯威特型和葵花型内外混合布置的圆管单层网壳，下部索杆体系为 3 道环索，36 道径索和撑杆组成的肋环型布置，设置局部布置构造钢棒。总体安装思路：采用满堂脚手架＋增强支撑架，高空散装方案。采用径向钢拉杆张拉、整体两次、逐环张拉、同环同步的预应力张拉方案。

安徽大学体育馆（见图 1.95 b），钢屋盖平面为边长 44 m 的正六边形，对边距离为 76.2 m，正六边形柱网外接圆直径为 88 m，最大挑檐长度 6 m，屋盖最大高度 11.55 m；屋盖中央设置边长 12 m 正六边形的采光玻璃天窗。屋盖上层为箱式构件的正交正放网壳（中间采光顶为凯威特型），下层索系由 4 道环索、6 道径索和撑杆组成，六边形的每边设置 6 个支座，在采光顶的正六边形周围和结构外沿正六边形周围分别各设置了一圈封闭的三管桁架，外沿的封闭桁架。总体安装思路：首先在内环桁架与主箱梁交接处搭设一组高空支撑架，高空散装。采用径向钢拉杆张拉、由外向内、每环同步、逐环张拉的预应力张拉方案。

大连市体育馆（见图 1.95 c）的结构体系分为两部分，即顶部的大跨度弦支穹顶结构和底部的钢筋混凝土框架结构。主体屋盖钢结构为巨型网格弦支穹顶结构，跨度为 145.4 m×116 m，矢跨比约 1/10，桁架高度约 2.4 m，撑杆高度为 10 m。本工程屋盖分为上部双层网壳和其下撑杆及索组成的预张拉系统，其中双层网壳是由圆钢管组成的管结构，这些构成管结构连接部位的节点一般都是焊接而成的，通常被称为相贯节点。相贯节点在荷载作用下的受力十分复杂。

辽宁营口体育馆(见图 1.95 d)采用双层网壳、弦支索杆系与斜拉索杆系相结合的新型杂交预应力钢结构形式,该结构展现了空间预应力钢结构所具有的张力感,又通过预应力减小支座推力、降低杆件应力幅值,减少用钢量。屋盖形状为椭球形,纵向长度为 133 m,横向长度为 82 m。经比选后确定弦支索杆系的预应力施工方法为撑杆顶升法。

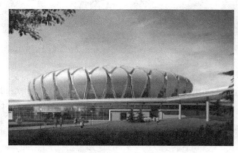

(a) 济南奥林匹克体育中心体育馆

(b) 安徽大学体育馆

(c) 大连市体育馆

(d) 辽宁营口体育馆

图 1.95　国内弦支穹顶应用示例(二)

山东茌平体育馆(见图 1.96 a)建筑外形由一个球面和两个相向倾斜的空间曲线拱组成,体育馆屋顶部分为球面外形,屋盖底部直径约为 110 m,节点采用了多种节点形式。

三亚体育中心体育馆(见图 1.96 b)大跨度钢结构屋盖平面呈圆形,跨度为 76 m,立面为球冠造型,结构矢高 8.825 m。钢结构屋盖支承于 40 根混凝土柱上,混凝土柱平面分布呈圆形。钢结构屋盖采用弦支穹顶结构体系,由上弦单层圆形网壳、下弦环索与径向拉杆、竖向撑杆组成,弦支穹顶的外沿部分钢结构采用悬臂桁架,沿环向呈放射状分布,通过混凝土柱顶环向空间桁架与弦支穹顶连接体。

(a) 山东茌平体育馆   (b) 三亚体育中心体育馆

图 1.96 国内弦支穹顶应用示例(三)

弦支穹顶结构是一种综合了网壳与索穹顶结构优良性能的新型杂交结构体系,该结构体系具有效率高、适用跨度大、竖向刚度大、形式美观、经济性强等优点,结构的体型可以是球冠体、椭球冠体、正多边形椎体等,适用范围较广;结构中撑杆的上下节点形式应与预应力张拉方式、索系特点等相一致,为了简化预应力张力的程序,降低张拉成本,初始预张力宜通过环索或径索中的一种建立;结构中的预应力的建立可以通过张拉环索或径索实现,同时考虑到整个结构中索的数量较多,很难做到整体同步张拉,在利用"倒拆法"对结构张拉过程进行仿真分析的基础上,进行可以采取分批张拉的方式,但各环张拉应同步。

3. 其他结构

图 1.97～图 1.105 为其他大跨钢结构的一些应用实例。

(1) 悬挂结构

悬挂结构一般由悬索、竖向吊杆、刚性屋盖构成,悬索通过吊杆为屋盖构件提供弹性支承,可减小屋盖构件的尺寸和用料,节省结构所占空间。如德国 Karlsruc 多功能厅(见图 1.97 a)屋盖结构,采用悬索桥原理,用一系列吊杆把网格结构悬挂在悬索上。美国犹他州奥林匹克滑冰馆(见图 1.97 b),采用悬挂结构,矩形平面尺寸为 95 m×200 m。

1972 年建造的美国明尼阿波利斯的联邦储备银行(见图 1.97 c),12 层楼的荷载通过吊杆悬挂在两个高为 8.5 m、跨长 84 m 的桁架大梁上,两条工字型钢做成的悬链对大梁起辅助作用,悬链式构件产生的水平力由桁架大梁承受。这一悬挂式建筑也是按照类似悬索桥的方式建造。两侧的高塔和桥墩的作用相同,两座塔顶之间设有钢架,垂直的钢索就挂在钢架上,把十几层的建筑物挂起来。银行的安全部分如银库、保险柜等都建造在地面以下,上面的建筑是 16 层的办公和管理部分,两座塔相距 100 m,整座建筑只有塔占用地面,16 层大楼下部是架空的,成为广场,和外面的广场连成一体,充分利用了宝贵的土地。在造型上,它还把两座塔之间垂链形悬索的内部和外部两部分墙面采用了不同反射效果的玻璃幕墙,使这一奇特的结构形式充分显露表达出来。

(a) 德国Karlsruc多功能厅

(b) 美国犹他州奥林匹克滑冰馆

(c) 美国明尼阿波利斯的联邦储备银行

图 1.97　悬挂结构应用示例

（2）斜拉混合结构

斜拉混合结构是指利用斜拉索可以组成各种斜拉混合结构。在梁、板、刚架、桁架、拱、壳体、网架、网壳等大跨度建筑结构中,都可以利用塔柱顶端伸出的斜拉索作为附加的弹性支承点,减小刚性构件(结构)的受力跨度,将受弯构件的传力途径改为由索和塔柱承受拉、压的传力途径,以达到减小结构截面、减少材料用量的目的。在悬挑结构中,斜拉索可以增加悬臂构件的约束,提高结构的安全度,平衡倾覆力矩。

1960 年美国加州冬奥会的比赛场馆——美国斯考谷滑冰馆(见图1.98 a)采用斜拉结构,矩形平面尺寸为 91.44 m×70 m,桅杆高为 18.3 m。

2001 年建成的深圳市游泳跳水馆(见图 1.98 b)的钢结构屋盖为预应力钢棒与主次桁架的斜拉组合结构,1 榀钢梭形主立体桁架及两侧各四道次立体桁架,沿主桁架成对布置 4 根桅杆,每桅杆有 4 根斜拉索(钢棒)。

(a) 美国斯考谷滑冰馆   (b) 深圳市游泳跳水馆

图 1.98　斜拉结构应用示例

（3）开合结构

1993 年日本建成跨度达 212.8 m 的福冈穹顶（见图 1.99 a），体育馆屋盖可实现全封闭、开启 1/3 或开启 2/3 等 3 种不同状态，是日本第一个可开合网壳结构。

为 2002 年世界杯建造的大分穹顶（见图 1.99 b，网壳结构）采用了沿曲面滑移的开合方式，最大跨度为 274 m。

(a) 福冈穹顶   (b) 日本大分穹顶

(c) 蒙特利尔体育场   (d) 东胜全民健身活动中心体育场

图 1.99　开合结构应用示例

蒙特利尔体育场(见图 1.99 c)是 1976 年奥运会的主赛场,其开合式膜屋盖由 26 根钢索悬吊在 175 m 高的斜塔上。

鄂尔多斯东胜全民健身活动中心体育场(见图 1.99 d)采用蒙古弓箭造型,是目前国内结构最复杂、规模最大的开闭式体育场。固定屋盖几何形态为球面,外径 359.5 m,沿活动屋盖运行轨道方向布置主桁架,在与主桁架垂直的方向布置次桁架,形成空间桁架体系;活动屋盖也采用桁架体系,可开启投影面积为 113.524 m×88.758 m;巨拱采用四边形管桁架结构,最高点为 129 m,跨度为 320 m,通过 46 根拉索与轨道桁架中部连接;固定屋盖与巨拱形成整体受力体系,共同承担各种荷载效应,固定屋盖的一部分质量经钢索提拉传给巨拱,再传给巨拱脚基础,传力路径简单明确。

(4) 钢悬膜结构

图 1.100 所示为圣彼得堡体育馆,$D=93$ m,钢悬膜结构。

图 1.100　钢悬膜结构应用示例——圣彼得堡体育馆

(5) 钢管空间桁架结构

达州市体育场(见图 1.101)看台挑棚采用了在节点处相贯连接的圆钢管空间桁架结构,拱顶为覆盖的膜结构。圆钢管空间桁架的主拱跨度为 240 m,与主拱垂直的次拱最大跨度 34 m。主拱截面为菱形空间桁架,次拱为三角形空间桁架,次拱与主拱间均采用相贯连接。由于屋面采用膜结构,自重较轻,内力计算中风荷载起控制作用。同时由于结构体型复杂,对风荷载体型系数的取值很难套用现成的数据,因而对风荷载的计算考虑了风压力作用、风吸力作用、半跨压力半跨吸力作用几种不同的情况。

图 1.101　钢管空间桁架结构应用示例——达州市体育场

　　伦敦奥运会主体育场——"伦敦碗"(见图 1.102)以轻型框架为主要框架结构,配合基础部分的钢混结构形成场馆主体。伦敦奥运会带来了一种新的思考方式——探讨永久性和临时性之间的关系,奥运会结束之后,这里可以迅速瘦身为一座中型社区体育场,可以举办其他不同事件,例如足球、橄榄球甚至板球等体育比赛,也可以做音乐会。从奥运会筹办之初,伦敦奥运会交付管理局的目标就是一个生态友好的可持续性奥运会。它提出"可持续发展"并不仅是绿色;它制订了一系列节能节碳的目标。伦敦奥运会主体育场作为其举办奥运开闭幕式的重要场馆,更遵循了可持续发展的策略。主体育场在促进再利用和材料的循环、控制全寿命周期碳的减少排放、场地内建筑物循环、单体设计方面已经取得一定成就。

图 1.102　永久性和临时性结合应用示例——伦敦奥运会主体育场

　　建筑师为了追求通透的效果,愈来愈多地采用了开洞的实腹式拱形结构或构件,使得玻璃结构在我国大量兴建,图 1.103 为金昌机场航站楼。

图 1.103　玻璃结构应用示例——金昌机场航站楼

1999 年建成的西安国际展览中心（见图 1.104）为斜拉索立体桁架结构（163.3 m×82 m），32 根斜拉索将整个屋盖悬吊在建筑物中部出屋面 45 m 高的 16 座混凝土塔柱上，桁架间距 9 m。

图 1.104　斜拉索立体桁架应用示例——西安国际展览中心

近 20 年来，钢管结构在国内外得到了迅猛发展，在现代工业厂房、仓库、体育馆、展览馆、会场、航站楼、车站及办公楼、宾馆等建筑物中得到广泛应用。由于它的良好性能，在国内外应用较多且越来越广泛，部分应用示例见图 1.105。

(a) 广州新白云机场航站楼　　　　　　　(b) 日本大阪机场航站楼

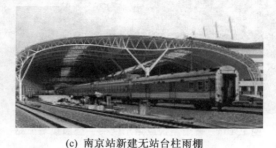

(c) 南京站新建无站台柱雨棚

图 1.105　钢管结构应用示例

1.4　大跨空间钢结构在体育场馆中的应用

为保证体育场馆有较好的观看视觉效果,比赛大厅内不能设柱,必须采用大跨度结构。

表 1.3～表 1.7 列举了部分体育场馆中的大跨空间钢结构工程。

表 1.3　大跨度体育场馆工程举例(网格结构)

工程名称	平面尺寸
首都体育馆	99 m×112 m
沈阳博览中心室内足球场	144 m×204 m
上海八万人体育馆	φ110 m
浙江黄龙体育中心体育场	2—244 m×50 m
广州体育馆主馆	160 m×110 m
乌鲁木齐石化总厂游泳馆	80 m×80 m
重庆南开体育馆	33 m×66 m
攀枝花市体育馆	74.8 m×74.8 m
广东高要市体育馆	54.9 m×69.3 m

续表

工程名称	平面尺寸
广东新兴县体育馆	54 m×76.06 m
江苏省宿迁市文体馆	80 m×62.5 m
北京亚运会综合体育馆	70 m×83.2 m
深圳市游泳跳水馆	120 m×80 m
日本名古屋体育馆	ϕ187 m
美国新奥尔良超级穹顶体育馆	ϕ207 m
石景山体育馆	正三角形平面,边长 99.7 m
天津体育馆	圆形,ϕ108 m
黑龙江省速滑馆	86.2 m×191.2 m
长春五环体育馆	191.6 m×146 m
老山自行车馆	149.536 m
徐州奥体中心体育场	263 m×243 m

表 1.4 大跨度体育场馆工程举例(悬索结构)

工程名称	平面尺寸
美国雷里竞技馆	92 m×97 m
日本代代木体育馆	主索跨度 126 m
德国乌柏特市游泳馆	65 m×40 m
美国奥克兰市比赛馆	D=128 m
加拿大卡尔加里滑冰馆	135 m×129 m
北京工人体育馆	圆形直径 94 m
成都城北体育馆	圆形直径 61 m
浙江人民体育馆	椭圆形,60 m×80 m
吉林滑冰馆	矩形,80 m×112 m
丹东体育馆	六边形,80 m×45 m
四川省体育馆	六边形,73 m×79 m
青岛市体育馆	卵形,73 m×89 m
北京朝阳体育馆	椭圆,66 m×78 m
安徽省体育馆	六边形,72 m×53 m
奥林匹克体育中心体育馆	矩形,70 m×83.2 m
奥林匹克体育中心游泳馆	矩形,78 m×117 m
广州新体育馆	160 m×110 m
晋城体育中心	钢拱跨度 120 m
南京奥林匹克体育中心	跨度 360.06 m

表 1.5　大跨度体育场馆工程举例(薄膜结构)

工程名称	平面尺寸
阿拉伯利雅德体育场	外径 288 m
日本东京后乐园棒球场	跨度 202 m
阿根廷拉普拉达体育场	直径为 85 m
莫斯科奥运会中心体育馆	近椭圆形平面,224 m×183 m
国家游泳中心"水立方"	177 m×177 m
上海八万人体育场	马鞍形,288.4 m×274.4 m
青岛颐中体育场	266 m×180 m
虹口足球场	214 m×205 m
武汉体育中心	296 m ×263 m
山东威海体育场	237 m×209 m
深圳世界大学生运动会主体育场	285 m×270 m

表 1.6　大跨度体育场馆工程举例(穹顶结构)

工程名称	平面尺寸
武汉市体育文化中心体育馆	椭球形,130 m×110 m
常州市体育馆	椭球形,119.9 m×79.9 m
2008 年北京奥运会羽毛球馆	球面,Sϕ93 m
济南市奥体中心体育馆	球面,Sϕ122 m
安徽大学体育馆	正六边形,88 m
连云港体育中心体育馆	球面,Sϕ94 m
辽宁营口奥体中心体育馆	椭球形,133 m×82 m
山东茌平体育馆	球面,Sϕ108 m
三亚市体育中心体育馆	球面,Sϕ76 m
重庆渝北体育馆	三角形,81 m
南沙体育馆	球面,Sϕ93 m
台湾桃园体育场	120 m
内蒙古伊旗全民健身体育中心	跨度 71.2 m
美国佐治亚穹顶	椭圆形,193 m×240 m
汉城奥运会体操馆	$D=120$ m
汉城奥运会击剑馆	$D=93$ m
新加坡国家体育场	310 m(世界最大跨度穹顶结构)

表 1.7   大跨度体育场馆工程举例(其他结构)

工程名称	结构形式	平面尺寸
国家体育馆	双向张弦桁架	144.5 m×114.5 m
国家体育中心(鸟巢)	主结构为巨型门式刚架	332.3 m×296.4 m
镇江体育会展中心的体育会展馆	张弦桁架结构	211 m×162 m
达州市体育场	圆钢管空间桁架结构	主拱跨度 240 m
日本福冈穹顶体育馆	可开合网壳结构	212.8 m
日本大分穹顶	可开合网壳结构	最大跨度 274 m
鄂尔多斯东胜全民健身活动中心体育场	开闭式 空间桁架体系	球面外径 359.5 m
美国斯考谷滑冰馆	斜拉结构	91.44 m×70 m
圣彼得堡体育馆	钢悬膜结构	$D=93$ m
伦敦奥运会主体育场	框架结构	屋顶直径 28 m
大连体育中心体育馆	巨型网格张弦网壳结构	145.4 m×116 m

1.5   小结

空间结构以其丰富的建筑造型及卓越的受力性能,近几十年来取得了快速发展,并充分体现了现代建筑科技的发展水平。空间结构形式的不断创新,是社会经济文化发展的客观要求,也是空间结构生命力之所在。空间结构的跨度将越来越大,并向轻量方向发展,要完善与发展组合、斜拉和预应力网格结构,研究与开拓索穹顶及各种索+杆(梁)+膜杂交结构,以及开启式和展开式空间结构,研究新材料、新技术、新节点、新工艺的应用,深入发展抗风、抗震及结构控制技术等空间结构理论研究,研究与现代美学相结合的空间结构。大型空间结构施工方法还需要创新,检测与加固技术也将伴随发展。

大跨复杂钢结构分析理论的日趋成熟及设计理念和构思的更新,致使大跨空间钢结构的发展越来越快,结构跨度和规模也越来越大。然而,在大跨空间钢结构兴盛的背后也存在一定程度的安全性风险。

大跨钢结构受力复杂,所处环境状况多变,发生损伤和破坏的潜在危险性较大。尤其是在施工阶段,其受力及变形与竣工后正常服役状态的受力和变形有很大的不同,且受施工方法和施工过程及环境变化的影响很大。若不及时关注和控制,将会造成一定的质量缺陷,严重时甚至会影响整体结构。

结构形式的多样性、复杂性造成各国都很难编制出详细、明确的规范去更好地发展大跨结构,对于大跨空间钢结构体系而言,需要更加科学地对施工力学进行验算及借助计算机有限元软件对施工关键环节进行模拟分析,进行设计—施工一体化研究,以指导施工。

第 2 章　大跨空间钢结构施工阶段基础理论

大跨空间钢结构主要由钢、索、膜等构件组成。大跨空间钢结构的建造过程，是一个复杂结构体系从无到有、从单根杆件到局部成形再到完整结构、从简单到复杂的有规律的渐变过程。在此过程中，整个体系的形态、荷载、边界条件不断变化，呈现出结构时变、材料时变和边界时变的特性，其"路径"和"时间"效应直接影响施工阶段及使用阶段结构的受力性能。因此，有必要对大跨空间钢结构的基本理论进行研究。

2.1　大跨空间钢结构施工阶段受力特点

由于不同的施工方法可能会改变结构在施工阶段的受力体系，因此对同一结构体系采用不同的施工方法，可能会产生不一样的质量和安全性能，同时也会对结构的工程进度和工程成本产生影响，因此实际工程中根据施工阶段的受力原理选取合理的施工方案便成为整个施工过程中的重点。要确定大跨空间钢结构的合理施工方案，首先需要了解工程施工过程中的基本理论，尤其是力学理论。工程界目前较多关注复杂空间结构在服役阶段的力学性能，而对其在施工阶段的力学性能研究较少。但是，大多数结构在使用阶段和施工阶段的受力状态完全不同，结构的施工阶段是一个不完整结构承受不断变化荷载的受力过程，不同施工阶段结构几何形态的变化导致其边界条件和荷载条件（承受的施工荷载、恒荷载和活荷载等）均逐步变化，因此基于有限元分析的施工模拟过程中结构刚度矩阵也随之变化，进而影响结构系统的力学性能状态，有些结构的最不利状态甚至出现在施工阶段，这个阶段的研究和分析无论在数值模拟上还是实际施工中都显得很薄弱。随着工程规模的扩大、工程施工周期的增长，对随着时间不断变化的结构分析研究的重要性也更加突出。大跨结构施工过程的时变性要求设计者不但要考虑设计结构本身，同时还需要研究不同施工阶段内力与变形的相互影响，对施工过程中结构及工程介质的分析，形成了与工程建设密切相关的新的工程力学学科分支——施工力学。施工力学是力学理论与土木工程学科相结合的产物,研究的对象为施工过程中不断变化的结构系统,包括结构内部参数(如几何形状、物理特性、边界状态等)和外部参数(如施加的荷载、环境温度),因此施工力学是以物性为基础,耦合了时间与空间的多维力学问题,相关内容如图 2.1 所示。

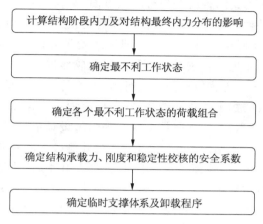

图 2.1　施工力学主要研究内容

2.2　大跨空间钢结构施工理论研究现状

随着各种大型、新型结构的出现,其自身庞大的体量、新颖的施工安装方法、传统结构施工无须考虑的施工问题,引起了国内外学者的重视。在大跨度网格结构、大跨度预应力钢结构施工成型困难的背景下,学者们多针对具体工程中结构面临的施工问题展开研究,提出了一系列分析方法。

在大跨网格结构时变分析研究方面,刘学武(2008)对确定钢结构加工和安装位形的方法进行了讨论,采用分阶段综合迭代法对 CCTV 大楼进行了变形预调分析;针对大跨钢结构拆撑卸载过程模拟问题建立了千斤顶单元法、千斤顶-间隙单元法和千斤顶-接触单元法。郭小农(2013)提出了约束方程法,通过约束方程耦联节点实现施工卸载模拟。范重等(2007)比较了施工顺序对结构内力和变形的影响,运用生死单元法模拟了国家体育场钢结构的安装过程。徐志洪(2001)采用空间杆系有限元计算,讨论了吊点位置和数量的不同对吊装结构杆件内力的影响,从杆件应力角度评价施工方案的合理性。王伯成(2004)采用静力平衡假设对结构分段吊装研究时,用空间刚架法分析临时支撑安全性,用空间桁架法分析结构分段的安全性。刘学武、郭彦林(2008)对钢结构两点吊装提出椭圆简化算法。雷旭(2012)进行了结构吊点布局优化的研究,采用最小应变能准则和应力比准则评价吊点布局的合理性和适用结构。伍小平等(2005)针对国家大剧院的施工过程进行模拟,验证了考虑时变响应的动态模拟法的优越性。蒋顺武(2008)还将针对大跨结构的施工模拟方法应用于巨型网格结构,并以此为据进行研究拓展。

在大跨度预应力钢结构时变分析研究方面,卓新(2004)针对分组分批张拉施工法提出张力补偿计算法,循环迭代计算得到预应力网格结构预应力拉索的施工张力控制值,实际施工时张拉一次即可达到张力设计值,提高张拉工作效率。李波(2007)采用逆分析法对张力结构施工成形进行计算,得到实际过程中张拉控制值,采用该施工张拉控制值进行施工,不需过多调整,可实现一次张拉到位。张国发(2008)提出位移补偿法,针对预应力结构存在的力误差和几何误差,对节点位移循环迭代,实现张拉一次达到张力设计值的目标,使结构构件内力和节点位置满足施工精度要求。王化杰、范峰等(2009)对弦支穹顶结构初始态找形方法进行了研究,验证了优化迭代法的适用性,后采用生死单元法对大连体育馆屋盖结构进行了施工模拟,并与实测结果对比。洪彩玲(2013)讨论了适用于张弦梁结构索力优化的方法,对实际工程应用张力补偿法得出优化张拉方案。

综上,时变结构分析方法的研究多针对某具体工程,采用特定方法进行分析,这些方法种类繁多,目前尚缺乏施工时变结构分析与设计整体框架。

2.3 大跨空间钢结构施工力学理论

2.3.1 时变力学分类

传统的结构设计理论是基于结构力学原理,以建造好的建筑结构几何条件(一个完整的理想结构体系)为对象建立计算模型,荷载条件、边界条件及结构刚度等均未考虑建筑结构施工阶段的变化。

随着施工工况的变化,结构自身的几何条件、外部荷载条件及边界条件等也发生改变的现象称为"时变效应",所对应的动态结构称为"时变结构",研究时变结构力学性能的理论方法称为"时变力学"。时变力学是传统力学与土木工程结合的衍生物,使得施工力学学科由传统的三维分析转变为考虑时间效应的四维分析。

根据结构荷载条件和几何形态的变化速率,时变结构力学研究可以分为以下3种类型。

(1)快速时变结构力学

工作状态下的某些结构由于受到外部因素的影响,导致其自身的荷载条件和几何形态迅速发生变化，并常伴有剧烈的振动，属于快速时变结构力学的研究范畴，主要影响因素是结构系统的惯性，故也称之为时变结构振动理论。

快速时变结构力学主要研究由于结构本身的急剧变化而引起的剧烈振动的力学分析和控制，主要适用于车辆与结构的动力相互作用问题及航天器及其运载附件工具的动力作用问题等，车辆和运载附件的质量和刚度分布形成的时变动力学系统，相对于结构本身不容忽视。

（2）慢速时变结构力学

有些结构的几何条件、荷载条件与边界条件等随施工工况的变化比较缓慢，属于慢速时变结构力学的研究范畴。可以采用以下两种分析方法：① 研究对象转换为一序列固定结构体系，基于时间冻结法原理，对其进行静力分析或动力分析，主要研究目的是确定结构在施工阶段最不利的若干工况，暂且不考虑结构之间的相互影响；② 综合考虑结构系统之间的相互影响对其进行拟动力分析，从而得出精确度较高的强度、刚度及其稳定性等性能。

施工力学相关问题是最典型的慢速时变结构力学的研究内容，其中确定结构的施工方案，选择最合理的吊点布置，确定复杂空间结构在施工阶段的力学性能等，都是施工力学学科急需解决的重点课题。

（3）超慢速时变结构力学

当工程结构建成并进入使用阶段后，影响结构性能的主要因素有环境条件（如部分腐蚀环境）、材料性能（材料老化）及服役荷载条件（结构累计损伤），这些因素对结构受力及变形性能的影响极其缓慢，因此属于超慢速时变结构力学的研究范畴。在结构长期服役过程中，这些因素对结构可靠度会产生不容忽视的影响，因此相关分析属于时变结构可靠度理论的范畴。为了确保结构在服役期内的安全性，应该对其受力性能进行实时跟踪监控，从而为结构的维修决策提供依据。

2.3.2　大跨空间钢结构施工时变理论

大跨度空间钢结构的施工阶段力学性能分析是最典型的慢速时变结构力学的研究范畴，在整个施工阶段，结构由无到有、由局部到整体逐步发生变化，主要表现在结构的几何形态、边界条件、荷载条件、结构刚度及材料性能等方面，如图 2.2 所示。

（1）几何形态

结构自身几何形态的变化是施工时变性的基本表现形式之一。结构复杂的几何形状和构造在整个施工过程中随施工进度的增进而逐步趋于完整，结

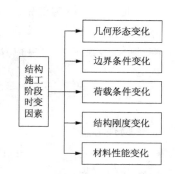

图 2.2　结构施工阶段时变因素类型

构规模逐渐变大,结构体系逐步完整,因此在施工过程中结构几何形态具有时变性。

（2）边界条件

边界条件与结构构件的施工方案紧密相关,随着施工过程中结构形式的不断变化,支座位置、支座数量、约束条件等会发生相应的变化,这些变化会引起结构在施工过程中的内力重分布,从而进一步影响结构的变形和受力性能。

（3）荷载条件

结构在不同施工工况承受的荷载变化是时变性最重要的体现。对于复杂空间钢结构的施工,荷载并非一次性直接施加在结构上,而是与工程进度有重要的关系。主要有两类荷载:① 随结构几何形状的变化而变化,如结构自重、施工机械设备及辅助材料对结构力学性能的影响;② 与结构形状无关,仅是时间的变量,如风荷载、温度荷载、突发撞击荷载等。总之,不同施工工况作用下荷载条件的变化是施工时变性的重要特征之一。

（4）结构刚度

在结构施工过程中,构件的安装或拆除对结构体系的整体刚度有直接的影响,且在施工未结束之前,整体刚度并不能有效抵抗外力,随着施工进程的推进,结构刚度也随之趋于稳定。因此,结构刚度在施工进程中体现出时变性。

（5）材料性能

建筑结构所用的材料主要为钢材与混凝土。对于钢材而言,随着目前预制构件的广泛应用,构件性能在出厂之前已满足设计要求,运输过程对其性能的影响可以忽略不计;对混凝土而言,其强度随时间的推移而逐渐加强,弹性模量也随之变化,因此,材料性能的时变性主要体现在混凝土方面。

考虑材料性能,施工时变理论可从以下 3 个角度入手进行分析:

① 线弹性时变力学

通常复杂结构的施工周期远远大于整体结构的自振周期,因此可按静力学方法来分析且不考虑惯性力效应。若以线弹性材料为研究对象,忽略热效应影响,则结构施工力学可以认为是线弹性时变力学,引入时间变量后的基本方程为

平衡方程:

$$\sigma_{ij,i} + X_j = 0 \quad \sigma_{ij} \in \Omega(t) \tag{2-1}$$

物理方程:

$$\sigma_{ij} = \lambda(t)\varepsilon_{kk}\delta_{ij} + 2G(t)\varepsilon_{ij} \quad \varepsilon_{ij}, \sigma_{ij} \in \Omega(t) \tag{2-2}$$

几何方程:

$$\varepsilon_{ij} = \frac{1}{2}(u_{i,j} + u_{j,i}) \quad \varepsilon_{ij}, u_i \in \Omega(t) \tag{2-3}$$

边界条件：

$$\sigma_{ij}n_i = \overline{P}_j \ 或 \ u_i = \overline{u}_i \quad u_i\sigma_{ij} \in S(t) \tag{2-4}$$

式中：σ_{ij}，ε_{ij}——t 时刻的应力张量和应变张量；

　　　X_j——体力；

　　　$\lambda(t)$，$G(t)$，$S(t)$——t 时刻相应的物理参数和几何参数；

　　　$\Omega(t)$——t 时刻结构或构件所占据的空间域；

　　　n_i——边界外法线的分量；

　　　$\overline{P}_j$——边界上面力分量；

　　　$\overline{u}_i$——边界上位移分量。

以上方程式中的变量虽引入时间参数，但没有对时间求导数或偏导数，因此不会影响原始三维数理方程中的解析解，只需将相关参数转变为相应的时间函数，从而推算出不同时刻的几何参数或者物理参数值，得出相应的时空分布。

② 非线性时变力学

若以具有非线性本构关系的材料为研究对象，则其施工力学属于非线性时变力学。对于非线性问题，结构最终的力学性能不仅仅与研究对象的几何时变性有关，还与荷载时变性有关。对非线性问题一般采用数值方法求解，其基本公式为

$$[K(\varepsilon,\sigma,\delta,t)]\{\delta\} = \{P(t)\} \tag{2-5}$$

式中，刚度矩阵 $[K]$ 对于非线性弹性本构关系有 $[K(\varepsilon,\sigma,\delta,t)] = [K(\varepsilon,t)]$；对于弹塑性体本构关系有 $[K(\varepsilon,\sigma,\delta,t)] = [K(\sigma,t)]$，对于非线性材料几何关系有 $[K(\varepsilon,\sigma,\delta,t)] = [K(\delta,t)]$。

在求解非线性时变问题时，增量法和迭代法是常用的解决方法。对于增量法，必须考虑每级荷载变化时相应的几何参数或者物理参数的变化；对于迭代法，必须对结构的力学性能进行进一步修正再进行下一步迭代，并需综合考虑几何参数或者物理参数的改变。相对而言，增量法简便更易于操作，适合于解决非线性时变力学问题。

③ 时变动力学

有些结构的几何参数或物理参数随施工进度的推进变化得相当迅速，且结构系统的自振周期与荷载条件变化周期接近。鉴于此，对其进行力学分析时必须引入惯性力效应，这属于时变动力学研究的范畴。

对于一般三维时变动力学问题，通常只将上述方程中的控制方程第一式表达如下，其他各式不变

$$\sigma_{ij,j} + \rho u'' X_j = 0 \quad \sigma_{ij} \in \Omega(t) \tag{2-6}$$

引入时间变量后时变力学一般采用数值法求解，其数值算式为

$$[M(t)]\{\delta''\}+[C(t)]\{\delta'\}+[K(t)]\{\delta\}=\{P(t)\} \qquad (2\text{-}7)$$

式中：$[M(t)]$，$[C(t)]$，$[K(t)]$——随时间变化的质量矩阵、阻尼矩阵和刚度矩阵。

2.4 大跨空间钢结构施工过程模拟方法

大跨度结构的施工是一个结构自身连续变化的过程，其受力状态也在不断变化。结构在施工过程中伴随着构件的增删、边界条件的变化、温度的变化、偶然荷载的施加，对于预应力结构的预应力动态施加等变化都应在跟踪计算中准确反映，才能得到正确的结果；同时，上一阶段结构的内力和位移必然会影响下一阶段的内力和位移，因此需要跟踪计算每个阶段的内力和位移，将各阶段内力、位移进行叠加，得到的累积效应就能准确反映结构最终的受力和位移状态。

目前，施工力学问题分析方法主要包括：时变单元法、拓扑变化法及有限单元法等。其中前两种方法研究应用较少且存在一些问题；有限单元法理论推导严密，易于程序化，但是传统的有限元法并没有提供解决施工力学问题的相应公式。所以，这些方法在求解大型钢结构施工力学方面都存在一些不足，需要对其进行一定的改进。"施工阶段内力与变位叠加法"在理论方面对传统有限元法做了改进，是一种能有效地进行全过程跟踪分析的施工力学分析方法。同时，非线性有限单元法理论日臻成熟，已成为求力学问题数值解的有力工具，一些商业有限元软件中已经涵盖了施工力学问题分析的单元生死技术模块，但是这些软件未对该部分的理论基础、算法原理和流程做明确说明，其分析结果的可靠性、计算精度及适用范围也有待考究，"生死单元技术及分步建模技术"在其平台上进行改进可用来解决实际施工力学问题。

2.4.1 施工阶段内力与变位叠加法

常规的有限元结构分析方法，通常以施工完成后完整的结构体系为建模对象，并一次性将各种荷载作用在结构上进行分析处理，故被称为一次性加载法。然而，随着对时变力学的深度研究发现，一次性加载分析方法不能有效地模拟实际施工过程，有限元分析结果不能真实反映实际情况，因此此分析法的不足逐渐引起了研究学者们的高度重视，在我国的建筑结构设计及其施工规范或规程中提出了需综合考虑施工不同工况下荷载条件时变性的影响。

超静定结构体系在不同施工工况下，其结构的内力分布具有不唯一性。对于大跨复杂空间钢结构的施工过程中，如何选择合理的施工方案，关系着结构的施工质量、施工进度及施工成本等。对于同一结构体系而言，不同施工方案结构构件最终的力学性能状态分布也不尽相同，因此施工方案的选择对结构体系的力学性能有紧密联系,最终结构的力学性能状态是各个施工工况下的力学性能状态的叠加结果。

所谓施工阶段内力与变位叠加法,其基本原理是:在完全依照实际施工过程的基础上,根据每个施工阶段荷载对"不完整结构"的作用效应对空间结构进行严格的设计计算。依次计算不完整状态结构的内力和变位,到最终结构完全形成后,再把各施工过程计算所得的相应的内力与变位分别叠加,即得到施工完毕后结构的最终内力和变位。

施工阶段状态变量叠加法具体的计算步骤如下:

根据实际结构特点,将复杂空间结构分为 n 个单元块,每一块对应一个施工阶段,则共有 $1,2,\cdots,n$ 个施工阶段,结构在每个施工阶段的有限元计算过程为

施工第 1 阶段:

$$[K_1]\{U_1\} = \{P_1\} \tag{2-8}$$

$$[N_1] = [k_1][A_1]\{U_1\} \tag{2-9}$$

施工第 2 阶段:

$$([K_1]+[K_2])\{U_2\} = \{P_2\} \tag{2-10}$$

$$[N_2] = [k_2][A_2]\{U_2\} \tag{2-11}$$

以此类推,施工第 n 阶段:

$$([K_1]+[K_2]+\cdots+[K_n])\{U_n\} = \{P_n\} \tag{2-12}$$

$$[N_n] = [k_n][A_n]\{U_n\} \tag{2-13}$$

式中:$[K_i]$——施工第 i 阶段时第 i 单元块结构的总刚度矩阵。

$[k_i]$——施工第 i 阶段时不完整结构的总刚度矩阵。

$\{U_i\}$——施工第 i 阶段时不完整结构的节点位移向量。

$\{P_i\}$——施工第 i 阶段 i 单元结构的节点力向量。

$[A_i]$——施工第 i 阶段时不完整结构的几何矩阵。

$[N_i]$——施工第 i 阶段时不完整结构的杆件内力向量矩阵。

结构的最终位移和内力分别为

$$\{U\} = \sum_{i=1}^{n} \{U_i\} \tag{2-14}$$

$$\{N\} = \sum_{i=1}^{n} \{N_i\} \tag{2-15}$$

式中:$\{U\}$——节点位移向量矩阵;

$\{N\}$——杆件内力向量矩阵。

分阶段的变量叠加法充分考虑了不同施工工况的因素,与传统的计算方法相比,能更真实地模拟结构在施工阶段的受力状态,得出不同工况下的内力、约

束反力、应变和位移等状态参数,从而将其纳入结构设计阶段,使得复杂空间结构的设计理论进一步完善和全面。

2.4.2 生死单元和分步建模技术

生死单元技术通过单元的"生"和"死"来实现求解区域的时变,即通过修改单元的刚度矩阵来模拟施工过程中构件的安装和拆除。分析的基本思路:首先基于设计状态建立完整结构的整体有限元模型,将所有单元"杀死"使结构处于初始"零"状态,然后按照施工顺序依次"激活"相应阶段所安装的单元,施加相应荷载,即可跟踪模拟施工全过程结构受力状态的变化,施工过程中若有构件被拆除则将相应单元"杀死",再把节点力反加在结构上。

用生死单元技术来跟踪模拟施工过程如下:

(1)单元"杀死"机理

通过将单元的刚度矩阵乘以一个极小值,同时将质量矩阵和荷载阵列置零,这样单元在力学意义上处于被"杀死"的状态,若单元被"杀死"时存在内力,需将其节点反力加在相应结构上。

(2)单元"激活"机理

通过恢复单元的刚度矩阵、质量矩阵和荷载列阵在力学意义上"激活"单元。在分析中若不考虑几何和材料非线性因素的影响,则"激活"时单元的参数为初始参数,若考虑其影响,则单元的参数为"激活"状态下即时构形的参数。

(3)单元"漂移"机理

分析过程中"死"单元仍存在于模型中,可与"活"单元一起协调变形,"死"单元因"活"单元的变形而随之变形时称为单元的"漂移",且单元的应力和应变置零。

在采用单元生死技术来模拟大型复杂结构体系的施工时,由于结构构件重量和尺寸很大,要精确控制其安装位形相对困难,那么在分析过程中可通过施加位移约束条件或加约束方程以保证构件"激活"时处于预定的位形上。有时可能因"死"单元"漂移"过大,而导致单元"激活"时的位形远远偏离于拟定的安装位形而与实际要求不符,甚至会出现结构的刚度矩阵过度病态而导致求解失败。

分步建模技术可以有效避免"死"单元产生"漂移",其模拟施工过程的总体思路:按照施工步骤依次组建各施工阶段结构的刚度矩阵和荷载列阵,并按照拟定的施工方案分步建模并求解,从而真实、精确地模拟整个施工过程,即分步建模技术弥补了生死单元技术的主要缺陷,它能精确控制施工过程中构件的安装位形,采用分布建模时未装构件的刚度在整体刚度矩阵中不出现,能避免由于"死"单元的"漂移"而导致刚度矩阵病态的问题,未装结构与已装结构之间已不存在变形的相互影响。但是,分步建模法的边建模边求解的分析过程,需要把通常有限元软件的前处理、求解和后处理三大模块有机统一起来编制新的有限元程序,或在现有软件的平台上进行改进,算法实现比较困难。

2.5　大跨空间钢结构动力分析基本方法

结构动力分析主要有频域内线性分析法和时域内非线性分析法。

(1)频域内线性分析

频域法可以在频域内对结构荷载进行 Fourier 变换,适用于分析任意荷载作用下线性单自由度体系的反应。

(2)时域内非线性分析

时域法可以在时域内对荷载进行步步积分,并且时域和频域之间可以用 Fourier 进行转化,适用于计算任意荷载作用下的非线性体系。

大跨空间结构动力响应基本方程为

$$MX'' + CX' + KX = P(t) \tag{2-16}$$

参与结构动力反应的主要力有惯性力、阻尼力及弹性力,其中,惯性力为 $f_m = \int \rho u'' du$;阻尼力为 $f_c = cu'$;弹性力为 $f_k = ku$。

由虚功原理可得

$$\int \delta\varepsilon^T \sigma du = \delta u^T P(t) - \delta u^T cu' - \delta u^T \int P u'' du \tag{2-17}$$

在有限单元分析法中,根据单元节点位移求出单元内各点的位移,利用节点的位移公式来建立单元的位移函数,设单元节点位移为

$$u_c^T = [u_i, u_j, \cdots\cdots]^T \tag{2-18}$$

设单元真实位移函数 u 是连续单值函数,所以单元节点位移 u_c 与单元真实位移函数 u 之间的关系为

$$u = \alpha u_c \tag{2-19}$$

两边同时对时间求微分可得

$$\delta u = \alpha \delta u_c \tag{2-20}$$

α 为形函数,同时有几何条件:

$$\varepsilon = \frac{1}{2}(u_{ij} + u_{ji}); \ \varepsilon_{ij} = \frac{1}{2}(u_{i,j} + u_{j,i}) \tag{2-21}$$

将式(2-21)代入应变节点位移表达式:

$$\varepsilon = bu_c \tag{2-22}$$

$$\delta\varepsilon = b\delta u_c \tag{2-23}$$

其中,b 为关于形函数 α 的微分运算:

$$b = \delta\alpha \qquad (2\text{-}24)$$

根据矩阵转置的逆序法得:

$$\delta u^{\mathrm{T}} = \delta u_c^{\mathrm{T}} \alpha^{\mathrm{T}} \qquad (2\text{-}25)$$

$$\delta\varepsilon^{\mathrm{T}} = \delta u_c^{\mathrm{T}} b^{\mathrm{T}} \qquad (2\text{-}26)$$

上式经过化简,可得到动力荷载作用下的有限元模拟方程:

$$m_c u''_c + c_c u'_c + k_c u_c = P_c(t) \qquad (2\text{-}27)$$

式中:m_c —— 单元惯性特性的等价矩阵,$m_c = \int_v \rho\alpha^{\mathrm{T}} \mathrm{d}u$;

k_c —— 单元的刚度矩阵,$k_c = \int_c b^{\mathrm{T}} Db\,\mathrm{d}u$;

2.6 大跨空间拉索结构有限元分析理论

大跨结构中除了有刚度较大的钢结构外,一般还有一部分拉索结构作为受拉构件以承担轴向拉力,同时减小结构总体的重量。拉索在施工过程中有其特殊的受力性能,了解其施工过程中的力学理论及分析方法对正确分析整个结构的施工过程有重要意义。

拉索是索支撑体系的核心构件,其力学性能具有以下特点:

① 柔性,结构体系中必须对其施加预应力才能发挥其特性;

② 拉索抗拉刚度随其形状和方向的改变而改变;

③ 无抗弯刚度,在垂直于拉索方向的荷载作用下呈抛物线形状;

④ 自重小,只能承受拉力,且满足胡克定律。

拉索结构的受力一般采用有限元分析,相关理论如下:

(1) 位移方程

在整体坐标系中,选取一段拉索为研究单元,设其两端节点位移向量为

$$U_e = \begin{bmatrix} S_i \\ S_j \end{bmatrix} \qquad (2\text{-}28)$$

式中,$S_i = [U_i \quad V_i \quad W_i]^{\mathrm{T}}$,$S_j = [U_j \quad V_j \quad W_j]^{\mathrm{T}}$。

假设在局部坐标系中,该索(如图 2.3 所示)的位移向量为

$$u_e = \begin{bmatrix} u_i \\ u_j \end{bmatrix} \qquad (2\text{-}29)$$

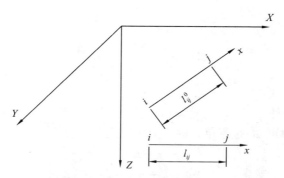

图 2.3　拉索单元局部坐标系图

由位移线性插值原则$(u = c_1 + c_2 x)$，则单元位移可表示为

$$u = \begin{bmatrix} 1 & x \end{bmatrix} \begin{bmatrix} 1 & 0 \\ -\dfrac{1}{l_{ij}} & \dfrac{1}{l_{ij}} \end{bmatrix} u_e = N u_e \qquad (2\text{-}30)$$

式中：N——形函数，取值 $N = \begin{bmatrix} 1 - \dfrac{x}{l_{ij}} & \dfrac{x}{l_{ij}} \end{bmatrix}$。

（2）几何条件

在未承受拉力之前，拉索的原始长度为

$$l_{ij}^0 = \sqrt{(X_i - X_j)^2 + (Y_i - Y_j)^2 + (Z_i - Z_j)^2} \qquad (2\text{-}31)$$

拉索经张拉后，其长度的计算公式为

$$l_{ij}^0 = [(l_{ij}^0)^2 + 2(U_j - U_i)(X_j - X_i) + 2(V_j - V_i)(Y_j - Y_i) +$$
$$2(W_j - W_i)(Z_j - Z_i) + (U_j - U_i)^2 + (V_j - V_i)^2 + (W_j - W_i)^2] \quad (2\text{-}32)$$

拉索单元应变的计算公式为

$$\varepsilon = \frac{l_{ij} - l_{ij}^0}{l_{ij}^0} = \sqrt{1 + 2a + b} - 1 \qquad (2\text{-}33)$$

其中
$$a = U_e^T A_g H_e, \quad b = U_e^T A_g U_e \qquad (2\text{-}34)$$

$$A_g = \frac{1}{(l_{ij}^0)^2} \begin{bmatrix} 1 & 0 & 0 & -1 & 0 & 0 \\ 0 & 1 & 0 & 0 & -1 & 0 \\ 0 & 0 & 1 & 0 & 0 & -1 \\ -1 & 0 & 0 & 1 & 0 & 0 \\ 0 & -1 & 0 & 0 & 1 & 0 \\ 0 & 0 & -1 & 0 & 0 & 1 \end{bmatrix} \qquad (2\text{-}35)$$

$$H_e = \begin{bmatrix} H_i \\ H_j \end{bmatrix}^T, \quad H_i = \begin{bmatrix} X_i & Y_i & Z_i \end{bmatrix}, \quad H_j = \begin{bmatrix} X_j & Y_j & Z_j \end{bmatrix} \qquad (2\text{-}36)$$

将式（2-21）按泰勒公式展开，并略去式中 5 阶以上的高阶项，得到单元应

变为

$$\varepsilon = a + \frac{b}{2} - \frac{a^2}{2} - \frac{1}{2}ab + \frac{a^3}{2} + \frac{3}{4}a^2 b - \frac{b^2}{8} - \frac{5}{8}a^4 \tag{2-37}$$

$$\varepsilon^2 = a^2 + ab - a^3 - \frac{3}{2}a^2 b + \frac{5a^4}{4} + \frac{b^2}{4} \tag{2-38}$$

（3）物理条件

由胡克定律可知，拉索单元的应力—应变关系为

$$\sigma = E\varepsilon_e \tag{2-39}$$

$$\varepsilon_e = \varepsilon_0 + \varepsilon \tag{2-40}$$

式中：ε_0——拉索张拉前的应变；

ε——拉索张拉后增加的应变；

ε_e——拉索张拉后的应变。

E——拉索弹性模量，只考虑拉索在弹性阶段的工作性能，故为常数。

（4）有限元方程

由最小势能原理可知，任取一单元 e_{ij}，则该单元 e_{ij} 的总势能就是其应变能，即外力势能与内力势能之和。单元 e_{ij} 总势能函数为

$$\pi_e = \frac{1}{2}\int_v \varepsilon_e \sigma \mathrm{d}v - \sum u_e^{\mathrm{T}} P_e \tag{2-41}$$

设拉索截面为 A，将索单元未张拉前长度记为 $l_{ij}^0 = L$，将式（2-27）带入式（2-29）计算得到：

$$\pi_e = \frac{EA}{2}\int_L (\varepsilon_0 + \varepsilon)^2 \mathrm{d}L - \sum u_e^{\mathrm{T}} P_e = \pi_{e1} + \pi_{e2} + \pi_{e3} - \sum u_e^{\mathrm{T}} P_e \tag{2-42}$$

考虑拉索单元的几何状态，将上述式（2-25）和式（2-26）带入式（2-30）中，同样省略 5 阶以上的高阶项，得到：

$$\pi_{e1} = \frac{EAL}{2}\varepsilon_0^2 \tag{2-43}$$

$$\pi_{e2} = \frac{EAL}{2}\left(a^2 + ab - a^2 - \frac{3}{2}a^2 b + \frac{5}{4}a^4 + \frac{b^2}{4}\right) \tag{2-44}$$

$$\pi_{e3} = P^0 L\left(a + \frac{b}{2} - \frac{a^2}{2} - \frac{ab}{2} + \frac{a^3}{2} + \frac{3}{4}a^2 b - \frac{b^2}{8} - \frac{5}{8}a^4\right) \tag{2-45}$$

式中：u_e——索单元节点位移向量；

P_e——作用于索单元节点的荷载向量；

P^0——拉索的初始预应力。

根据最小总势能原理 $\frac{\partial \pi_e}{\partial u_e} = 0$，可以得到整体坐标系中单元的基本方程为

$$(K_E + K_G)U_e = P_e^0 + P_e + R_e \tag{2-46}$$

$$K_E = \frac{EA}{L} \begin{bmatrix} l^2 & l \\ lm & m^2 \\ nl & mn & n^2 \\ -l^2 & -lm & -nl & l^2 \\ -lm & -m^2 & -mn & lm & m^2 \\ -nl & -mn & -n^2 & nl & mn & n^2 \end{bmatrix} \qquad (2\text{-}47)$$

$$K_G = \frac{P^0}{L} \begin{bmatrix} 1-l^2 \\ -lm & 1-m^2 \\ -nl & -mn & 1-n^2 \\ l^2-1 & lm & nl & 1-l^2 \\ lm & m^2-1 & mn & -lm & 1-m^2 \\ nl & mn & n^2-1 & -nl & -mn & 1-n^2 \end{bmatrix} \qquad (2\text{-}48)$$

$$R_e = -(EA - P^0) \left\{ \begin{bmatrix} -(U_j-U_i)/L \\ -(V_j-V_i)/L \\ -(W_j-W_i)/L \\ (U_j-U_i)/L \\ (V_j-V_i)/L \\ (W_j-W_i)/L \end{bmatrix} \left(a - \frac{3}{2}a^2 + \frac{b}{2} \right) + \frac{1}{2} \begin{bmatrix} -l \\ -m \\ -n \\ l \\ m \\ n \end{bmatrix} (b - 3a^2 - 3ab + 5a^2) \right\}$$

$$(2\text{-}49)$$

式中：K_E——索单元在整体坐标系中弹性刚度矩阵；

　　　K_G——索单元几何刚度矩阵；

　　　R_e——索单元赘余力或不平衡力向量，反映应变表达式中高阶项的影响；

　　　P^0——与单元初始力等效的节点力向量。

然后，由单元刚度矩阵得到结构的总刚度矩阵，其基本方程组为

$$(K_E + K_G)U = P^0 + P + R \qquad (2\text{-}50)$$

公式（2-50）是非线性方程组，采用增量求解法可得到结构的各节点位移，最后根据结构的物理条件和几何条件就可以得到拉索单元的应力。

2.7　考虑施工过程的时变结构设计流程

考虑施工过程的时变结构设计方法以概率极限状态设计方法为基础，在传统结构设计方法的基础上，考虑施工过程的影响，选取合适的施工过程中的施工荷载概率模型和时变结构的抗力模型，对其进行施工过程校核分析，建立考

虑施工过程的时变结构设计方法。

（1）结构在基本荷载作用下的设计

基本荷载作用下的设计主要对结构进行静力荷载、风荷载下的传统优化设计，此过程分析可采用效应组合分析。

① 首先根据结构的设计使用年限，确定基本荷载的取值重现期，进行静力各工况下的荷载汇集。

② 对于线性结构，首先进行各个荷载单一工况下的静力分析，获得结构各单一工况下的效应结果。

③ 按照荷载工况对各个效应进行组合，将组合后的结构效应与抗力进行比较（强度、稳定承载力、变形等），如果不能满足要求，则继续对结构进行体系或者构件优化调整，直至满足规范要求。

（2）结构抗震设计

抗震设计主要对结构进行传统设计方法的抗震分析，主要可以采用反应谱法和时程分析法进行分析。

① 首先建立结构的动力分析模型。

② 对结构进行反应谱法的多遇地震分析，并将多遇地震分析结果与静力分析结果进行工况组合分析，将组合后的结构效应与抗力进行比较（强度、稳定承载力、变形等），如果不能满足要求，则继续对结构进行体系或者构件优化调整，直至满足规范要求。

③ 根据结构的重要性确定是否需要进行罕遇地震的补充计算，对计算结果进行分析，并根据大震不倒设计原则对结果进行校核和结构优化调整，直至结构满足规范要求。

（3）结构施工校核设计

在上述分析的基础上进行第三个步骤的施工校核分析，该步骤主要是采用合适的施工模拟方法对前两个步骤设计出的建筑结构进行施工模拟分析，考察施工过程中未成形结构的安全性能和状态。

① 首先建立施工仿真模型，按照施工顺序对结构进行安装构件分组，即将结构施工过程划分为一个个施工阶段，将每个施工阶段所施工的构件作为一个单元组，以便后续施工模拟时可以按组对施工构件进行激活，模拟结构的几何时变特性。

② 按照施工阶段对结构施加施工荷载，并读入材料时变子程序，模拟各阶段施工荷载的时变特性和结构材料时变特性。

③ 结构施工拼装过程及卸载过程模拟。

④ 提取结构各个施工阶段的效应结果（杆件内力、总体位移等），并与对应

阶段结构抗力进行比较,校核是否满足安全和施工精度要求,如果满足要求则设计结束,否则根据计算结果继续对结构进行优化调整,直至满足安全和施工精度要求。

考虑施工过程的时变结构设计流程如图 2.4 所示。

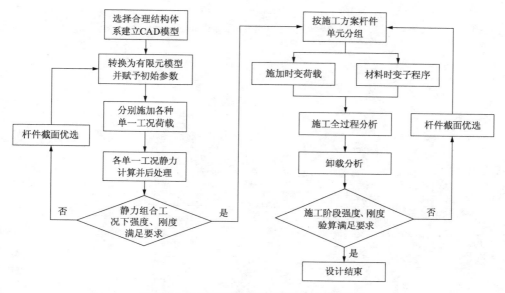

图 2.4　考虑施工过程的时变结构设计流程

2.8　小结

本章基于大跨空间钢结构施工阶段的受力特点及理论研究,对大跨空间钢结构的施工力学理论、施工过程模拟技术、动力分析基本方法及拉索结构有限元分析理论进行了总结。根据时变力学理论,大跨空间钢结构在施工过程中的力学表现属于典型的时变结构力学问题。对大跨空间钢结构施工过程进行全过程跟踪模拟计算的具体方法有:① 在传统有限元理论基础上进行改进的"施工阶段内力与变位叠加法";② 基于非线性有限元理论,以大型有限元软件为平台进行二次开发后的"生死单元技术"和"分步建模技术"。

大跨空间钢结构施工 第二篇
关键技术

第 3 章　南京青奥体育公园大跨空间钢结构工程总体介绍

3.1　工程概况

现代体育渗透于经济社会的方方面面,奥林匹克成为跨越不同种族、不同国界、不同文化的全世界人民的共同语言。2010 年 2 月 11 日,在温哥华举行的国际奥委会第 122 届全会决定,将 2014 年第二届夏季青年奥林匹克运动会的承办权授予中国的南京市,在 2014 年 8 月 17 日至 28 日举行。2010 年 11 月 14 日,第 29 届亚奥理事会代表大会通过了由中国江苏省南京市举办 2013 年第二届亚洲青年运动会的决议,举行时间为 2013 年 8 月 16 日至 8 月 24 日。

为举办 2013 年第二届亚洲青年运动会和 2014 年第二届夏季青年奥林匹克运动会,据青奥会总体部署和办赛要求,结合江北新城区建设完善体育配套设施、满足群众体育健身的需求,南京市政府决定在浦口区建设南京青奥体育公园。项目经南京市发展和改革委员会宁发改投资字〔2011〕1037 号文(南京青奥体育公园)和南京市住房和城乡建设委员会宁建综字〔2011〕1227 号文(城南河路)分别批准立项。该项目为政府投资工程,采用 IBR(投资—建设—回购)＋委托项目管理“交钥匙工程”的运作模式组织建设,是南京市政府“筹办青奥会,提升影响力”千日引动计划的一项重要任务。

IBR 即通过招标选定项目投资建设总承包单位,签订项目建设及回购协议,由 IBR 总承包单位进行项目投资及施工,待项目建设完成后,由城建集团按项目回购协议进行回购,回购资金由城建集团按照市政府批准的融资渠道和条件进行项目融资;委托项目管理即委托专业的项目管理公司开展建设管理工作,对工程建设全过程进行专业化管理和服务。

南京青奥体育公园项目建设地点位于南京市浦口新城核心区,纬七路过江隧道北出口处以南约 0.5 km。项目用地为东至康华路、南至滨江大道、西至城南河路、北至临江路。城南河横穿其间使之分为南(A)、北(B)两个地块。总用地面积约 101.6 万 m²,其中体育建设用地约 56.4 万 m²。整体效果如图 3.1 所示。

图 3.1　南京青奥体育公园整体效果图

　　项目建设内容为"三个综合体、一桥一路",即北(B)地块体育场馆综合体(市级体育中心一场一馆)、南(A)地块青奥赛场综合体(橄榄球、曲棍球、沙滩排球、小轮车场及辅助用房,赛后改建为青少年奥林匹克培训基地,亦称教学培训综合体)、健身休闲综合体(综合配套用房——长江之舟、体育公园)、连接南北地块城南河景观桥(青奥步行桥)、城南河路(滨江大道至丰子河路段)。工程实施内容包括运动赛场、大型场馆、房屋建筑、河堤泵站、道路桥梁、景观绿化、市政管线和其他附属工程。总建筑面积 35.6 万 m²,其中青奥会赛场(橄榄球、曲棍球、沙滩排球、小轮车场)及辅助用房建筑面积 2.71 万 m²,青少年奥林匹克培训基地建筑面积 8.63 万 m²,市级体育中心建筑面积 17.98 万 m²。项目总投资约 34 亿元。

　　青少年奥林匹克培训基地(见图 3.2)建筑面积约为 8.63 万 m²,承担 2013 年橄榄球比赛和 2014 年世界青年奥运会橄榄球、曲棍球、沙滩排球、小轮车比赛,主楼在比赛时作为宾馆、物资仓库、餐厅等使用,赛后转化为培训基地。为合理利用青奥遗产场地的一部分作为专业的训练场地保留,另一部分用于拓展项目,将体育资源与社会共享,让更多青年参与到体育文化运动中来,使之成为国内一流的,国家高水平体育后备人才基地。

图 3.2　青少年奥林匹克培训基地

　　为了保障青奥赛事的顺利开展,由长江之舟和体育公园构成的健身休闲综合体(见图 3.3)作为综合公共服务设施,承担比赛时通信、新闻、科研、VIP 看台和接待功能。长江之舟建筑设计灵感来自于游轮经济与郑和下西洋宝船的融合,用抽象的建设手法体现南京城市文化特色,象征着青年人传承历史、面向未来的精神。赛后这里成为国际一流的五星级酒店。遵循邮轮经济的发展模式,完善青奥体育公园的产业链,向着复合型城市综合体转型升级,长江之舟延伸至滨江广场,打造游艇俱乐部,发展运动、休闲、商务为一体的体育文化产业。

图 3.3　健身休闲综合体

青奥步行桥(见图 3.4)跨越东西,沟通两岸,是城南河风光带上一座重要的景观桥,设计理念体现青春、活力、未来,形如一艘巨轮,用起伏的桁架和曲线体现波浪的意境,象征乘风破浪,驶向未来。

图 3.4　青奥步行桥

步行桥北侧为南京青奥体育公园市级体育中心,建筑面积为 15.78 万 m²,由主体育场和主体育馆构成,形态上如同一只轻盈的沙鸥在晨露中翱翔,与长江之舟呼应成景:主体育场能容纳 1.8 万人同时观看比赛,是以会展中心为主要功能的体育休闲商业平台。多功能体育馆拥有 20 000 座椅,是中国最大的室内体育馆,采用 NBA 标准体育馆建设而成,可承接 NBA 等国际顶级赛事,从而提升城市国际形象。体育场、体育馆连接体的整体效果如图 3.5 所示。

图 3.5　体育场、体育馆、连接体效果图

项目于 2011 年 12 月 27 日开工,计划 2013 年 4 月底前建设完成亚青会赛场(橄榄球场)及辅助用房部分;2014 年 4 月底前完成青奥会赛场及辅助用房、市级体育中心(体育场、体育馆)和综合配套用房(长江之舟)主体结构与外装饰;2016 年年底前青奥体育公园整体工程竣工验收交付使用。

南京青奥体育公园项目主体为南京市体育局,市城建集团为建设主体,委托南京城建项目建设管理有限公司实施项目建设管理。工程勘察单位是江苏省建苑岩土工程公司、江苏省地质工程勘察院;设计单位为江苏省建筑设计研究院有限公司、东南大学建筑设计研究院、南京市水利设计院、南京市规划设计院。IBR 总承包单位为南京建工集团有限公司。

3.2　工程地质

3.2.1　区域地质概述

1. 区域地质构造

根据《宁镇山脉地质志》(江苏省地矿局编)、《南京市基岩地质结构与工程地质特征》(南大地质系罗国煜教授等编)、《南京市水文地质工程地质环境地质综合勘察报告》(江苏省地质矿产局)及《南京市人民防空地下工程地质勘察报告》(工程地质图,江苏省地质局水文地质队编)等,南京地区在大地构造位置上属下扬子凹陷,从震旦纪起交替沉积了各个时代的海相、海陆交替相和陆相地层。中下三迭系青龙群沉积之后,经印支运动褶皱成陆;中生代燕山运动则主要表现为断裂及岩浆活动。这两次运动奠定了南京地区低山丘陵地形轮廓的基础。区内主要有北东、北西向构造和北北东、北北西向两组断裂,形成一种棋盘格式的块状构造。近场区的大断裂主要有滁河断裂、六合—江浦断裂,其余有太平—葛塘正断层、猪头山断层等。

① 滁河断裂:为压扭性正断层,位于陈桥—永宁一线,走向与滁河一致,呈北东向 50～55°,是规模较大的区域性断裂,全长 250 km。

② 六合—江浦断裂:从江浦桥林镇向北方向延伸,经珠江镇、南门镇、大厂镇至长芦附近,后被北西向施官集断裂突然截断。再往北东方向延伸,到六合冶山附近。六合—江浦断裂是宁芜断陷盆地北部重要边界断裂,近断裂处也形成了一个深凹,堆积了大量侏罗纪火山岩系和部分白垩纪红层,J—K 地层厚度最大近 5 000 m。以后又沉积了 N+Q 地层。

六合—江浦断裂在燕山运动时有强烈活动,到喜山运动时已逐渐减弱。N+Q 沉积土覆在断裂带上,未见明显的断层错断现象。

③ 太平—葛塘正断层:为张性正断层,倾向北西,倾角大于 46°,从太平—

葛塘,西入安徽境内,全长 40 km。

④ 永宁—八里铺断裂:自永宁南岔路口经黄山岭至八里铺,呈北西 330°延伸,属张扭性平移断层,可见长度约 5 km,断层两侧为震旦系灯影组、上白垩系地层,断裂带可见硅化破碎带和角砾岩。

⑤ 猪头山断层:位于老山东端余脉二顶山约 1 km 猪头山,该断层位于本调查区南部山头,走向近东西,长约 4 km,两端为第四系覆盖,玄武岩沿断层附近分布。断层南北两侧均为上震旦系灰岩。

上述断裂自晚更新世以来未见活动迹象,均为非活动性断裂。晚第三纪以来,南京市地壳运动经历了由强到弱,由相对活动趋于相对稳定的过程;上新世以来,地壳已进入一个新的阶段(新构造运动),与老构造运动相比,在性质、方向、强度上都有明显的不同;全新世地壳运动已趋于稳定。本区新构造运动的特点主要是间歇性断块差异运动,以上升为主。

2. 区域地震

南京自公元 123 年至 1979 年 3 月为止的一千八百余年间发生过 300 次地震,其中震中位于南京的地震有 15 次,在这 15 次地震中破坏性地震有 5 次,大多集中于南京—湖熟断裂带东北侧。而位于北东向长江断裂的仅有一次无感地震(1997 年 4 月 6 日发生于江宁县,震中位置在北纬 31°49.5′,东经 118°36.5′,震级 1.4 级),说明这一断裂活动性不大。南京地区地震活动的特点:

① 基底由柔性岩石组成,为厚达八九千米的古生代或中生代地层。区内各组方向断裂发育,岩体切割破碎,对地应力积累不利,因此南京地区地震活动多以小震活动方式不断释放能量。这种小震活动有时频度较高,但随时变化的差异较大。

② 破坏性地震的强度不大,频度亦低。

③ 南京地区的地震活动主要受外地地震波及影响。由于地震烈度衰减较大,这种影响所造成的烈度较低,因此南京是不考虑地震影响的城市。

④ 南京虽然存在着近代弱活动断裂,但全新世以来地壳活动已基本趋于稳定,表现为平稳、缓慢上升为主的间歇性、差异性升降运动,其地壳变形速率小于 0.4 mm/a。

综合以上的分析,本场区属区域基本稳定场地,适宜各类工程的建设。

3.2.2 工程地质条件

1. 地形、地貌

拟建场地位于长江江心洲左汊北岸,南濒长江,北倚老山,自然地势低洼,地表高程约 6.0 m,地势呈西北略高、东南稍低。具体分布情况建设场地临城南河 200～300 m 范围(联合六组居民拆迁区堤埂为界)均为鱼塘区,联合六组居民拆迁区堤埂北侧 50～100 m 范围主要为茭瓜田、鱼塘沟塘、沼泽地,其他为农田和菜地。

场地南侧为城南河,发源于老山脚下大堰水库,曲折由北向南穿越浦口城区、圩区入长江。城南河堤岸岸坡多为植被覆盖,未发现有雨淋沟、渗漏、洞穴等不良现象,现基本处于稳定状态。城南河河中心底标高为 0.5～1.5 m,勘察期间为枯水期,水位约 4.5 m,河中心水深为 3.0～4.0 m。

城南河堤岸(拟建场地段)修建时间为 20 世纪 60～80 年代,坡角为 30°～40°,临水一侧浆砌块石护坡,堆填物为粉质黏土,大堤顶面宽 15～20 m,大堤顶面标高约 11.5 m。结合本项目建设,需进行清淤疏浚河道、堤防加固、景观布置、污水分流等综合整治。

场地属长江漫滩地貌单元,主要为农田、鱼塘,自然地势低洼,陆域地面高程一般为 5.5～7.0 m。场地明沟、塘等水系发育,沟、塘底标高 3.5～4.5 m 不等,水位 5.0～6.0 m。

2. 工程地质层的划分

拟建场地受长江冲淤影响和地质构造制约,勘察深度内地层结构复杂、土层粗细叠置、地层结构较复杂,岩土层层次较多。拟建场地表层局部分布有"硬壳层",由于圩区堤岸改造及茭瓜田、鱼塘等挖造影响,大部分缺失,塘埂为填土(素填土)堆填,场地上部地层为第四系全新统冲积流塑状淤泥质粉质黏土、淤泥粉质黏土夹粉土、粉砂等,中部为第四系全新统中密～密实粉细砂组成,底部为砾砂和卵砾石;下伏基岩为泥质粉砂岩、粉砂质泥岩,根据成岩时代、风化程度及岩性划分亚层。

3.3　气候及水文条件

3.3.1　区域水文气象资料

浦口区地处南京市西北部,长江北岸,界于东经 118°21′～118°46′,北纬30°51′～32°15′之间,为南京的北大门。据区域气候区有关资料,南京纬度为32°,多年平均最低气温为－10 ℃(标准差:2),多年平均最高气温为 35 ℃(标准差:1),最高气温为 37 ℃(98%保证率),最低气温为－14 ℃(98%保证率),多年平均冻结指数为 15%,极大值为 3%。

据南京市气象历史记载,各项主要气象资料如下。

1. 气温

浦口区属亚热带湿润、半湿润季风气候区,多年平均气温为 15.4 ℃,最高气温为 43.0 ℃,最低气温为-14.0 ℃,年平均日照时数 1 987 h,日照率为 45%,平均无霜期 226 d。

2. 降水

浦口区地处亚热带湿润气候区,属海洋性气候,冬夏温差显著,雨量在年际、季节之间差异较大,丰枯明显,降雨量分布不均。据多年的资料统计,全区多年平均降雨量为 1 048.6 mm,其中 63.9%降水集中在 5—9 月汛期,丰水年高达 1 738.5 mm(1991 年),枯水年仅有 489.5 mm(1978 年),汛期(5—9 月)平均降雨量为 712.1 mm,汛期最大降雨量 1 324.5 mm(1991 年 5—9 月),最小降雨量 248.8 mm(1978 年 5—9 月),最大日降雨量 301.9 mm(2003 年 7 月 5 日),最大三日降雨量 310.2 mm(1996 年 7 月 3 日—5 日),(2003 年 7 月 5 日—7 日 309.4 mm),本地多年平均径流量约 $2.62×10^9 m^3$,全区多年平均水面蒸发量为 785.3 mm。浦口区降雪量不大,有三分之一的年份无积雪,形成积雪深度超过 10 cm 的 10 年一遇。

3. 风速风向

常年主导风为东南风,随季节有明显变化,夏季多南及东南风,风速为 21～27 m/s,秋季多东及东北风,冬季多北及西北风,风速为 16.3～23.8 m/s;年平均风速为 2.6 m/s,年平均大风日数 11 d,最多为 25 d。

4. 水文

长江南京段多年平均年迳流量约为 $8.94×10^{11} m^3$,1 月份最小(枯),到 4 月份水量开始增长,4—5 月增长率最大,七八月份出现最大值,然后逐渐减小,10 月份以后水量明显减小,至次年 1 月,水量又出现最枯。年内水量分配主要集中在汛期,汛期(5—10 月)水量约 $6.4×10^{11} m^3$,占全年水量的 71%。南京水位的涨落主要取决于长江迳流的变化,也兼受潮汐、下游支流入汇和风力等影响。南京属感潮河段半日潮型,潮差枯季大,汛期小,随径流的增大而减小。

场地南侧为城南河,是浦口区 8 条通江河道之一,河道长度为 15 km,流域面积为 57.7 km²,发源于老山脚下大堰水库,曲折由北向南穿越浦口城区、圩区入长江。

城南河洪水来源于暴雨和上游来水,主汛期为 5—8 月,主要特点是来势猛而排泄不畅,暴雨主要受梅雨季节及台风活动影响。六七月份为梅雨期,易发生梅雨期暴雨,八九月份易遭台风侵袭,可形成大到暴雨,降雨汇流快,洪水来势猛,而河道狭窄、入江河道受长江水位顶托,使得流域内洪水下泄不畅,易在圩区形成洪涝灾害。

3.3.2　地下水类型

根据钻探揭示情况,地下水类型为潜水。

拟建场地地貌属于长江漫滩地貌,潜水主要赋存于①1层填土、②2层淤泥质粉质黏土、②3层粉质黏土、③1层粉细砂、③2层细砂中,根据初步勘察报告,含水层厚度在65 m左右。初见水位在自然地面下0.40~1.50 m,稳定水位在自然地面下0.10~1.20 m,水位标高5.90~6.93 m。地下水主要受大气降水及地表迳流补给,水位呈季节性变化,变化幅度1.00 m左右。

3.3.3　地下水土腐蚀性评价

该建筑场地环境类型为Ⅱ类。

为判别场地内地下水对建筑材料的腐蚀性,勘察期间,在场地钻孔KJ19,KJ33,YJ31分别取3件潜水水样(1♯,2♯,3♯)做水质分析,根据分析报告,该场地地下水对混凝土结构及钢筋混凝土结构中钢筋具有微腐蚀性。

根据现场踏勘和调查,该场地附近无污染源,地下水位以上的土为填土,土质较单一,同时根据场地内3个钻孔KJ19,KJ33,YJ31地下水位以上所取土样的分析报告,综合判定该场地的土对混凝土结构和钢筋混凝土结构中的钢筋具有微腐蚀性。

3.4　体育场馆及连接体

南京青奥体育公园市级体育中心从左到右、从下到上依次布置训练馆、体育馆、大平台、体育场及热身场。屋盖部分联成一个整体,主入口广场呈弧形,分别由临江路及康华路进入,其中临江路入口正对珠泉东路。供人流疏散的大平台标高为5.4 m,位于体育馆及体育场之间,与跨城南河步行桥连接成一个整体。田径热身场位于体育场西侧。

南京青奥体育公园市级体育中心内地势基本平坦,局部有塘,北侧规划河道河底标高为3.5 m,常水位为5.0 m,洪水位为6.0 m。基地西侧临江路与康华路交叉口设计标高为7.7 m,与珠泉东路交叉口设计标高为7.2 m,与同心路交叉口设计标高为7.4 m。下河街外城南河防洪河堤设计顶标高为12.4 m。设计室外地坪绝对标高为7.9 m,相对标高为-0.3 m。室内外高差为300 mm,+0.00的绝对标高为8.2 m。地下室顶板相对标高为-1.0 m,其上有700 mm厚覆土。

表 3.1　主要技术经济指标

指标		数量	指标		数量
总用地面积/m²		17 9810	分项面积及指标/m²	多功能体育馆	79 404.01
建筑面积/m²	地上建筑面积	119 834.03		体育场	32 569.16
	地下建筑面积	37 999.25		体育休闲商业	7 860.86
	总建筑面积	157 833.28	体育馆座位数/个	固定座位	14 916
容积率		0.67		包厢	1 352
占地面积/m²		50 921.31		残疾观众坐席	44
建筑密度/%		28.3		活动看台	3 460
绿化面积/m²		43 010.55		内场座位	900
绿化率/%		23.92		总计	20 672
停车数/辆	总停车数	1 615	体育场座位数/个	普通观众席	17 435
	地上停车数	1 117		贵宾席	222
	地下停车数	498		残疾观众席	40
无障碍停车数/辆	地上停车数	30		包厢层	150
	地下停车数	17		总计	17 947

　　本工程各部分主体结构均采用钢筋混凝土结构,屋盖均采用钢结构;主体结构及钢结构均通过设缝分成 4 个独立的结构单元。体育馆、训练馆及疏散平台三个单体下设一层地下室,地下室深 5.4 m。体育馆采用框架-剪力墙结构,屋顶采用双向钢结构桁架,屋盖投影面积为 26 780 m²,屋盖最高点 43.00 m。体育场下部主体六层,采用全现浇钢筋砼框架结构,屋顶采用钢结构悬挑桁架,屋盖投影面积为 16 800 m²,屋盖最高点 35.00 m。训练馆主体一层,局部二层,采用全现浇钢筋砼框架结构,屋盖采用钢结构桁架,投影面积为 3 000 m²,屋盖最高点 10.20 m。疏散平台一层,高 5.40 m,采用钢筋混凝土框架结构。屋顶钢结构通过设缝形成 3 个独立的结构单元。

　　抗震设防烈度为 7 度,设计基本地震加速度值为 0.10g,设计地震分组为第一组。场地类别为Ⅲ类,场地特征周期为 0.45 s。设计使用年限为 50 年,体育场、体育馆、连接体屋盖钢结构安全等级为一级,结构重要性系数为 1.1;其余主体结构安全等级为二级,结构重要性系数为 1.0。抗震设防分类,体育馆为重点设防类(乙类),其余结构均为标准设防类(丙类)。根据《建筑地基基础设计规范》,本工程地基基础的设计等级为甲级。混凝土结构的环境类别:地下结构与土或水接触部分为二 a 类,其余为一类。

3.4.1　体育馆

体育馆定位为甲级体育建筑,规模为特大型。体育馆满足全国性和单项国际比赛,可承办 NBA 篮球比赛。看台共计 20 672 个座位,主体结构设计耐久年限 50 年,耐火等级一级,屋面防水等级一级,地下室防水等级二级,抗渗等级 P6。建筑外观为 ϕ 166 m 的类圆形、高 43 m、内部净高(钢屋架下)34 m,达到比赛要求,具备多种功能。体育馆包含比赛场地、训练场地、体育休闲设施、商业设施及地下停车库。内场场地尺寸为 53 m×84.2 m,可进行篮球、手球、搭台体操比赛。

建筑层数:地下 1 层,地上 6 层。地下 1 层为设备用房、停车库及训练场地。地上 6 层分别为:第 1 层为运动员、媒体、赛事组委会、裁判、贵宾、场馆运营及安保用房;第 2~5 层为观众服务用房及看台,其中第 4 层为包厢层;第 6 层为设备用房。

体育馆位于市级体育中心的南端,与体育场之间用大平台联系。大平台下设计观众主入口和体育休闲商业设施。观众看台四面环形布置。从比赛场四边向下延伸有活动座席。看台设计有 VIP 包厢和无障碍坐席,并有专用出入口。主席台、媒体席等专用坐席可临时搭建。训练场设计于地下一层,可同时供两支球队进行篮球比赛热身。训练场一侧设计部分活动看台。设计一个斗屏,两道环屏,另设有一个大屏,以满足国内常规比赛的要求。屋顶钢结构荷载考虑演出的要求,并预留升降舞台台仓,使得该建筑具有广泛灵活的多功能性。

体育馆主体 6 层,总高度 32 m(屋面最高点),采用框架-剪力墙结构,局部采用钢结构叠合梁,与主体结构铰接相连。剪力墙的抗震等级为一级,框架的抗震等级为一级(按纯框架结构取)。体育馆部分剪力墙间距为 65 m,超过规范规定的 50 m,结构计算将此区楼板按弹性板考虑,加强板厚和配筋。补充各单榀框架计算,对主体结构按整体计算和单榀计算结果进行包络设计。对钢结构落点主体结构杆件采用中震弹性控制。体育馆地下层的顶板作为上部结构的嵌固端,嵌固端上下剪切刚度比为 4,大于 2,满足规范要求。

体育馆屋盖为直径 166 m 的类似椭圆形,最高点高度为 43 m。整个屋盖由东西向 4 榀主桁架、南北向 6 榀主桁架、四角放射性桁架共计 28 榀径向桁架,以及 6 道环向桁架组成。整个屋盖支撑于下部内圈混凝土柱顶和外圈钢结构斜柱柱顶,东西向桁架跨度为 138 m,南北向桁架跨度为 114 m,边跨跨度为 15~35 m 不等,南端主桁架外围钢结构斜柱外悬挑 13~18 m 不等;桁架跨中最大高度为 9 m,内圈混凝土柱顶桁架最小高度为 4.2 m,外圈钢结构斜柱柱顶桁架高度为 2.5 m。整个屋盖投影面积约 26 780 m²。

本工程采用钻孔灌注桩,钢结构落点柱下采用桩径 ϕ800 mm,桩基以 k1g—2b 中风化粉砂质泥岩或 k1g—2a′ 中风化泥质粉砂岩为桩端持力层,其余柱下采用桩径φ700 mm，桩基以 3－2 层含卵砾石中粗砂为桩端持力层。

体育馆、训练馆及疏散平台 3 个单体下设一层地下室，地下室深 5.4 m，采用钢筋混凝土框架结构。在体育馆及周边三跨范围内的抗震等级同体育馆，为一级；其余地下室抗震等级为三级。

地下室顶板作为上部结构的嵌固端，采用现浇钢筋砼梁板结构，板厚取值不小于 180 mm。

由于该地下室平面尺寸为 340 m×216 m，平面尺寸较大，因此除采用密实砼且施工时加强养护外，考虑防止砼收缩开裂引起渗漏的措施由于体育馆结构较重，因此考虑控制不均匀沉降下措施。

给排水：包括冷、热水系统；开水供应、消防系统、排水系统、雨水系统。

电气：包括 10/0.4 kV 变电所；照明系统、电力系统、防雷与接地系统、体育馆场地照明及控制系统、漏电火灾报警系统。

暖通：比赛大厅，观众席，采用温湿度独立调节全空气空调系统。采用热泵式溶液调湿新风机组处理新风，承担湿负荷和新风负荷；采用常规空调机组承担室内显热负荷。溶液调湿单元性能系数高于传统空调；采用独特的溶液全热回收装置，高效回收排风能量。入口大厅、训练馆等大空间常规全空气低速风道系统，包厢、办公管理等房间采用风机盘管加新风系统。

锅炉房拟采用 4 台油气两用承压热水锅炉；比赛大厅观众席新风采用热泵式溶液调湿机组处理新风，承担湿负荷和新风负荷；采用常规空调机组承担室内显热负荷。空调冷源采用离心式冷水机组四台。

采用机械循环两管制闭式水系统，低位自动膨胀定压装置定压和自动补水，采用旁流水处理器保证系统水管内不结垢。空调水系统在冷冻机房内由分、集水器分成 5 个水环路。

智能设计：

① 信息设施系统。包括综合布线系统、室内移动通信覆盖系统、有线电视及卫星接收系统、信息导引及发布系统、广播与扩声系统、会议系统、时钟系统。

② 信息化应用系统。包括售检票系统、电视转播系统、屏幕显示及控制系统、智能卡应用系统、综合运营管理系统。

③ 建筑设备管理系统（BA）。

④ 安全技术防范系统。包括视频安防监控系统、入侵报警系统、出入口控制系统、电子巡查管理系统、停车库管理系统。

⑤ 机房工程。

3.4.2 体育场

体育场定位为甲级体育建筑，规模为小型。满足全国性和单项国际比赛。

看台共计 17 947 个座位。主体结构设计耐久年限 50 年,耐火等级一级,屋面防水等级一级。

体育场为甲级体育场。体育场比赛场地符合国际田径协会联合会《田径场地设施标准手册》、国际足球联盟对比赛场地的规定。热身场地位于比赛场地的东侧,设置 300 m 小型跑道,设置一个小型足球场。看台除普通观众席外,设置主席台、无障碍坐席和包厢,并有专用出入口。记者席、评论员席、运动员席等专用坐席可临时搭建。

建筑定位为甲级场,按照能举办全国性和单项国际比赛的使用要求来设计。小型场,观众席容量为 20 000 座以下。体育场看台外轮廓为四心椭圆,看台最高点标高为 17.26 m。体育场看台共设固定座席 17 947 席。比赛场地设计标准 400 m 综合田径场,同时设置有一个国际标准尺寸草坪足球场。设置热身场地为 300 m 小型跑道,6 条分道。同时设置一个小型足球场。看台顶部有足够遮蔽全部观众席的钢结构顶篷。看台上钢结构顶棚最高点标高 35.00 m。

建筑为地上 5 层。一层:西侧为贵宾、运动员及随队官员、新闻媒体、赛事管理、场馆运营等用房;南、北、东侧为商业服务区;内场四角布置 4 条内场直通场外道路的通道;西侧正中布置内部用房与运动场直接联系的通道。二层:观众的疏散平台。东、西两侧平台上设置观众使用的卫生间、商业等设施。三层:西侧为贵宾休息室,与主席台相连通。东侧为贵宾包厢。四层:东西两侧为贵宾包厢及休息室,两侧共设置包厢 10 个。五层:东西两侧分别设置一个面积超过 500 m² 的豪华包厢及相应的服务用房。西侧布置了赛事的声控、灯控等技术用房。

主席台位于西侧看台中部,贵宾座席共 222 席位;媒体、评论员座席位于主席台南侧,临时搭建;运动员座席位于看台西南侧,可根据不同赛事规模的需要灵活设置;其余均为普通观众座。所有座席可看到大屏幕、计时和计分牌。

体育场看台 5 层,总高度 27.00 m,主体采用现浇钢筋混凝土框架结构,局部采用钢-砼组合梁,与主体结构铰接相连。对钢结构落点主体结构杆件采用中震弹性控制。依据建筑功能将其设缝分为东区、西区、南区和北区 4 个独立的结构单元。

体育场钢结构屋盖采用马鞍形封闭圆环屋盖,为空间钢管桁架结构。屋盖径向由 78 榀平面桁架构成,屋盖环向由三道空间三角桁架,形成环箍状。

柱网分布:东西向,各 7 根看台柱,落在看台挑梁最外端;东西向双排柱网,前端为各 6 根钢管柱,后端各 8 根斜钢管柱;南北向分别建立 4 个混凝土筒,可充分提高结构整体的抗扭刚度。

本工程采用钻孔灌注桩,以 3—2 层含卵砾石中粗砂为桩端持力层,桩径为 ϕ700。

给排水：包括冷、热水系统；开水供应、消防系统、排水系统、雨水系统。

电气：包括 10/0.4 kV 变电所、照明系统、配电系统、防雷与接地系统、体育场内场照明及控制系统、火灾自动报警及联动控制系统、漏电火灾报警系统。

暖通：采用变制冷剂流量一拖多小型中央空调系统。室外机分设于五层屋面。空调房间均采用天花板嵌入式室内机顶送顶回。各空调房间根据使用功能和时间分别设置全热交换器供新风（同时排风）。变电所、公共卫生间、清洁间、开水间、弱电间设机械排风系统，自然补风。一层体育用房区南端内走道及裁判及工作人员门厅设机械排烟系统。

智能设计：

① 信息设施系统。包括综合布线系统、室内移动通信覆盖系统、有线电视及卫星接收系统、信息导引及发布系统、广播与扩声系统、会议系统、时钟系统。

② 信息化应用系统。包括售检票系统、电视转播系统、屏幕显示及控制系统、智能卡应用系统、综合运营管理系统。

③ 建筑设备管理系统（BA）。

④ 安全技术防范系统。包括视频安防监控系统、入侵报警系统、出入口控制系统、电子巡查管理系统。

⑤ 机房工程。

3.4.3　连接体

连接体一层，高 5.4 m，为连接体育馆和体育场的疏散平台，与两馆之间设缝分开。连接体采用框架结构，框架的抗震等级为三级。

中间连接体钢结构屋盖为连接体育馆、体育场屋盖的一凹形双向双曲面屋盖，屋盖最高点为 33.1 m。东西向最大长度 160 m，横向设 3 榀空间索拱矩形圆管桁架结构，3 榀主桁架跨度分别为 67 m，77 m 和 125 m，桁架高 3.0～4.0 m；3 榀主桁架支撑于两端的三角形格构柱上。南北方向布置 11 榀次桁架，3 榀为矩形桁架，其余为平面桁架。北侧次桁架最大外悬挑约为 32 m，南侧次桁架最大外悬挑约为 22 m，东南角最大外悬挑约为 16 m。北侧两榀主桁架间设一 48 m 的三角形洞口，洞口两侧采用矩形桁架加强，平行于主桁架（跨度 125 m）方向布置若干榀稳定桁架，沿格构柱布置矩形收边桁架，整个屋盖投影面积约 12 400 m²。

连接体横向 3 榀主桁架跨度分别为 67 m，77 m 和 125 m，两端支撑于格构式桁架柱上。格构柱在 −1.6 m 和 −1.8 m 处入混凝土中。跨度较小的两榀桁架支撑柱水平力相对较小，基础拟采用如下方案：① 根据水平力的大小，布置相应数量的抗水平受力桩；② 由于此两跨柱基础落于大地下室底板上，将相应范围内底板作梁板结构，根据水平力的大小配置梁板配筋，作为结构的二道防线。跨度最大、水平力较大的支座，结构拟采用如下方案：① 配置相应于

40%水平力大小的抗水平受力桩;② 在两支座基础之间设置预应力束,以平衡两支座水平力,预应力束张拉应力不大于 0.4 fptk,预应力束应能完全平衡两支座水平力,预应力束根据钢结构施工方案采用分批张拉;③ 在两支座基础间设混凝土桁架,作为结构的二道防线。

3.4.4 拉索玻璃幕墙

本工程玻璃幕墙通过预应力索桁架沿着体育馆外围布置,竖向拉索材料采用 ϕ18 不锈钢,水平拉索材料采用 ϕ18 和 ϕ20 不锈钢,总高度约27 m。采用的玻璃为 12 mm+1.52PVB+12 mmLOW-E+16 A+12 mm 中空钢化夹胶玻璃,用 300 mm×170 mm 椭圆形定制球铰夹具固定。玻璃幕墙结构如图 3.6 所示。

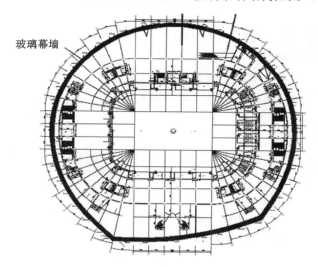

图 3.6 玻璃幕墙示意图

南京青奥会体育馆玻璃幕墙实景图,如图 3.7 所示。

图 3.7 南京青奥会体育馆玻璃幕墙实景图

3.5 施工关键技术

南京青奥体育公园项目通过应用全程化 BIM 技术、施工图纸深化技术、3D 模型打印技术、排风热回收系统、雨水回收与利用及基坑封闭降水施工优化技术等，并在施工过程中创新应用多项新技术，从而在绿色施工管理、环境保护、节材、节水、节能、节地，尤其是技术优化与创新应用方面取得了明显的绿色施工成果和科技示范效应。

南京青奥体育公园大跨空间钢结构在施工过程中主要采用的关键技术有以下 4 个方面：

① 临时支撑卸载控制关键技术；

② 预应力拉索点支式玻璃幕墙施工关键技术；

③ 大跨空间钢结构工程的 BIM 技术应用；

④ 大跨空间钢结构工程中的绿色施工技术。

第4章 大跨空间钢结构施工方案

4.1 分块吊装技术在南京青奥体育公园体育场钢结构工程中的应用

4.1.1 体育场现场吊装方案

体育场屋面钢结构是与体育馆及连接体育馆与体育场的连接体相连的,之间由伸缩缝分开,由铝板屋面工程形成整体屋面效果。体育场屋面钢结构吊装需要与体育馆、连接体钢结构吊装进行总体协调,受体育场土建工程、相关联吊装工程场地的限制;同时体育场钢结构屋面吊装施工的工期十分有限。因此,在土建进行前组织了多次专家论证,提出多项施工方案,对工期、成本、质量保证等进行综合比对论证后形成初步方案,在吊装前又根据现场实际情况最终确定了分段分块地面拼装高空吊装的方案。

经过论证的整体调整思路:将一般工程分片高空吊装定位的方案调整为大型吊装单元高空吊装定位方案,即充分利用现有场地,增大吊车吨位,将原来划分的分片单元在地面拼装成大型吊装单元,利用大型履带吊安装就位,从而减少结构高空吊装次数,缩短钢结构安装时间,达到工程节点的工期要求。

调整后的安装方案:将原分片吊装调整为2～4径向桁架及其间的环向桁架地面拼装成吊装单元整体吊装,即对体育场屋盖桁架进行分块划分,在场内设置拼装胎架,拼装完成后,架设高空定位临时支撑,利用320 t履带吊在场内进行分块直接吊装就位;先进行24轴线、28轴线混凝土柱上径向四边形桁架的吊装,随后采用2台320 t履带吊从此位置向两侧环向安装体育场屋盖桁架分块,直至场内分段安装完毕,履带吊从64轴～66轴线位置的混凝土施工预留通道退场,在场外进行嵌补分块的安装。体育场屋盖桁架外侧下部的悬挂幕墙挂架,采用100 t履带吊在场外分块拼装、安装就位。

4.1.2 钢结构屋面分块方案

根据最终钢结构设计图纸及施工思路,对体育场钢结构屋盖进行分块划分,如图4.1所示。分块划分信息见表4.1。

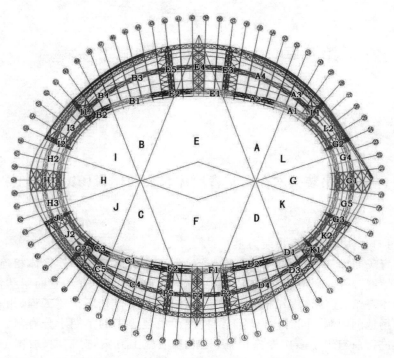

图4.1 体育场屋盖钢结构分块划分示意图

表4.1 分块划分信息分析统计表

分块编号	分块重量/t	吊装半径/m	起吊能力/t
A-1	20.0	15	57
A-2	22.0	15	57
A-3	38.6	22	57
A-4	30.6	28	51.5
B-1	21.7	15	57
B-2	15.0	15	57
B-3	31.0	28	51.5
B-4	39.4	24	57
C-1	21.7	15	57
C-2	26.7	20	57
C-3	13.2	15	57
C-4	30.9	28	51.5

续表

分块编号	分块重量/t	吊装半径/m	起吊能力/t
C-5	41.6	24	57
D-1	20.0	15	57
D-2	21.8	15	57
D-3	42.8	24	57
D-4	34.1	30	47.3
E-1	21.1	15	57
E-2	22.7	15	57
E-3	28.0	30	47.3
E-4	32.0	30	47.3
E-5	28.0	30	47.3
F-1	21.1	15	57
F-2	22.7	15	57
F-3	28.0	30	47.3
F-4	32.0	30	47.3
F-5	28.0	30	47.3
G-1	35.5	22	57
G-2	26.5	20	57
G-3	34.0	20	57
G-4	49.0	20	57
G-5	42.0	20	57
H-1	31.8	22	57
H-2	41.3	20	57
H-3	39.9	20	57
I-1	27.0	20	57
I-2	35.4	20	57
I-3	39.5	20	57
J-1	35.4	20	57
J-2	38.6	20	57
K-1	22.2	20	57
K-2	49.5	20	57
L-1	26.0	20	57
L-2	39.5	20	57

4.1.3　分块桁架拼装方案

1. 分块桁架的地面拼装

分块桁架的
地面拼装

根据整体安装思路,屋盖分块桁架除嵌补分块及幕墙悬挂架在场外拼装外,其余全部在场内分块拼装,拼装机械选用 6 台 25 t 汽车吊和 1 台 50 t 履带吊进行构件的拼装定位,其中 50 t 履带吊主要用于桁架主弦杆的拼装定位。根据分块安装定位位置,在其附近设置拼装胎架,典型吊装分块拼装流程如下:屋盖桁架分块拼装胎架制作—桁架主弦杆定位安装—腹杆及支撑杆件的定位安装—检验—焊接—UT 检验—焊后校正—分段涂装—检验合格后吊装。

（1）分块拼装胎架的设置

分块拼装胎架的设置如图 4.2 所示,在分块径向桁架下部设置路基箱平台,胎架设置时应先根据坐标转化后的 X、Y 投影点铺设钢箱路基板,并相互连接形成一刚性平台（注:地面必须先压平、压实,对地基土质不良的需垫填碎石、建渣等,厚度为 300～500 mm）,平台铺设后,放 X、Y 的投影线、放标高线、检验线及支点位置,然后竖胎架直杆,根据支点处的标高设置胎架模板。胎架直杆与下部路基箱焊接,当高度超过 2 m 时,需设置斜向支撑,确保胎架的稳固。

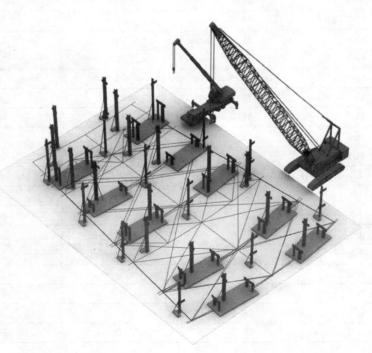

图 4.2　桁架胎架搭设及桁架底线划设

（2）弦杆定位安装

桁架胎架搭设及桁架底线划设用 50 t 履带吊将已对接好的桁架弦杆按其安装位置吊装至胎架上,固定定位块,如图 4.3 所示。然后用全站仪、水平仪等仪器对桁架上的控制点进行测量,对有偏差的点通过调整定位块来确保弦杆位置的正确。

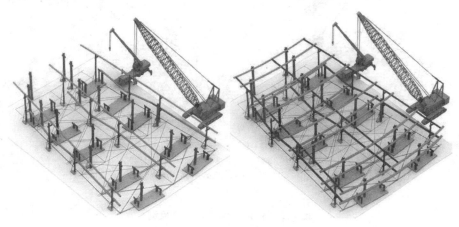

图 4.3　主弦杆的定位安装

（3）腹杆及支撑杆件的定位安装

在胎架上根据已划好的腹杆底线装配腹杆,如图 4.4 所示,装配顺序为底面—侧面—顶面,并从整体拼装胎架中间位置向两端逐根定位、焊接,腹杆接头定位焊时,焊点不得少于 4 个。如腹杆存在隐蔽焊缝的杆件,定位后,先对隐蔽部分焊缝进行焊接,质检合格经监理确认后方可进行后续杆件的定位。

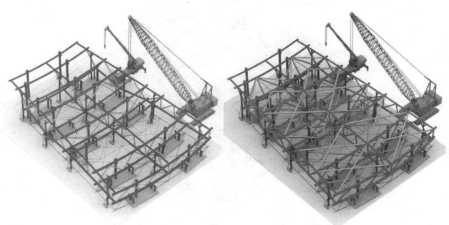

图 4.4　腹杆及支撑杆件的定位安装

（4）杆件焊接及检测（见图4.5）

杆件全部定位好后，检测外形尺寸，合格后对主桁架进行焊接。焊接时，从胎架中间位置向两端对称焊接。为保证焊接质量，应搭设焊工操作平台，并做好防风防雨等防护措施。

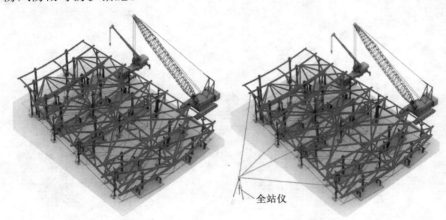

全站仪

图4.5　杆件的焊接及分块检测

吊装分块焊缝及外形尺寸检测合格后，对油漆损坏部分进行修补，并做好安全防护措施及吊装前的准备工作，脱离胎架。

2. 地面拼装场地

根据施工方案，体育场屋盖桁架分块除嵌补分块在场外拼装外，其余分块均在场内安装位置附近进行拼装，场内拼装场地如图4.6所示。

拼装场地

材料场地

拼装场地

图4.6　场内拼装场地示意图

体育场外侧幕墙悬挂架安装采取在场外拼装、分块吊装,拼装场地如图 4.7 所示。

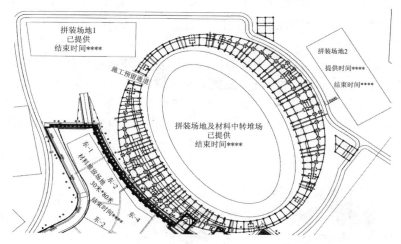

图 4.7 场外拼装场地示意图

3. 拼装机械

整个体育场分块拼装,选用 1 台 50 t 履带吊和 6 台 25 t 汽车吊进行杆件的拼装,50 t 履带吊主要用于桁架主弦杆的拼装定位,25 t 汽车吊用于后续腹杆及支撑杆件的拼装定位。

4.1.4 分块吊装安装技术

1. 钢管柱的安装

体育场桁架下部共设置有 28 根钢管柱,截面有 ϕ 500 mm × 14 mm 和 ϕ 660 mm × 30 mm 两种,长度为 15.9 m 至 10.7 m 不等,重量为 1.9 t 至 7.5 t 不等,钢柱下部与埋件锚栓连接,上部与桁架主弦杆采用钢板节点焊接。

根据土建施工进度,依次分区安装钢管柱。在钢管柱上焊接垂直爬梯及操作平台,然后采用 130 t 履带吊吊装。钢管柱安装主要控制钢柱的水平位置及垂直度,因此,在吊装前复核埋件锚栓定位坐标,安装时调整好钢柱垂直度并拉好揽风绳后方可松钩,随后及时进行混凝土二次浇灌。

2. 屋盖桁架的安装

吊装单元场内拼装完成并做好吊装前的准备工作后,采用 320 t 履带吊分块吊装。首先,安装 24 轴线和 28 轴线混凝土柱上的四边形桁架,并与抗震支座及埋件焊接;然后,安装此四边形桁架之间的桁架分块,并逐步进行环向桁架及径向桁架分块的安装,待场内分块全部安装完成,即位于 63 轴线和 67 轴线位置的混凝土柱上四边形桁架安装完成后,履带吊从施工预留通道退出至场外,在场外进行嵌补分块的整体吊装,完成屋盖桁架的安装。体育场外侧幕墙悬挂架采取在外侧分块拼装,130 t 履带吊跟进屋盖桁架的安装进度,依次进行分块安装,安装时不另外设置临时支撑,与径向桁架主弦杆焊接完成,并与外环向桁架采用钢丝绳拉结固定后松钩。

3. 临时支撑布置

体育场分块吊装,采取以先吊装内环桁架分段,跟进吊装径向桁架分块的思路。吊装内环桁架时,在分段位置设置临时支撑以支撑内环桁架分段,径向桁架分块一端与内环桁架搭接,另一端与体育场四周钢柱连接,不另设临时支撑;先吊装的角部桁架分块下部设置临时支撑;临时支撑的吊装采用 130 t 履带吊,根据体育场屋盖安装进度提前安装定位,体育场临时支撑设置如图 4.8 所示。

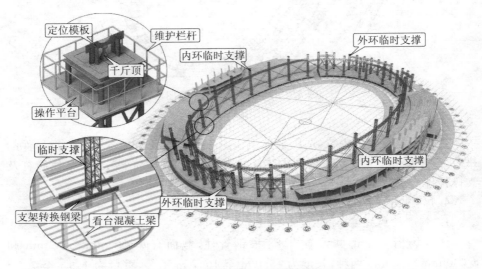

图 4.8 体育场临时承重支撑搭设方案示意图

① 根据体育场结构体系对吊装的要求,主桁架的吊装必须采用临时支撑进行定位安装,为此对这部分构件的吊装进行临时承重支撑的设计。

② 根据拟定的吊装方案,采用分段进行吊装,由于体育场馆屋面桁架为大悬挑体系,故在桁架悬挑端处必须设置临时承重支撑胎架,根据支撑的安装高度和承重要求,支撑胎架采用格构式钢管柱作为主要承重胎架。

③ 为保证临时支撑架在吊装时结构稳定,承重支撑架上口采用连续的环形支撑将所有支撑架连成一个整体,这对确保支撑和桁架吊装定位的稳定性非常有效。另外,桁架处支撑胎架由于高度较高,格构式钢柱的长细比太大,为保证吊装安全,临时支撑胎架必须还得采用缆风绳和刚性支撑与看台和地面连接牢固。

④ 临时承重支撑胎架下端与混凝土看台连接处的混凝土结构不能被破坏,

若支撑胎架正好设置在混凝土柱上,则不必进行另外加强;若支撑胎架落在混凝土板上,则必须通过加设转换钢梁进行受力转换,将承重支撑的受力传至混凝土柱上,确保吊装安全。

⑤ 支撑胎架设置完成后,设置胎架顶部定位模板;定位模板下方设置各两只千斤顶,以使定位模板的胎架标高可调整。

4. 吊装机械

体育场屋盖桁架拼装选择 1 台 50 t 履带吊和 6 台 25 t 汽车吊,安装吊机选择 2 台 320 t 履带吊和 1 台 130 t 履带吊。

5. 施工流程

① 安装 24 轴及 28 轴径向桁架,采用 320 t 履带吊吊装,如图 4.9 所示。

② 安装 24 轴及 28 轴之间桁架分块,并安装角部分块的临时支撑,如图 4.10 所示。

体育场施工流程

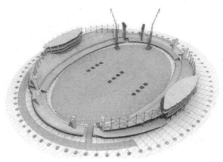

图 4.9　体育场施工流程(一)

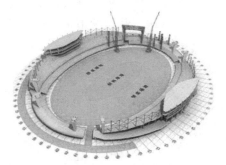

图 4.10　体育场施工流程(二)

③ 用 2 台履带吊分别安装角部桁架分块及内环桁架分段,如图 4.11 所示。

④ 吊装后续径向桁架分块,如图 4.12 所示。

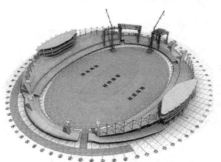

图 4.11　体育场施工流程(三)

图 4.12　体育场施工流程(四)

　　⑤ 安装桁架分块间的嵌补杆件,体育场外侧130 t履带吊进行悬挂架的安装,如图4.13所示。

　　⑥ 进行后续内环桁架分段及径向桁架的吊装,如图4.14所示。

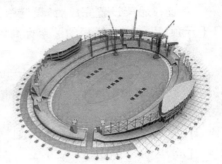

　　　图4.13　体育场施工流程(五)　　　　　　图4.14　体育场施工流程(六)

　　⑦ 安装屋盖桁架分块及幕墙悬挂架分块,如图4.15所示。

　　⑧ 依次安装后续桁架分块,如图4.16所示。

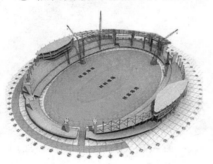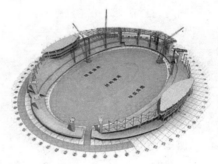

　　　图4.15　体育场施工流程(七)　　　　　　图4.16　体育场施工流程(八)

　　⑨ 安装桁架分块及分块间嵌补杆件,如图4.17所示。

　　⑩ 安装主席台位置桁架分块,如图4.18所示。

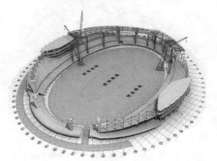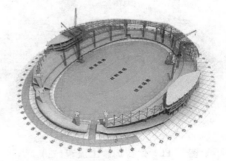

　　　图4.17　体育场施工流程(九)　　　　　　图4.18　体育场施工流程(十)

⑪ 安装桁架分块及幕墙悬挂架分块,如图 4.19 所示。

⑫ 继续安装后续分块及嵌补杆件,如图 4.20 所示。

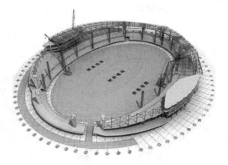

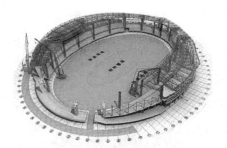

图 4.19　体育场施工流程(十一)　　　　**图 4.20　体育场施工流程(十二)**

⑬ 安装主席台区域的分块,如图 4.21 所示。

⑭ 同步进行桁架分块的安装,如图 4.22 所示。

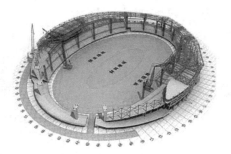

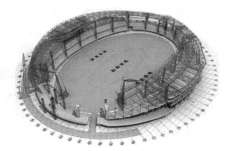

图 4.21　体育场施工流程(十三)　　　　**图 4.22　体育场施工流程(十四)**

⑮ 安装角部桁架分块,如图 4.23 所示。

⑯ 安装桁架分块及悬挂架分块,如图 4.24 所示。

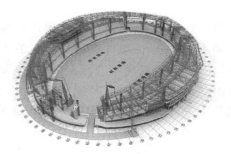

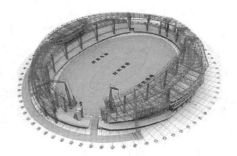

图 4.23　体育场施工流程(十五)　　　　**图 4.24　体育场施工流程(十六)**

⑰ 逐块完成场内桁架分块的安装,如图 4.25 所示。

⑱ 履带吊在场外进行嵌补分块的安装,完成体育场钢结构的安装,如图 4.26 所示。

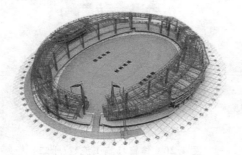 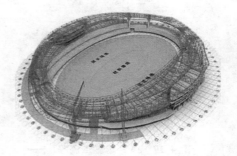

图 4.25　体育场施工流程(十七)　　　　图 4.26　体育场施工流程(十八)

4.2　南京青奥体育公园体育馆钢结构管桁架施工技术

4.2.1　体育馆工程重点、难点分析

(1) 深化设计

本工程主要构件跨度较大,节点复杂、数量多且大部分为焊接节点,在深化设计时必须考虑制作、现场拼装及安装工艺,以保证产品质量。具体而言,深化设计时须选择合适的方式保证构件的空间尺寸和位置,更好地适应工厂的制作和现场的安装;须考虑如何快速有效地测量坐标、尺寸,设计和绘制制作详图,以及能否利用软件进行相关工作;需结合节点的实际制作,对制作安装各工序工艺方案进行论证和制订。因此,深化设计是本工程钢结构施工的重点。

(2) 钢管桁架的工厂制作

本工程屋盖主桁架结构大部分桁架的上弦杆件为弧形钢管,如内环桁架的弦杆,且桁架钢管截面尺寸大,主要为 $\phi 700 \times (35 \sim 20)$,而目前国内的大口径弯管机采用中频弯管技术,工效低,结合本工程工期紧的特点,采用中频弯管不能满足本工程的施工进度要求。因此,如何选择大口径钢管的弯制设备、制订合理的钢管弯制工艺,是本工程加工过程中的一个关键技术,也是本工程的重点。

(3) 相贯线切割

本工程钢管杆件数量较大、规格多,且绝大部分节点均采用钢管相贯节点连接,相贯线切割工作量大,钢管相贯线的切割质量及进度的保证是本工程的一大特点,也是重点。

（4）现场拼装

本工程构件尺寸较大、弧度较大,运输时需进行分段处理,现场构件的拼装不可避免。由于构件数量多、拼装工作量大、现场拼装条件差,但其精度要求高,故采取何种措施保证拼装质量是本工程的重点和难点。

（5）钢结构的吊装

本工程钢结构吊装难度较大,现场场地制约因素多。由于构件吊装重量大、跨度大、高度高,如何避免吊装变形,快速就位是本工程的重点;由于工地有许多其他工种交叉作业,为保证施工安全,应尽早完成主结构吊装。在吊装施工工期短,安装困难、安装要求高的情况下,如何采取措施保证施工总体进度也是本工程的重点。

4.2.2　体育馆施工方案

1. 钢结构基本构成

体育馆钢结构部分主要包含钢柱、楼层钢梁、屋盖桁架及训练馆屋面桁架等四大组成部分,总用钢量约 7 500 t。

体育馆钢柱地面以下为混凝土劲性钢骨柱,在地上二层结构标高＋5.35 m 处转换成斜向钢柱,支撑上部的屋盖桁架结构,柱顶连接节点形式为定向铰接;同时在第四层至第六层楼面标高处,部分设置楼层钢梁,钢梁一端与钢柱铰接,钢梁另一端与混凝土上的预埋件连接,钢梁上翼缘上表面设置压型钢板和栓钉。钢柱截面主要为 $\phi 750 \times 25$ 和 $\phi 750 \times 35$ 两种,钢梁主要截面有 $H900 \times 400 \times 16 \times 25$、$HN792 \times 300 \times 14 \times 22$、$HN692 \times 300 \times 13 \times 20$、$HW294 \times 200 \times 8 \times 12$ 等。

训练馆屋面桁架由 10 榀纵向桁架及 4 榀横向联系桁架、钢梁、马道等组成,纵向桁架两端支撑于混凝土柱顶埋件,最大跨度为 47 m,桁架高度为 4.2 m,由焊接 H 型钢构成,桁架弦杆截面为 $H700 \times 600 \times 20 \times 32$、$H700 \times 600 \times 30 \times 35$,腹杆截面主要为 $H350 \times 350 \times 14 \times 16$、$H400 \times 400 \times 14 \times 16$。

屋盖桁架由正交的纵横向单片主桁架、环向单片桁架、钢管支撑及马道组成,单榀主桁架最大长度为 195 m,最大跨度为 138 m,安装高度最高处标高 43.2 m,桁架自身最大高度为 8.96 m(杆件中心间距),单榀主桁架最大重量为 213.2 t,钢管最大截面为 $\phi 800 \times 30$。体育馆屋盖桁架重、跨度大是其结构特点,施工难度最大。

2. 钢柱及钢梁的安装

根据土建的施工进度,及时跟进各楼层标高位置的钢梁及钢柱的安装,安装采用 100 t 汽车吊,东西两侧局部吊装半径大的钢柱、钢梁时采用 200 t 汽车吊,对于地下室部分的钢柱,对钢柱进行合理分段,采用塔吊和汽车吊进行安装。

地上部分先分段定位钢柱,后安装钢梁。钢柱采用 100 t 汽车吊吊装,初步定位后,在钢柱分段下部通过连接耳板及安装螺栓与下一节钢柱固定,钢柱上部设置两根揽风绳拉结于混凝土结构,通过调节揽风绳使钢柱分段精确定位,使用全站仪测量无误后立即进行钢柱分段与下一节钢柱的焊接。

钢梁根据混凝土施工进度及钢柱分段安装进度,及时插入安装施工。先连接钢柱间环向钢梁及钢柱与混凝土结构之间的拉结钢梁,形成框架后再安装次梁、压型钢板及栓钉焊接。

钢梁吊装时,在钢梁上翼缘设置两块吊装耳板,焊接在钢梁长度的 1/3 位置,采用钢丝绳卡环吊装,利用溜绳、撬棍等安装工具进行初步定位,先临时固定安装螺栓,使螺栓数量不少于节点螺栓数量的 30%,同时不少于 2 颗。随后分轴线分区进行钢梁安装定位调整,及时安装高强螺栓,高强螺栓为扭剪型高强螺栓。

3. 屋盖桁架的安装

体育馆屋盖桁架安装的总体思路:根据结构受力特点及设计院分段划分要求,对屋盖桁架进行合理分段划分,部分桁架分段在地面拼装成吊装单元,利用大型履带吊高空吊装定位;根据土建施工进度,先用 2 台 350 t 履带吊吊装位于馆外的屋盖桁架,当馆内具备吊装条件后,再用一台 450 t 履带吊及一台 250 t 履带吊分段吊装主次桁架,其中角部 4 个扇形区域桁架在地面拼装成一个整体,用 450 t 履带吊直接吊装就位;待馆内屋盖桁架全部安装完成并焊接结束后,对临时支撑进行分区卸载;位于训练馆一侧的屋盖桁架及训练馆屋面桁架采用 350 t 履带吊在训练馆内进行分段吊装。

(1)屋盖桁架分块拼装

根据整体施工思路,体育馆屋盖桁架分段划分如图 4.27 所示,6 榀纵向主桁架划分成 6 段后分段安装,4 榀横向主桁架划分成 10 段分块或分段进行安装,其余径向、环向桁架分段、分块进行安装。

由图 4.27 可知,屋盖桁架共有 26 个拼装单元,其中馆内角部 4 个扇形分块在馆内拼装,其余分块均在馆外安装位置附近进行拼装。

考虑到体育馆南北两侧均需同步拼装,因此整个体育馆选择 3 台 100 t 履带吊、1 台 50 t 履带吊及 6 台 25 t 汽车吊进行拼装作业。体育馆北侧布置 1 台 50 t 履带吊和 1 台 100 t 履带吊,50 t 履带吊主要进行桁架主弦杆的定位、杆件运输卸货,100 t 履带吊主要进行分片桁架拼装定位及高空嵌补桁架的转运;体育馆南侧布置 2 台 100 t 履带吊,用于桁架主弦杆的拼装定位,且考虑到馆内吊装分段需在馆外南侧拼装场地 4 区拼装,450 t 履带吊无法进行构件转运,因此利用 2 台 100 t 履带吊将拼装好的分段抬吊运输至馆内。25 t 汽车吊主要进行桁架腹杆、支撑杆件的拼装定位,南北两侧拼装场地按需灵活布置。

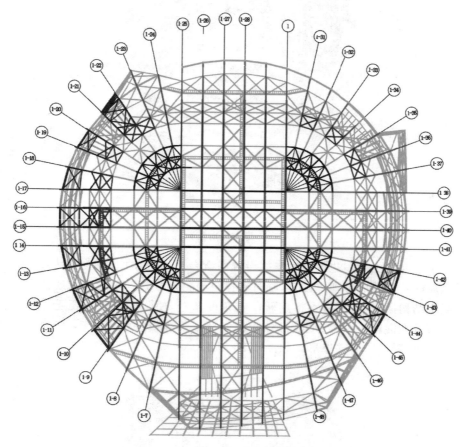

图 4.27　体育馆屋盖桁架分段划分图

(2) 临时支撑布置

根据分块划分及吊装顺序,350 t 履带吊在加固区域先进行混凝土柱顶支座处的分块安装,吊装时,每个分块在看台位置设置 2 个临时支撑;馆内纵向主桁架分段位置设置临时支撑;靠近训练馆侧主桁架分段位置设置临时支撑及训练馆屋面桁架分段位置设置临时支撑。根据上述设置原则,整个体育馆共设置有 76 个临时支撑,支撑布置如图 4.28 所示。

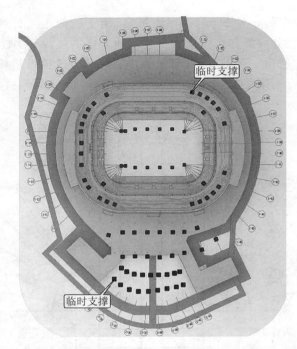

图 4.28　体育馆临时支撑布置图

　　位于混凝土柱周边的临时支撑设置在看台上,支撑自身高度约为 12 m,通过揽风绳及支撑底部埋件固定,临时支撑自身稳定性好。考虑到轴线位置均有混凝土结构梁,设置时将支撑旋转一定角度布置,使临时支撑主要受力的两根立杆布置在混凝土结构梁上,另外两根立杆下部焊接一根工字钢,将力传递至混凝土梁,看台临时支撑形式如图 4.29 所示。

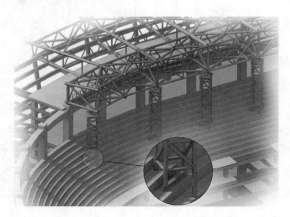

图 4.29　看台临时支撑示意图

位于馆内±0.00 标高位置的临时支撑,其下弦支撑模板至地面高度达到34 m,支撑高度高,因此对该部位临时支撑采取如下施工措施:

① 临时支撑底部设置大型路基箱,并设置斜向支撑钢管,防止其侧向失稳。

② 馆内第一个安装定位分块,其两端临时支撑为组合格构临时支撑,桁架上弦及下弦设置支撑模板和斜向支撑杆件,防止侧向失稳,如图 4.30 所示。

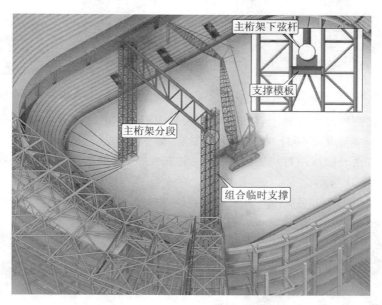

图 4.30　组合临时支撑示意图

③ 后续安装主桁架分段,采取 450 t 履带吊安装主桁架、250 t 履带吊安装环向桁架分段同步定位技术,即在主桁架分段位置设置单根格构临时支撑,模板支撑桁架下弦杆,450 t 履带吊吊装定位主桁架的同时,先不松钩,250 t 履带吊定位安装环向桁架分段,安装好 2 榀环向桁架分段后,此时主桁架分段与已安装好的屋盖桁架形成了一个相对稳定的体系,450 t 履带吊松钩,准备进行下一榀主桁架的安装。

4. 施工流程

① 用 350 t 履带吊在馆外安装混凝土柱上桁架分段,继续安装混凝土柱上桁架分段及其间嵌补桁架、杆件,如图 4.31 所示。

② 在加固通道 3 安装外侧桁架分块,在加固通道 4 安装桁架分块及嵌补分段,如图 4.32 所示。

体育馆施工流程

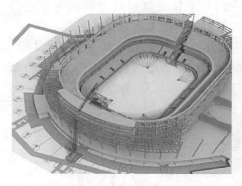

图 4.31　体育馆施工流程(一)

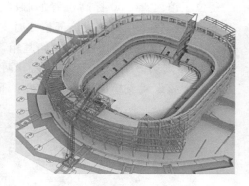

图 4.32　体育馆施工流程(二)

③ 在馆外继续安装屋盖桁架分块及嵌补构件,在加固通道 2 进行分块安装;馆内具备施工条件后,履带吊进场安装,如图 4.33 所示。

④ 馆内外同步进行屋盖分段、分块的安装;馆内进行纵向主桁架分段的吊装,如图 4.34 所示。

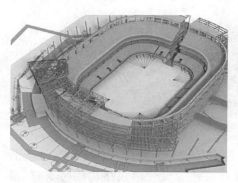

图 4.33　体育馆施工流程(三)

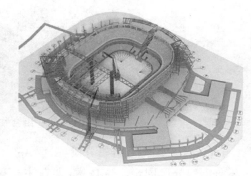

图 4.34　体育馆施工流程(四)

⑤ 馆内安装扇形分段;馆外吊车在加固通道 1 进行分块吊装;安装嵌补杆件及支撑杆件,如图 4.35所示。

⑥ 馆内采用 450 t 履带吊和250 t履带吊安装屋盖主次桁架分段;4 台大型履带吊进行馆内外桁架分段的安装如图 4.36 所示。

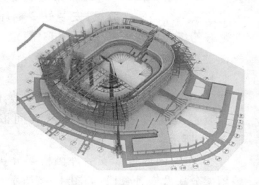

图 4.35　体育馆施工流程(五)

⑦ 4 台履带吊继续进行屋盖桁架分段的安装；体育馆南北两侧屋盖馆外吊装部分安装完成，如图 4.37 所示。

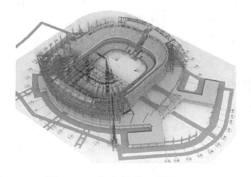

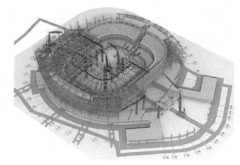

图 4.36　体育馆施工流程(六)　　　　图 4.37　体育馆施工流程(七)

⑧ 开始安装训练馆屋面桁架分段；继续安装馆内外屋盖桁架的；训练馆屋盖桁架安装完成，如图 4.38 所示。

⑨ 采用 450 t 履带吊和 250 t 履带吊安装剩余桁架分段；卸载临时支撑，完成体育馆钢结构的安装，如图 4.39 所示。

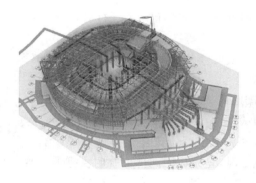

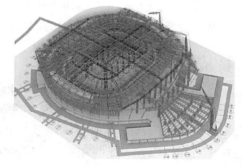

图 4.38　体育馆施工流程(八)　　　　图 4.39　体育馆施工流程(九)

5. 钢结构卸载

(1) 卸载原则

本工程在主结构桁架施工吊装完成、达到验收标准后，即开始结构的卸载施工。

结构卸载是将屋盖钢结构从支撑受力状态转换到自由受力状态的过程，即在保证现有钢结构临时支撑体系整体受力安全、主体结构由施工安装状态顺利过渡到设计状态。本工程卸载方案遵循卸载过程中结构构件的受力与变形协调、均衡、变化过程缓和、结构多次循环微量下降并便于现场施工操作,即"分区、分级、均衡、缓慢"的原则来实现。根据本工程结构特点现将本工程钢结构卸载分成馆内、馆外 2 个区,每个区分 3~6 级卸载并进行预卸载(15 mm),具体分级及每级卸载值根据最终钢结构设计图纸进行模拟计算分析后确定,同时每级卸载值最大不超过 35 mm。

（2）卸载过程

根据本工程的组织机构及卸载工作的特点,在业主单位及设计、监理单位的支持和监督下,成立以总包钢结构项目部为主体的卸载作业的组织管理体系。具备卸载条件后,由监理单位牵头组织、上述各相关单位参加卸载前准备工作的检查,支撑的卸载和拆除进入实施阶段。卸载过程中参加操作的人员是在作业人员中选取的专业技能较高的人员,按每点设置 2 名操作人员安排,同时卸载点不超过 5 个。

卸载操作主要采取对支撑顶部的胎架模板割除的办法进行,根据支撑位置的卸载位移量控制每次割除的高度 ΔH（每次割除量控制在 5~10 mm）,直至完成某一步的割除后结构不再产生向下的位移后拆除支撑。在支撑卸载过程中注意监测变形控制点的位移量,如出现较大偏差时应立即停止,会同各相关单位查出原因并排除后继续进行。

预留的施工通道需尽快组织施工,因此考虑分 4 个分区进行分区卸载,根据卸载计算结果,分 3~6 级卸载并进行预卸载,每次卸载量不超过 35 mm,同时对变形较大部位先卸载,随后逐区域完成内环桁架的卸载工作,卸载应遵循均衡、缓慢的原则。

内环桁架卸载结束后,进行外环桁架临时支撑的卸载。

（3）体育馆（含训练馆）临时支撑卸载

馆内所有屋盖桁架安装焊接结束,并完成混凝土支座上埋件的焊接后,开始进行馆内临时支撑的卸载:根据卸载工况,先完成中间部位临时支撑的卸载,随后向南北两侧逐根卸载其他临时支撑。

馆外部位先拆除支撑结构钢管立柱（斜柱）的支撑胎架,随后进行馆外桁架临时支撑的卸载;训练馆桁架临时支撑卸载待桁架全部安装焊接就位,且后续的混凝土框架梁施工完毕后进行。

（4）卸载注意事项

在卸载过程中,支撑体系和已完成的结构体系共同受力,为保证卸载顺利,应特别注意以下事项:

① 卸载前进行卸载工况分析,明确支撑位置在卸载过程中的结构体系的变形量,以便在实施前做好充分准备;

②卸载前要仔细检查各支撑点的连接情况,此时应保证结构处于自由状态,不要附加其他约束;同时确保临时支撑自身的稳定性,特别是较高临时支撑的稳定性,临时支撑的揽风绳要保留;

③卸载前要对监测点的变形进行测量,以取得初始数据,卸载过程中要进行全站仪跟踪测量和监控;

④卸载前要清理结构和支撑上的杂物,卸载过程中,对应卸载区域的各层面不得进行其他与卸载不相关的作业,避免交叉作业;

⑤卸载前要做好安全措施,并检查所用设备及机具,确保其性能良好;

⑥卸载时要统一指挥,局部卸载保证同步,且按照工况分析的步骤和区域进行卸载。

4.2.3　施工仿真分析及计算

1. 典型分块吊装计算

吊装自重考虑 1.4 动力放大系数。

(1)体育馆典型分块吊装计算

体育馆典型分块吊装模型,如图 4.40 所示。

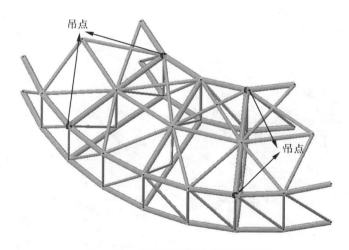

图 4.40　体育馆典型分块吊装模型

体育馆典型分块吊装变形,如图 4.41 所示。

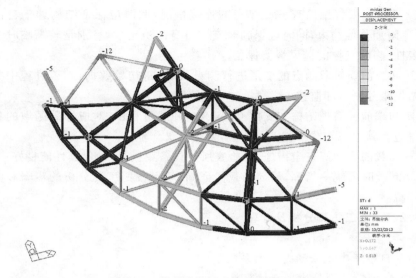

图 4.41　体育馆典型分块吊装变形(mm)

体育馆典型分场吊装应力,如图 4.42 所示。

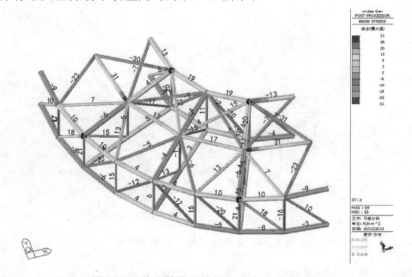

图 4.42　体育馆典型分块吊装应力(N/mm²)

吊装分块最大变形为 12 mm,最大应力为 31 MPa<310 MPa。

2.　体育馆施工全过程仿真模拟分析

(1) 计算模型

南京青奥体育馆钢结构为空间桁架结构体系,钢结构计算模型和带有支撑布置的计算模型如图 4.43 和图 4.44 所示。

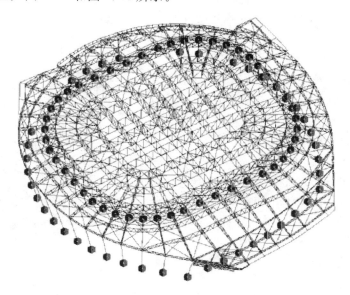

图 4.43　南京青奥体育馆钢结构计算模型

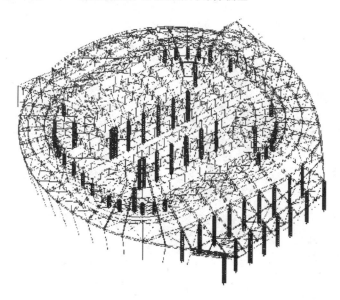

图 4.44　南京青奥体育馆钢结构计算模型(含支撑)

临时支撑截面尺寸为 1.5 m×1.5 m,主杆件为 φ180×8,横杆和斜杆为 φ89×6,材料均为 Q235。

（2）计算软件及荷载

采用 MIDAS/GEN 8.0 进行计算，荷载为结构自重，考虑施工及马道等荷载自重乘以 1.1 放大系数。不考虑温度的影响。

（3）施工阶段全过程仿真模拟计算

在大跨度结构施工分析中，运用有限元法计算程序中将"死"单元（不参与整体结构分析的构件）逐次激活的技术，对钢结构在整个施工过程进行分析，模拟在整个施工过程中刚度和强度的变化情况。

体育馆施工全过程模拟分析一共分为 17 个施工工况（cs-1～cs-17）和 6 个卸载工况（xz-1～xz-6）。

体育馆典型工况 cs-9 的计算模型如图 4.45 所示。

工况 cs-9 的计算结果如图 4.46 所示。

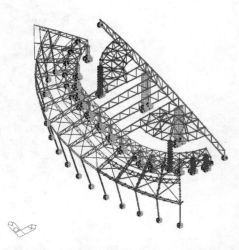

图 4.45 体育馆典型工况 cs-9 计算模型

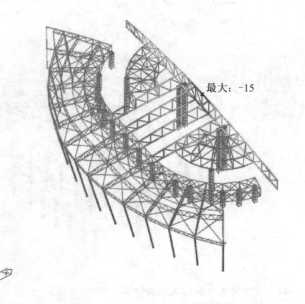

最大：-15

(a) 竖向变形（mm）

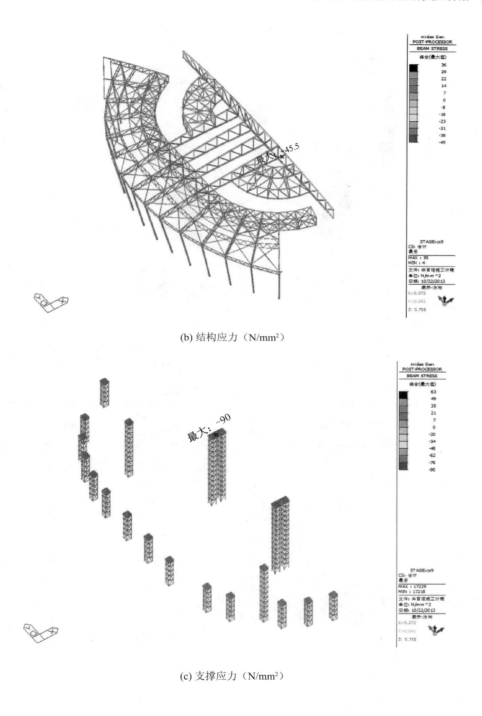

(b) 结构应力（N/mm²）

(c) 支撑应力（N/mm²）

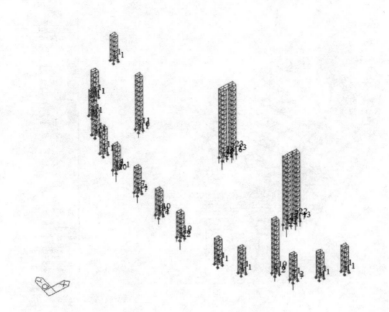

(d) 支撑反力（t）

图 4.46　体育馆工况 cs-9 计算结果

表 4.2　施工及卸载各工况计算结果

工况	结构变形/mm	结构应力/ （N·mm⁻²）	支撑应力/ （N·mm⁻²）	支撑反力/t
cs-1	1	17.5	10	12
cs-2	1	18.5	14	16
cs-3	2	27.8	21	15
cs-4	2	27.6	26	17
cs-5	4	27.6	28.1	18
cs-6	5	27.7	28	18
cs-7	12	41.1	52	25
cs-8	13	38.2	70	35
cs-9	15	45.4	90	35
cs-10	17	46.9	113	65
cs-11	17	60.3	113	65

工况	结构变形/mm	结构应力/ ($N \cdot mm^{-2}$)	支撑应力/ ($N \cdot mm^{-2}$)	支撑反力/t
cs-12	44	86	120	65
cs-13	49	98	119	68
cs-14	49	95	120	72
cs-15	50	95	119	75
cs-16	50	95	119	65
cs-17	53	96	135	75
xz-1	60	100	152	80
xz-2	72	129	75	78
xz-3	98	149	142.6	76
xz-4	101	153	152.7	70
xz-5	107	158	35.7	37
xz-6	107	159	—	—

从表中可以看出：结构最大竖向变形 107 mm，最大应力 159 N/mm² ＜ 310 N/mm²；最大支撑应力 152.7 N/mm² ＜ 215 N/mm²，支撑最大反力 80 t。

3. 其他验算

（1）临时支撑稳定性验算

由施工全过程模拟计算可知，格构式临时支撑最大反力 80 t，按照轴心受压稳定计算。经验算满足要求。

（2）混凝土看台斜梁受力验算

根据施工全过程计算结果，看台支撑最大反力 40 t，将 40 t 反力作用于斜梁跨中位置计算。计算结果斜梁承载力满足要求。

4.3　大跨度钢结构吊装技术在南京青奥体育公园连接体工程中的应用

4.3.1　工程重难点主要对策

根据对本工程钢结构特点、重点及难点的分析，为保证钢结构的施工进度、质量和安全，必须制定必要的针对性措施，主要应对策略如下：

（1）深化设计对策

采用专业钢结构软件（如 Tekla Structures 等）建立结构整体模型，确保节点模型的正确，保证节点的理论精度；对节点进行有限元计算，确保节点受力合理，保证结构安全；将所有次结构连接节点在结构整体模型反映出来，保证现场不在主结构构件上出现影响结构安全的焊接作业；同时对结构和节点进行优化处理，使节点满足加工制作和便于安装。

（2）钢管空间桁架的工厂制作对策

选择加工工效高的油压机械冷弯成型先进工艺：根据本工程中钢管的弯曲半径及弯管的工作量，选用油压机机械冷弯管比在效率、经济成本、弯曲质量上较中频弯管机弯管有明显的优势，故本工程中钢管的弯曲选择油压机机械冷弯管工艺方案。

制作专用压模：根据钢管的截面尺寸制作上下专用压模，进行压弯加工。压模可有效控制钢管冷弯过程中的局部变形。

（3）钢管相贯线切割加工制作对策

相贯线切割质量是保证本工程制作质量的基本前提，相贯口的切割直接影响构件的拼装与焊接质量。其重要性表现在如何设计相贯口在 A，B，C，D 区的相贯坡口，以实现焊缝在不同区的有效面积，实现等强连接；钢管的相贯面的切割必须用圆管数控五维相贯线切割机切割，严禁用任何其他切割器械切割。

利用计算机专业相贯线生成软件，将相贯的管与管相交的角度、各管的厚度、管中心间长度和偏心量输入计算机，然后将生成的相贯线数据输入钢管相贯线专业数控机床，利用其很高的自动化程度和切割精度、能适应几乎所有材质和各种厚度的管材的优点进行相贯接口的切割。

（4）现场拼装对策

现场拼装场地使用前根据拼装构件的重量，对场地进行硬化，使之达到所需构件的自重要求。同进满足大型履带吊的行走要求，采用大型钢路基箱作为构件和承重平台，保证胎架的定位精度；另外采用专用防风雨棚，确保现场焊接不受外部条件限制，保证拼装质量和拼装进度。

（5）现场安装对策

体育场、体育馆预留施工通道，大型履带吊进入场馆内进行屋盖桁架分段的吊装，体育馆和连接体设置加固区域吊车行走通道，减小履带吊施工成本；节点和构件的吊装采用全站仪测量技术进行精确定位，使构件定位准确、快速，保证吊装质量和吊装进度；合理利用大型履带吊的吊装性能，在起重能力允许的条件下，节点和构件吊装尽量采用较大的单元形式，以减少吊装定位次数，保证吊装质量和吊装进度；设置高空防风雨棚，保证高空焊接质量，使焊接不因天气影响而中断，保证焊接质量和安装进度；保证人员、机械的投入，根据施工总进度的要求及施工情况，提前租订大型履带吊；计划施工人员安排，确保按时进场，保证施工进度。

（6）高空施工安全对策

充分考虑现场安装高空作业量及高空施工作业平台和施工通道的设置，在临时支撑上端设置操作平台，在已安装桁架单元上，设置高空人行通道，使平台间形成相互贯通的空中连廊，确保高空操作人员的操作空间。在高空操作平台和高空人行通道的周边设置密封型防护栏杆，减轻高空操作的视觉屏障。

4.3.2　现场吊装方案的选择与确定

本工程钢结构施工具有以下特点：① 占地面积大，构件数量较多，施工吊装作业面大。② 整个安装工期短，钢结构吊装工期非常紧迫。③ 连接体的 6 根组合钢管柱外形尺寸和质量较大，同时组合钢管柱之间的连系桁架跨度和质量较大；③ 连接体有地下层。因此，连接体钢结构吊装难度极大。选择经济可靠、快速并有可操作性的吊装方案，选择合适的吊装机械，确定合理的吊装顺序，就显得尤为重要。经反复比较与论证，体育中心连接体钢结构安装施工可采用以下方案：

总体施工思路为构件经工厂加工后运送至现场，设置拼装胎架进行现场拼装，利用大型履带吊分段吊装。

由于连接体的单根构件的重量较大，6 根组合钢管柱采用分段吊装的形式进行，主次连系桁架采取下部支撑临时胎架、分段吊装的安装方案；场外设置集中拼装场地，配置 2 台 100 t 履带吊及 4 台汽车吊进行杆件拼装定位。安装时吊车采用 2 台 250 t 履带吊，在加固区域内的路基箱上进行吊装作业。由于连接体下部的混凝土大平台严重影响钢结构的安装，地下两层加固工作量大，且对大型履带吊安全操作不利，因此连接体需先进行钢结构的安装，然后进行 +5.2 m 层大平台混凝土的施工。

履带吊在 ±0.00 层结构楼板行走吊装，行走部位需采用路基箱进行加固处理，路基箱下部的地下室采用钢管支撑进行加固，使吊车荷载通过路基箱及楼板传递至钢管柱支撑，最后传递至地下室底板。

4.3.3　连接体钢结构拼装与吊装方案

1. 主要构件的吊装分段划分

连接体主要构件的吊装分段划分，如图 4.47 所示。

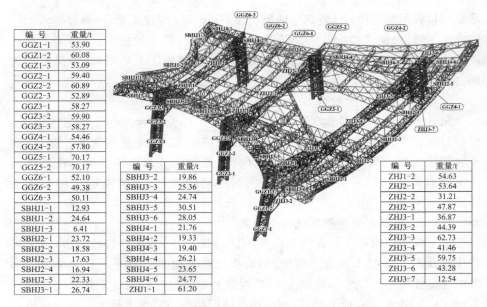

编　号	重量/t
GGZ1-1	53.90
GGZ1-2	60.08
GGZ1-3	53.09
GGZ2-1	59.40
GGZ2-2	60.89
GGZ2-3	52.89
GGZ3-1	58.27
GGZ3-2	59.90
GGZ3-3	58.27
GGZ4-1	54.46
GGZ4-2	57.80
GGZ5-1	70.17
GGZ5-2	70.17
GGZ6-1	52.10
GGZ6-2	49.38
GGZ6-3	50.11
SBHJ1-1	12.93
SBHJ1-2	24.64
SBHJ1-3	6.41
SBHJ2-1	23.72
SBHJ2-2	18.58
SBHJ2-3	17.63
SBHJ2-4	16.94
SBHJ2-5	22.33
SBHJ3-1	26.74

编　号	重量/t
SBHJ3-2	19.86
SBHJ3-3	25.36
SBHJ3-4	24.74
SBHJ3-5	30.51
SBHJ3-6	28.05
SBHJ4-1	21.76
SBHJ4-2	19.33
SBHJ4-3	19.40
SBHJ4-4	26.21
SBHJ4-5	23.65
SBHJ4-6	24.77
ZHJ1-1	61.20

编　号	重量/t
ZHJ1-2	54.63
ZHJ2-1	53.64
ZHJ2-2	31.21
ZHJ2-3	47.87
ZHJ3-1	36.87
ZHJ3-2	44.39
ZHJ3-3	62.73
ZHJ3-4	41.46
ZHJ3-5	59.75
ZHJ3-6	43.28
ZHJ3-7	12.54

图 4.47　连接体主要构件的吊装分段划分图

2. 现场吊装方案

（1）大型吊机的选择与确定

根据拟定的吊装方案,本工程主体构件的吊装采用 2 台 250 t 履带吊作为钢结构安装的主要吊装机械;履带吊吊装全部采用塔式副臂工况进行吊装。另外再配 2 台 100 t 履带吊配合构件倒运及辅助吊装,作为侧面立体分段配合吊装和场外沿单根弦杆下段和其他散件的吊装。

（2）吊车的分布区域和吊装范围

连接体结构吊装采用 2 台 250 t 履带吊进场进行钢结构的吊装,吊装时先吊组合钢柱,再吊钢柱间的纵向连接桁架;屋面横向连接桁架按从北向南方向进行退步吊装。

（3）连接体拼装场地

拼装场地:场地尺寸为 30 m×100 m,计 3 000 m²(设置在连接体南侧);要求表面平整、承载力不小于 5 t/m²。

零部件堆放场地:面积为 3 000 m²(设置在连接体南侧);要求表面基本平整、周边运输道路通畅。

3. 主要构件的拼装方案

本工程主要由钢管桁架组成。钢管桁架主要构件现场拼装分段的划分及正确的拼装方案对于结构安装至关重要。根据结构的特殊性及现场的具体施工条件,采用以下拼装方案来完成整个结构的现场拼装,整个方案主要从主体结构现场拼装顺序、拼装内容、主要超长桁架的分段合理划分、现场主要采用的拼装机具和拼装方法等加以说明。

桁架分段现场拼装工艺流程:桁架分段卧式拼装胎架制作—桁架杆件定位安装—校正—检验—对接焊缝焊接—UT 检验—焊后校正—监理工程师检查—分段涂装—检验合格。

(1) 三角桁架拼装

内环桁架为三角形桁架,且桁架内侧有一悬挑环向杆件,为了便于拼装操作安全,对此三角桁架采取以下两个步骤:首先,根据桁架结构形式将桁架竖向杆件组拼成一个单片桁架(另设拼装胎架),拼装好后利用 50 t 履带吊安装定位于拼装胎架;然后与桁架其他两根上弦杆及腹杆进行拼装、焊接。

① 平面段胎架设置

胎架设置时应先根据坐标转化后的 X,Y 投影点铺设钢箱路基板,并相互连接形成一刚性平台(注:地面必须先压平、压实),平台铺设后,放 X,Y 的投影线、放标高线、确定检验线及支点位置,形成田字形控制网,并提交验收,然后竖胎架直杆,根据支点处的标高设置胎架模板及斜撑。胎架设置应与相应的屋盖设计、分段重量及高度进行全方位优化选择。另外,胎架高度最低处应能满足全位置焊接所需的高度,胎架搭设后不得有明显的晃动,经验收合格后方可使用。

为防止刚性平台沉降引起胎架变形,胎架旁应建立胎架沉降观察点。在施工过程中结构重量全部荷载于路基板上时观察标高有无变化,如有变化应及时调整,待沉降稳定后方可进行焊接,胎架设置如图 4.48 和图 4.49 所示。

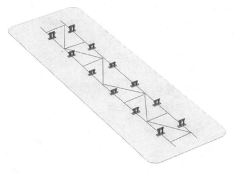

图 4.48　平面段胎架搭设及桁架底线划设

图 4.49　主弦钢管的定位安装

② 下弦杆及上弦杆定位

用 25 t 汽车吊将已对接好的弦杆按其具体位置放置在胎架上,固定定位块。再次用经纬仪、水平仪等仪器对桁架上的控制点进行测量,对有偏差的点通过调整调整块来确保弦杆位置。

确定主管相对位置时,必须放焊接收缩余量,结合本工程的实际情况,每个接头放 1~1.5 mm。在胎架上对弦杆的各节点的位置进行划线。

③ 腹杆定位(见图 4.50 和图 4.51)

在胎架上根据已划好的腹杆底线装配腹杆,从拼装胎架中间位置向两端逐根定位,并做定位焊,对腹杆接头定位焊时,不得少于 4 个焊点。如腹杆存在隐蔽焊缝的杆件,定位后,先对隐蔽部分焊缝进行焊接,质检合格经监理确认后方可进行后续杆件的定位。

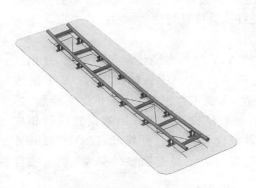 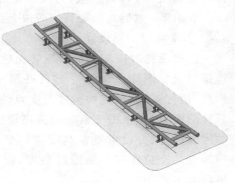

图 4.50　直腹杆定位(隐蔽段先焊接)　　　　图 4.51　斜腹杆定位

④ 杆件焊接及检测(见图 4.52)

杆件全部定位好后,应测量检测外形尺寸合格后对主桁架进行焊接,从胎架中间位置向两端对称焊接,焊接时,为保证焊接质量,搭设焊工操作平台,并做好防风防雨等防护措施。焊接完毕后利用全站仪进行构件拼装外形尺寸测量。

⑤ 总拼胎架设置(见图 4.53)

桁架拼装胎架的设置如图 4.53 所示,胎架设置时应先根据坐标转化后的 X,Y 投影点铺设钢箱路基板,并相互连接形成一刚性平台(注:地面必须先压平、压实),平台铺设后,放 X,Y 的投影线、放标高线、确定检验线及支点位置,形成田字形控制网。

⑥ 平面桁架分段的定位(见图 4.54)

用 50 t 履带吊将已焊接好的分段按其具体位置放置在胎架上,固定定位块。再次用经纬仪、水平仪等仪器对桁架上的控制点进行测量,对有偏差的点通过调整调整块来确保分段位置的正确。

图 4.52　构件焊接及检测

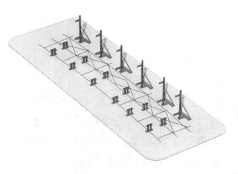

图 4.53　总拼胎架设置

⑦ 其他杆件的定位(见图 4.55～4.57)

用 50 t 履带吊及 25 t 汽车吊将其他杆件定位在胎架上,固定定位块。再次用经纬仪、水平仪等仪器对桁架上的控制点进行测量,对有偏差的点通过调整调整块来确保杆件位置的正确。

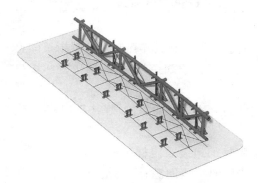

图 4.54　平面桁架分段定位

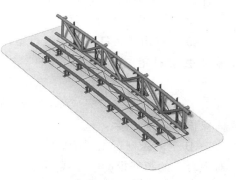

图 4.55　上弦杆的定位

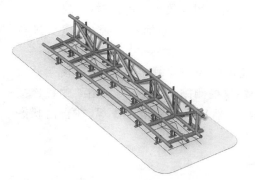

图 4.56　横向杆件的定位

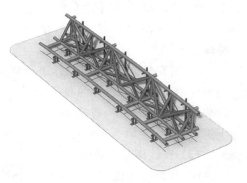

图 4.57　腹杆的定位

⑧ 杆件焊接及检测（见图 4.58）

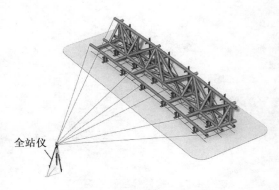

杆件全部定位好后，应测量检测外形尺寸，合格后对主桁架进行焊接。焊接时，从胎架中间位置向两端对称焊接。为保证焊接质量，搭设焊工操作平台，并做好防风防雨等防护措施，焊接结束后修补油漆，做好吊装定位标记。

图 4.58　杆件焊接机测量检测

（2）平面桁架拼装

平面主桁架现场拼装工艺如下：

① 胎架设置在桁架安装位置附近，先根据桁架坐标转化后的 X,Y 投影点铺设钢箱路基板，平台铺设后，放 X,Y 的投影线、放标高线、确定检验线及支点位置，并提交验收，根据支点处的标高设置胎架模板。胎架模板搭设后不得出现晃动现象，需经验收合格。

② 吊装桁架弦杆与胎架进行定位，通过胎架控制放样控制点控制桁架的整体尺寸，弦杆定位时，须加放弦杆对接所需的焊接收缩余量，注意板边差和坡口间隙。

③ 桁架弦杆定位完成后，即进行弦杆的对接焊缝的焊接，焊接采用 CO_2 气体保护焊进行焊接。

④ 上下弦杆定位焊接后，进行桁架腹杆的组装。腹杆定位安装时，必须定对平台上的腹杆投影中心线，并注意与弦杆的组装间隙；组装结束后提交专职检查员进行检查。

⑤ 腹杆焊接采用 CO_2 气体保护焊，焊接采用双数焊工进行对称焊接。

⑥ 焊接结束后，修补、打磨、自检、专检、切割余量后提交监理，然后进行补漆。

⑦ 所有组装焊接完成后，进行焊接超声波探伤检测，合格后进行桁架分段的整体测量验收。整体测量采用激光经纬仪检测测量，重点测量桁架的各连接端口（包括端部端口、各交叉节点端口等）。然后拆除胎架定位焊，在自由状态下进行测量，并填写测量记录。

（3）连接体立柱拼装

① 胎架的设置

在连接体南侧设置集中拼装场地，拼装胎架的设置如图 4.59 所示，胎架设置时应先根据坐标转化后的 X,Y 投影点铺设钢箱路基板，并相互连接形成一刚性平台（注：地面必须先压平、压实）。

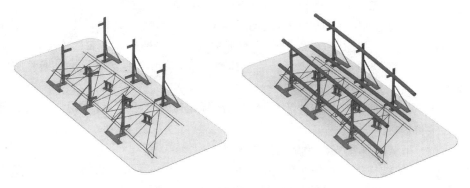

图 4.59　拼装胎架的设置

②　下弦杆及上弦杆定位

用 50 t 履带吊将竖向立杆放置在胎架上，固定定位块。用经纬仪、水平仪等仪器对桁架上的控制点进行测量，对有偏差的点通过调整调整块来确保弦杆位置的正确。

③　腹杆定位

根据定位线装配腹杆，从拼装胎架中间位置向两端逐根定位，并进行定位焊。对腹杆接头定位焊时，不得少于 4 个焊点。如腹杆存在隐蔽焊缝的杆件，定位后，先对隐蔽部分焊缝进行焊接，质检合格经监理确认后方可进行后续杆件的定位。

④　杆件焊接及检测

杆件全部定位好后，采用 CO_2 气体自动保护焊进行焊接。焊接时，从胎架中间位置向两端对称焊接。为保证焊接质量，搭设焊工操作平台，并做好防风防雨等防护措施，焊接结束修补油漆，做好吊装定位标记。

4.　临时支撑布置及加固

（1）临时支撑塔架的设置

根据吊装要求，连接体主体结构吊装需设置临时支撑塔架，以便桁架分段就位。按桁架分段的重量进行计算，确定临时支架的形式采用格构柱体系，并根据吊装时支架受力的不同，合理设计每只临时支架。临时支架在分段吊装前必须制作结束，交检查员验收合格后方可使用。按支架布置的位置将各临时支架吊装到位，并用缆风绳固定，同时与砼基础固定。

临时支架在整个屋盖的结构吊装过程中起着十分重要的作用，在结构吊装阶段，所有重量都将由临时支架承担，吊装结束后，又通过临时支架对结构进行卸载，所以临时支架的设置将按吊装要求严格设置。临时支架设置的具体要求如下：

① 临时支架的位置严格按主体结构的分段位置设立。

② 临时支架由于受力较大，且均设置在看台上，所以必须对看台混凝土相应结构进行计算并加强，确保看台结构不被破坏并保证桁架吊装的安全。

③ 临时支架必须保证设立后的整体稳定性，采用刚性支撑及缆风绳将临时支架与看台及地面稳定加固。

④ 临时支架顶部的就位胎架模板的座标定位尺寸必须保证，用全站仪进行精确定位。

（2）吊装用承重支撑胎架的搭设方案

① 根据结构体系对吊装的要求，主桁架的吊装必须采用临时支撑进行定位安装，为此对这部分构件的吊装进行临时承重支撑的设计。

② 根据拟定的吊装方案，采用分段吊装，由于屋面桁架为大悬挑体系，故在桁架悬挑端处必须设置临时承重支撑胎架。根据支撑的安装高度和承重要求，支撑胎架采用格构式钢管柱作为主要承重胎架。

③ 为保证临时支撑架在吊装时的结构稳定，承重支撑架上口采用连续的环形支撑将所有支撑架连成一个整体，这对确保支撑和桁架吊装定位的稳定性非常有效，另外桁架处支承胎架由于高度较高，格构式钢柱的长细比太大，为保证吊装安全，支撑胎架还必须采用缆风绳和刚性支撑与看台和地面进行连接牢固。

④ 临时承重支撑胎架下端与混凝土看台连接处，必须保证混凝土结构不被破坏，若支撑胎架正好设置在混凝土柱上，则不必进行另外加强；若支撑胎架落在混凝土板上，则必须通过加设转换钢梁进行受力转换，将承重支撑的受力传至混凝土柱上，确保吊装安全。

⑤ 支撑胎架设置后，进行胎架顶部定位模板的设置，定位模板下方各设置2 只千斤顶，以使定位模板的胎架标高可进行调整。

支撑胎架的具体设置如图 4.60 和图 4.61 所示。

（3）吊装用承重支撑胎架的加固措施

根据钢结构安装方案，250 t 履带吊安装连接体钢结构时，需行走通过或站位于±0.00 处混凝土结构进行安装，地下室加固位置及加固形式，如图 4.62 所示（加固钢管采用 ϕ245×8，垫板尺寸采用 15×400×400 钢板）。

连接体吊装时，连接体两侧楼面作为 250 t 履带吊车行走通道，并在行走通道楼面下采用独立管支撑加强，楼面上铺设路基箱。体育馆吊车入口处的楼面作为 450 t 履带吊车行走通道，楼面下采用独立管支撑加强，楼面上铺设路基箱。独立管截面为 ϕ245×8，材质均为 Q235，支撑纵向间距 1.5 m，横向 1.1 m。

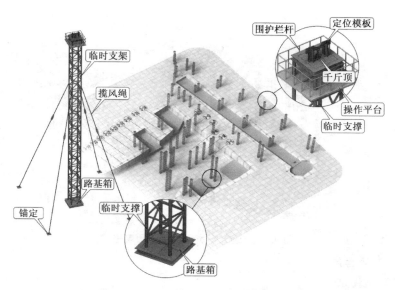

图 4.60　连接体临时承重支撑搭设方案示意图

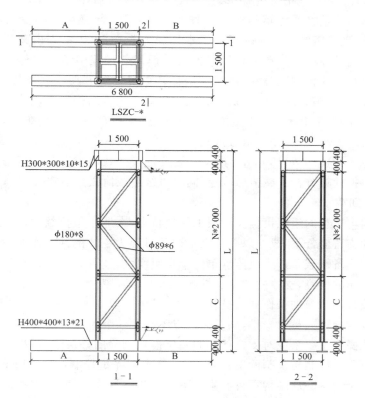

图 4.61　临时支撑详图示意

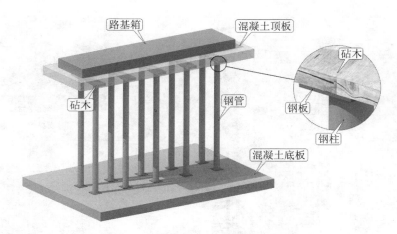

图 4.62　地下室加固位置及加固形式

5. 钢结构卸载

（1）卸载原则

本工程在主结构桁架施工吊装完成、达到验收标准后，即开始结构的卸载施工。

结构卸载是将屋盖钢结构从支撑受力状态下，转换到自由受力状态的过程，即保证现有钢结构临时支撑体系整体受力安全、主体结构由施工安装状态顺利过渡到设计状态。本工程卸载方案遵循卸载过程中结构构件的受力与变形协调、均衡、变化过程缓和、结构多次循环微量下降并便于现场施工操作，即"分区、分级、均衡、缓慢"的原则来实现。根据本工程结构特点现将本工程钢结构卸载分体育场、体育馆、连接体三个大分区，大分区中体育场东、南、西、北看台共分成 4 个小分区，体育馆分成馆内、馆外两个小分区，每个区分 3～6 级进行卸载并进行预卸载（15 mm），具体分级及每级卸载值根据最终钢结构设计图纸进行模拟计算分析卸载值后确定，同时每级卸载值最大不超过 35 mm。

（2）卸载

根据本工程的组织机构及卸载工作的特点，在业主单位领导，并在设计、监理单位的支持监督下，成立以总包钢结构项目部为主体的卸载作业的组织管理体系。在具备卸载条件后由监理单位牵头组织、上述各相关单位参加的卸载前的准备工作的检查，支撑的卸载和拆除进入实施阶段。

卸载过程中参加操作的人员在作业人员中选取专业技能较高的人员，按每点设置 2 名操作人员来安排，同时卸载点不超过 5 个。

卸载操作主要采取对支撑顶部的胎架模板割除的办法进行，根据支撑位置的卸载位移量控制每次割除的高度 ΔH（每次割除量控制在 5～10 mm），直至完成某一步的割除后结构不再产生向下的位移后拆除支撑；在支撑卸载过程中注意监测变形控制点的位移量，如出现较大偏差时应立即停止，会同各相关单位查出原因并排除后继续卸载操作。

而预留的施工通道需尽快组织施工,因此考虑分 4 个分区进行分区卸载,根据卸载计算结果,分 3～6 级进行卸载并进行预卸载,每次的卸载量不超过 35 mm,同时对变形较大部位处先进行卸载,随后逐区域完成内环桁架的卸载工作,卸载遵循均衡、缓慢的原则。

内环桁架卸载结束后,进行外环桁架临时支撑的卸载。

桁架卸载根据施工进度,从北向南逐榀桁架卸载,对多支撑同一榀桁架采取先中间后两端的顺序进行。

为保证卸载的顺利,在卸载过程中应特别注意如下事项:

① 卸载前进行卸载工况分析,明确支撑位置在卸载过程中的结构体系的变形量,以便在实施前做好充分的准备工作;

② 卸载前要仔细检查各支撑点的连接情况,此时应保证结构处于自由状态,不要附加其他约束;但同时也要确保临时支撑自身的稳定性,特别是较高临时支撑的稳定性,临时支撑的揽风绳要保留;

③ 卸载前要对监测点的变形进行测量,以取得初始数据,卸载过程中要进行全站仪跟踪测量和监控;

④ 卸载前要清理结构和支撑上的杂物,卸载过程中,对应卸载区域的各层面不得进行其他与卸载不相关的作业,避免交叉作业;

⑤ 卸载前要做好安全措施,并检查所用设备及机具,确保其性能良好;

⑥ 卸载时要统一指挥,局部卸载保证同步,且按照工况分析的步骤和区域进行卸载。

4.3.4　钢结构吊装工况计算

1. 计算模型

连接体为空间桁架结构体系,钢结构计算模型如图 4.63 和图 4.64 所示。

图 4.63　连接体钢结构计算模型

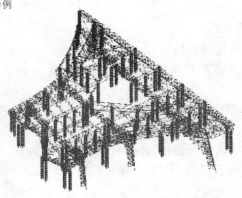

图4.64　连接体钢结构计算模型（含支撑）

临时支撑截面尺寸为1.5 m×1.5 m，主杆件为ϕ180×12，横杆和斜杆为ϕ89×6，材质均为Q235。

2. 计算软件及荷载

采用MIDAS/GEN Ver.8.0进行计算，荷载为结构自重，不考虑温度的影响。

3. 施工阶段全过程仿真模拟计算

在大跨度结构施工分析中，运用有限元法计算程序中将"死"单元（不参与整体结构分析的构件）逐次激活的技术，对钢结构在整个施工过程进行分析，模拟在整个施工过程中刚度和荷载的变化情况。

连接体施工全过程模拟分析一共分为20个施工工况（cs1～cs20），分别计算出每一步骤下的结构变形、应力变化等情况。此处通过工况cs16来集中表述。

工况cs16下的连接体钢结构计算模型如图4.65所示。通过计算得到工况cs16下钢结构的竖向变形、结构应力、支撑竖向变形、支撑应力及支撑反力，如图4.66～图4.70所示。

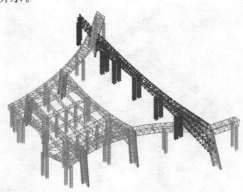

图4.65　工况cs16下的钢结构计算模型

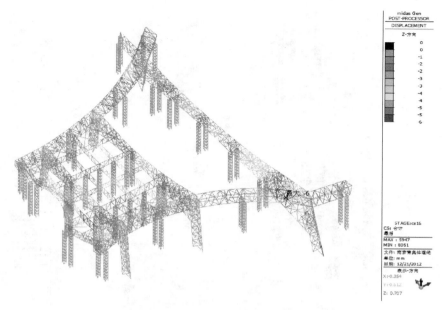

图 4.66 工况 cs16 竖向变形(mm)

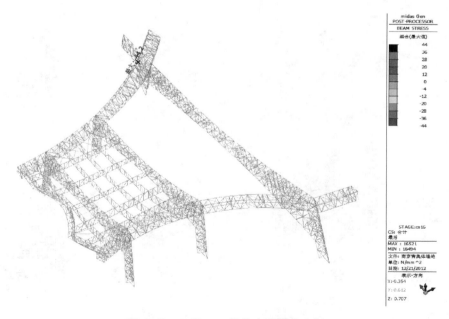

图 4.67 工况 cs16 结构应力(N/mm²)

图 4.68　工况 cs16 支撑竖向变形(mm)

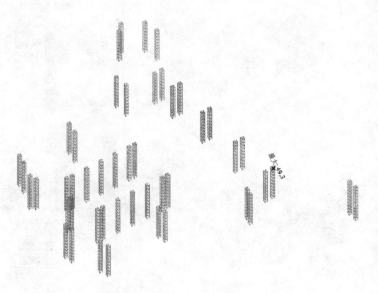

图 4.69　工况 cs16 支撑应力(N/mm²)

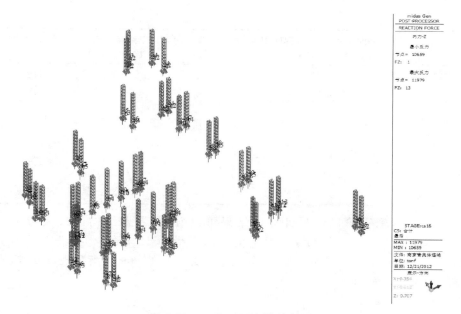

图 4.70　工况 cs16 支撑反力(t)

施工及卸载各工况下的计算结果见表 4.3。

表 4.3　施工及卸载各工况计算结果

工况	结构竖向变形/mm	结构应力/(N·mm⁻²)	支撑竖向变形/mm	支撑应力/(N·mm⁻²)	支撑反力/t
cs1	0	9	—	—	—
cs2	0	9	—	—	—
cs3	1	9.1	—	—	—
cs4	2	15	—	—	—
cs5	2	19.8	1	14.8	5
cs6	2	18.1	1	13.5	4
cs7	2	18.5	1	16.2	5
cs8	2	20.2	1	15.9	5
cs9	4	39.2	1	21.2	7
cs10	4	39	1	21.5	7
cs11	5	39	1	22.3	7
cs12	5	39	2	31.6	9
cs13	6	40.8	2	36.3	12
cs14	6	39.6	2	36.7	12

工况	结构竖向变形/mm	结构应力/$(N \cdot mm^{-2})$	支撑竖向变形/mm	支撑应力/$(N \cdot mm^{-2})$	支撑反力/t
cs15	6	39.1	2	38	12
cs16	6	44.2	3	49.3	13
cs17	6	44.8	3	57.5	15
cs18	7	65.3	3	61.5	16
cs19	10	65.9	4	67.4	17
cs20	12	89.4	4	73.4	18

从以上施工阶段模拟计算的结果可以看出,屋盖结构的最大应力为 89.4 N/mm² < 310 N/mm²,最大结构竖向变形为 12 mm,支撑最大应力为 73.48 N/mm² < 215 N/mm²,最大支撑竖向变形为 4 mm,均满足规范要求,支撑的最大反力为 18 t。

4.4 临时支撑卸载基本问题

近年来,以大型体育馆、游泳馆、会议中心为代表的大跨度空间钢结构发展迅速,许多已经成为其所在地区新的地标性建筑。大跨度空间钢结构在实际建造过程中一般采用分段吊装、高空拼装或者高空散装等方法,同时设置相应的临时支撑体系。在临时支撑未拆除之前,整个大跨空间钢结构由多个临时支撑胎架所支撑。大跨空间结构卸载过程是临时支撑体系受力向结构体系自身承重转化的过程,在拆除临时支撑的过程中,不同区域的支撑拆除顺序或同一区域不同位置的支撑拆除顺序都对结构构件的应力变化产生显著的影响,如杆件的应力随着卸载的进行有可能超出设计应力等;在此期间,临时支撑体系受力变化也比较大,有时会发生临时胎架失稳等问题。不同的卸载方案会对结构成型过程及临时支撑的受力产生一定的影响。为了避免上述不利状况的发生,应在卸载之前通过制订安全、合理、切实可行及相对经济的卸载方案来解决。安全、合理的卸载方案会给临时支撑胎架卸载带来便利,可提高卸载的安全性和可靠性,避免因卸载造成主体结构局部位移过大及杆件应力变化异常,避免卸载导致的临时支撑体系受力不合理发生失稳破坏,从而更有效地降低建设成本和提高实施效率。

4.4.1 卸载基本原则

卸载即通过不断下调临时支撑胎架顶部千斤顶的位移量,使主体结构逐渐脱离临时支撑胎架,最终使主体结构依靠自身的承重构件来受力的一个过程。

实际上,对临时支撑胎架而言,是一个逐渐卸载的过程;对主体结构而言,是一个不断加载的过程。

临时支撑胎架的设计方案和卸载方案对结构的安全性能起到至关重要的作用。为确保在临时支撑卸载过程中,主体结构系统中内力重分布变化的缓慢,其卸载应遵循以下基本原则:

① 确保安全状态。在临时支撑卸载过程中,首要必须考虑其对主体结构各个构件的安全性能。

② 确保变形协调。制订卸载方案时,结合结构体系的实际几何条件及受力性能,必须认真考虑各个卸载点的卸载量,以便确保主体结构各个构件的变形协调。

③ 确保弹性变形。为保证结构体系中各个构件在卸载过程中的强度、刚度和稳定性,结构构件在卸载过程中的应力状态应控制在弹性范围之内。

④ 确保卸载便利。施工方便,卸载步调较少。

4.4.2　临时支撑胎架形式

大跨空间钢结构在施工过程中,常用临时支撑胎架主要有以下几种方式:

① 桁架支撑形式。利用各种形式的型钢进行焊接或者拼接而成;

② 钢管支撑形式。采用普通 $\phi 4.8 \times 3.5$ 扣件式钢管或者无缝钢管搭设而成。

③ 网架支撑形式。与桁架支撑形式类似,采用网架单元作为胎架的基本拼装单元搭设而成。

④ 组合支撑形式。主要指以柱作为支撑,以梁作为安装平台,梁柱相互结合的支撑胎架。

为了保证结构施工的安全,将结构自重及施工荷载更可靠的传递,同时考虑主体结构土建部分已经施工完成,其承载能力达到了设计要求,南京青奥体育公园连接体屋盖钢结构采用桁架支撑形式。

4.4.3　卸载基本方式

临时支撑胎架的卸载方式可以分为同步卸载和多级循环卸载等方式。

同步卸载又可以细分为等比例同步卸载和等值同步卸载这两种方式。结构的各支撑点在卸载时按照相同比例的卸载量同时进行卸载,即为等比例同步卸载。这是最合理的卸载方式,但由于结构的各个支撑点的卸载量不相等,这种卸载方式操作起来较为复杂。结构的各支撑点按照相同的卸载量同时进行卸载,即为等值同步卸载。这种卸载方式在卸载初期同步性较好,随着卸载进行,部分支撑退出工作,同步性变得较差。该方式常常在大型工程中被采用,可操作性强。

多级循环卸载即为按照某一特定的方向,对支撑按顺序进行卸载,卸载过程中卸载量逐渐增加,并可循环操作,直至卸载完成。对于对称分布的大跨度空间结构,可以按照对称轴进行卸载。如果支撑数量较多,可采用"分区域同步卸载"的方式进行卸载。

4.5 体育场钢结构卸载过程模拟

大跨度复杂空间钢结构的施工过程,包括钢结构的安装与卸载,由局部到整体,是随结构体系和受力性能变化的过程。在实际建造过程中,根据不同的结构形式,有分段吊装、高空拼装及高空散装等安装方法,临时支撑体系必不可少,在施工过程中起到成形和支撑的双重作用。对大跨空间结构施工阶段进行受力性能分析时,主要考虑三大原则:① 由结构体系几何条件、荷载条件等变化引起结构内力及变形的重分布变化视为缓慢的变化过程;② 结构构件的安装过程中不允许出现永久变形;③ 考虑到结构几何因素和物理因素的缺陷,施工阶段分析过程中设定的安全系数应高于设计阶段的安全系数。为确保结构在施工过程中的安全性能,通常需要对结构施工过程进行模拟分析,即按照施工方案中的不同施工工况计算出大跨空间结构的内力和变形,从而为施工方案中的工况设置合理性提供理论依据,同时为进一步施工监测提供有效地参考价值。

4.5.1 体育场钢结构临时支撑卸载模拟依据规范

(1)《建筑结构可靠度设计统一标准》(GB 50068—2001)

(2)《建筑工程抗震设防分类标准》(GB 50232—2008)

(3)《建筑结构荷载规范》(GB 50009—2012)

(4)《建筑抗震设计规范》(GB 50011—2010)

(5)《钢结构设计规范》(GB 50017—2003)

(6)《冷弯薄壁型钢结构技术规范》(GB 50018—2002)

(7)《钢结构工程施工质量验收规范》(GB 50205—2001)

(8)《结构用无缝钢管》(GB/T 8162—1999)

(9)《碳素结构钢》(GB/T 700—2006)

(10)《优质碳素结构钢》(GB/T 6995—1999)

(11)《低合金高强度结构钢》(GB/T 1591—2008)

(12)《钢管混凝土结构设计与施工规范》(CECS 28:2012)

4.5.2 体育场钢结构临时支撑胎架卸载工况

根据体育场结构施工图纸和施工初步方案,体育场的施工步骤如下:

① 安装钢柱；

② 根据施工图纸的分区，依次安装分区内径向桁架；

③ 安装分区内径向桁架之间桁架分块，并安装角部分块临时支撑；

④ 安装角部桁架分块及内环桁架分段；

⑤ 进行后续径向桁架分块的吊装；

⑥ 进行桁架分块间嵌补杆件的安装；

⑦ 进行内环桁架分段及径向桁架的吊装；

⑧ 进行屋盖桁架分块及幕墙悬挂架分块的安装。

根据现场施工步骤，主要对以下几种卸载工况（临时支撑编号，见图 4.64）进行计算分析：

① C0 工况：初始状态——体育场钢结构施工完成，临时支撑尚未拆除；

② C1 工况：G 区 ZC05，ZC06，ZC06a，ZC07，ZC21，ZC22，ZC23 的临时支撑已经拆除；

③ C2 工况：ZC04 临时支撑已经拆除；

④ C3 工况：ZC08，ZC10 临时支撑已经拆除；

⑤ C4 工况：ZC11，ZC12 临时支撑已经拆除；

⑥ C5 工况：ZC13，ZC14，ZC15 临时支撑已经拆除；

⑦ C6 工况：ZC16，ZC16a，ZC17 临时支撑已经拆除；

⑧ C7 工况：ZC18 临时支撑已经拆除；

⑨ C8 工况：ZC09，ZC24，ZC25，ZC26，ZC19，ZC03 临时支撑已经拆除；

⑩ C9 工况：ZC02，ZC01，ZC20 临时支撑已经拆除。

4.5.3　体育场钢结构有限元模拟计算分析

1. 计算分析的方法

采用结构有限元软件为 ADINA8.5 对体育场钢结构临时支撑卸载过程进行有限元模拟分析，根据施工图纸和初步施工方案，在对体育场进行计算分析时，主要考虑结构的自重。

2. 计算模型及支座约束情况

① 空间计算模型：由 AutoCAD 三维模型线框架图通过".dxf"文件转换而成，按杆系单元计算；

② 杆件单元模型：桁架弦杆采用梁单元，支撑为杆单元；

③ 支座约束：异形柱与网架交汇点、临时支撑处均按铰支座进行模拟。

体育场钢结构计算模型如图 4.71 所示，临时支撑布置如图 4.72 所示。

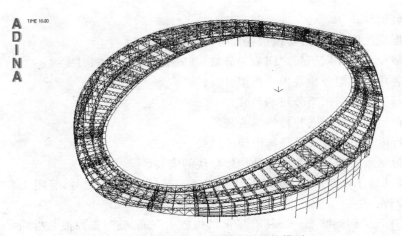

图 4.71 体育场钢结构模型

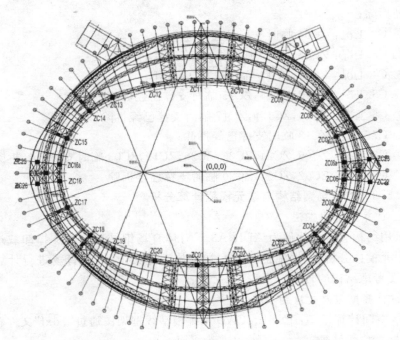

图 4.72 体育场临时支撑布置

3. 计算结果分析

对 9 种工况进行计算,得到体育场屋盖的竖向位移云图如图 4.73~图 4.82 所示。由图可知,胎架卸载后各临时支撑点附近(径向)的应力变化较大,最大位移为-115.5 mm(向下)。

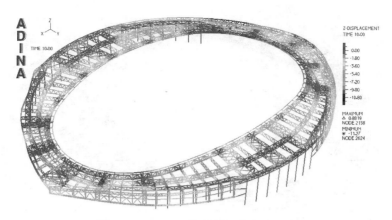

图 4.73　C0 工况体育场屋盖应力云图

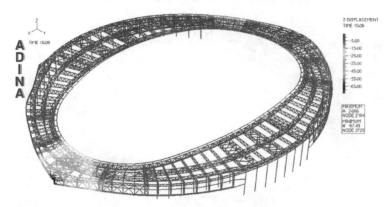

图 4.74　C1 工况体育场屋盖应力云图

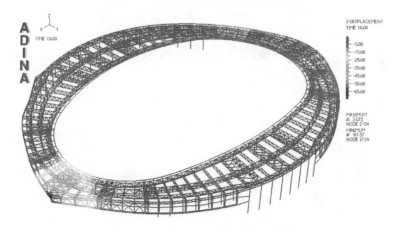

图 4.75　C2 工况体育场屋盖应力云图

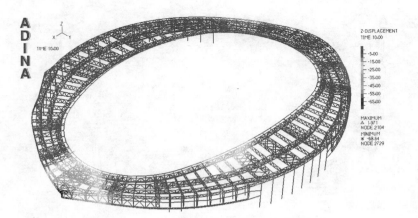

图 4.76　C3 工况体育场屋盖应力云图

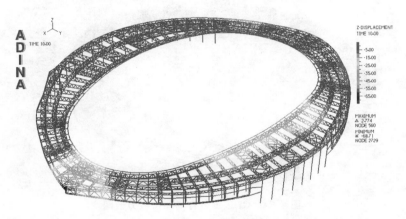

图 4.77　C4 工况体育场屋盖应力云图

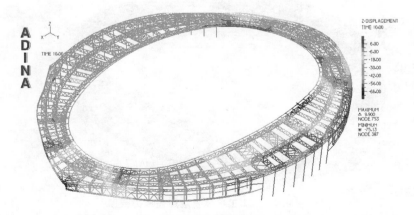

图 4.78　C5 工况体育场屋盖应力云图

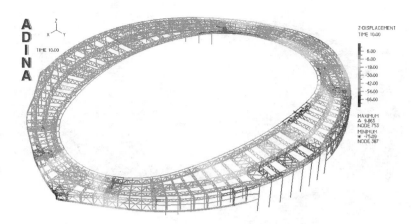

图 4.79　C6 工况体育场屋盖应力云图

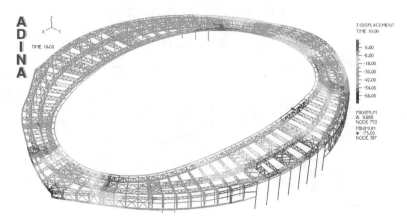

图 4.80　C7 工况体育场屋盖应力云图

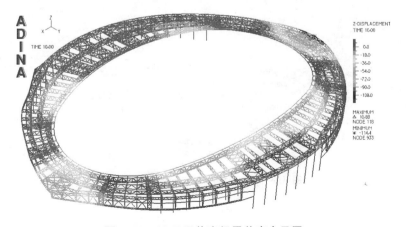

图 4.81　C8 工况体育场屋盖应力云图

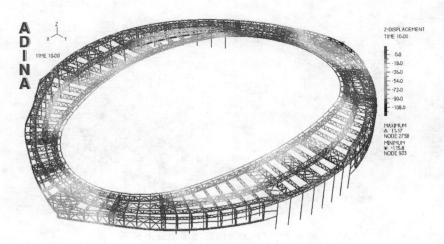

图 4.82　C9 工况体育场屋盖应力云图

结合有限元分析结果，根据现场具体情况确定位移监测点，以便对卸载过程进行及时跟踪，如图 4.83 所示。

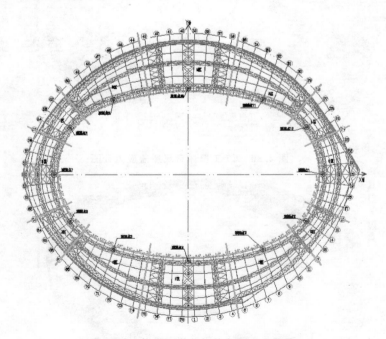

图 4.83　体育场屋盖位移监测点布置图

4.6　连接体钢结构卸载方案选择

4.6.1　连接体钢结构施工难点

由于卸载点数量较多,而且分布较广,在吊装完成后的卸载过程中需要克服许多难点,主要有以下几点。

（1）跨度大

劲性索拱桁架的最大跨度达 139 m,因此需要采用两端分段吊装、空中焊接拼装的方法;按照这一顺序完成 3 榀主桁架的安装,然后进行次桁架的高空焊接拼装成型,整个吊装质量控制难度极大。

（2）超大、超重钢管柱与桁架

6 根组合钢管柱外形尺寸最大宽度达 11 m 多,最大高度达 34 m,最大重量达 180 t,同时索拱桁架最大重量达 300 t。

（3）焊接要求高

连接体大平台单片拱桁架的制作给焊接工艺带来了新的挑战,特别是双钢管拱之间通过厚钢板焊接成双拱系统。厚板的焊接易造成母材层状撕裂、焊接变形难于控制等问题。

（4）桁架悬挑长度长、起拱变形及挠度控制难度大

连接体最大悬挑为 26 m,在 $1.0D+1.0L$ 荷载工况的作用下,悬挑端的竖向位移超过了规范中规定数值,通过施工中采取起拱技术;连接体大平台由于建筑效果为双向双曲的曲面,起拱值并未单向线性变化,因此其起拱成型成为本工程设计施工的一大难点。

（5）索拱桁架、非对称斜柱与独立承台之间的受力十分复杂

由于钢管砼格构柱为斜柱(且主桁架两侧斜柱并不对称),当索拱桁架卸载并承载(铺设屋面板、承受风荷载等)后,会对承台产生水平力和弯矩。

（6）混凝土承台体积大、质量控制要求高

大体积混凝土的施工需要特别关注温度作用的影响,通过温度监控降低早期温度应力(裂缝)对混凝土质量的影响;此外,需要对大体积混凝土的收缩、徐变性能进行综合评价,降低预应力损失。

4.6.2　连接体钢结构不同卸载方案

由于连接体的特殊造型(见图 4.84 和图 4.85),在施工过程中设置了大量的临时支撑(见图 4.86),在主体结构(包括三角格构斜柱、主桁架、次桁架、临时支撑等)施工完成后须进行胎架拆除,卸载过程是主体结构和临时支撑相互作用的一个复杂过程,是结构受力逐渐转移和内力重新分布的过程。

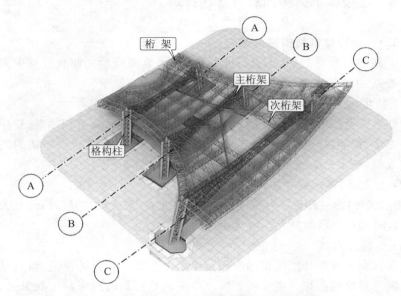

图 4.84　连接体钢结构施工现状图

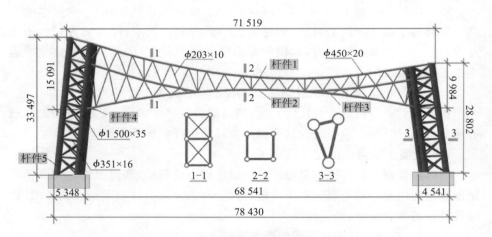

图 4.85　连接体典型钢结构剖面图

图 4.86　连接体支撑胎架现场布置图

　　临时支撑由承载状态变为无荷状态,而主体结构则是由安装状态过渡到设计受力状态。该过程中,不是采用计算机控制的整体同步卸载,而是将结构分区,每步只对一个区域进行分级卸载,分步卸载实现了区域内的同步,但整体结构受力,尤其是支撑反力的变化较大,在施工前应预先进行结构的数值模拟和计算分析,并提出多种不同的卸载方案进行对比分析,从而确定最合理的卸载方案。

　　结构的卸载以控制变形和内力为主,按照主体结构在各支撑点处竖向位移的比例,通过调节设置在脚手架顶部的管托和格构式临时承重支撑顶部的胎架码板高度,分区逐步降低临时支撑点,支撑点布置和卸载分区分别如图 4.87 和图 4.88 所示。就本工程而言,每区卸载分三级卸载,前两次各卸载总位移的30%,卸载位移为 5~15 mm,最后一次性拆除胎架。

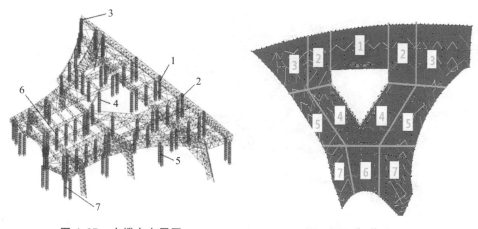

图 4.87　支撑点布置图　　　　　　**图 4.88　卸载分区图**

对于大跨度钢结构,C—C 轴跨度最大,其中点处胎架受力最大,因此确定临时支撑的卸载顺序为:先中间后两边,自 C 轴往 A 轴分区卸载,此为方案一。作为对照组,方案四卸载顺序为先两边后中间,A 轴往 C 轴分区卸载。方案二为先对 C 轴的支撑间隔卸载,之后顺序与方案一相同。方案三先中间后两边,先卸载 B 轴,然后依次卸载 A,C 轴。具体方案(方案中数字对应图 4.87 中分区编号)如下:

方案一:1→2→3→4→5→6→7
方案二:1→3→2→4→5→6→7
方案三:4→5→1→2→3→6→7
方案四:3→2→1→5→4→7→6

4.6.3　连接体钢结构卸载方案选择

对以上提到的四种方案分别采用 SAP 2000 按以下方式进行建模计算:

① 空间计算模型:桁架和格构柱由 AutoCAD 三维模型线框架图,通过".dxf"文件转换而成的,按杆系单元计算;承台采用实体单元;桁架中嵌入的钢板和承台间的混凝土桁架梁采用壳单元。

② 杆件单元模型:桁架弦杆采用梁单元,支撑为杆单元。通过建立没有刚度的壳单元传递屋面荷载。

③ 对于格构式钢管混凝土柱,轴向和弯曲刚度根据规范按等效刚度引入模型。

④ 支座约束:最大跨度处承台和桩基之间的连接为固定铰支座,其余 4 个格构柱柱脚均按施工图中埋入式刚性柱脚进行模拟。

钢屋盖计算模型如图 4.89 和图 4.90 所示。

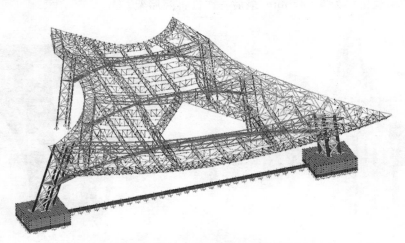

图 4.89　连接体钢结构屋盖三维视图(不带屋面壳体)

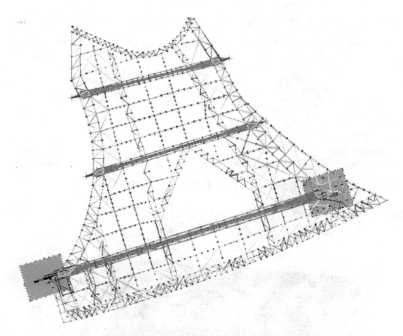

图 4.90　连接体钢结构屋盖俯视图(不带屋面壳体)

从刚度和强度两方面,对卸载前连接体钢结构进行计算校核,计算结果如下。

(1)刚度校核

卸载前,结构最大竖向位移值发生在前区正面的右侧(见图 4.91),相邻支撑间距离为 24 000 mm,该处位移值为 7.45 mm$<L/400=24\,000/400=60$ mm,满足《钢结构设计规范》(GB 50017—2003)要求。

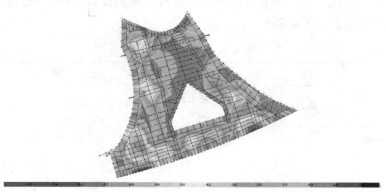

图 4.91　屋盖结构的竖向位移图

(2)强度校核

由应力比图可知,卸载前,构件应力最大值出现在跨中,最大值(见图 4.92)

为 43.44 MPa,为设计值 200 MPa 的 21.72%,满足《钢结构设计规范》(GB 50017—2003)要求,可以看出,在卸载前,结构体系表现出良好的稳定性。

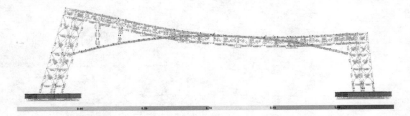

图 4.92　连接体最大跨度处桁架应力比图

卸载前,在上部结构的荷载作用下,承台的最大应力为 127.96 MPa(见图 4.93),满足《钢结构设计规范》(GB 50017—2003)要求。

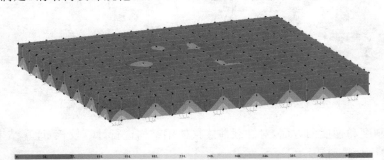

图 4.93　连接体最大跨度处承台应力云图

下面进行 4 个方案的对比分析。4 个方案都经过 21 个小步(7 个分区,每区分三级卸载)完成卸载,下面进行不同卸载方案的模拟分析。不同卸载方案的模拟结果见表 4.4 至表 4.7。

表 4.4　方案一模拟结果

卸载区域	刚度校核		强度校核	
	最大位移/mm	最大位移发生位置	最大应力/MPa	最大应力发生位置
卸载前	7.45	1 区中部	43.44	1 区中部
1	82.24	1 区中部	49.14	1 区内部
2	126.53	1 区中部	53.62	4 区内部
3	152.37	1 区中部	59.36	4 区内部
4	195.42	1 区中部	61.24	6 区中部

卸载区域	刚度校核		强度校核	
	最大位移/mm	最大位移发生位置	最大应力/MPa	最大应力发生位置
5	222.67	1 区中部	63.58	6 区中部
6	253.31	1 区中部	64.39	1 区中部
7	267.26	1 区中部	66.02	1 区中部

表 4.5　方案二模拟结果

卸载区域	刚度校核		强度校核	
	最大位移/mm	最大位移发生位置	最大应力/MPa	最大应力发生位置
卸载前	7.45	1 区中部	43.44	1 区中部
1	82.24	1 区中部	49.14	1 区中部
3	122.35	1 区中部	58.68	2 区内部
2	169.94	1 区中部	60.72	1 区中部
4	200.66	1 区中部	63.24	6 区中部
5	236.73	1 区中部	64.41	6 区中部
6	252.94	1 区中部	66.39	1 区中部
7	272.79	1 区中部	70.02	1 区中部

表 4.6　方案三模拟结果

卸载区域	刚度校核		强度校核	
	最大位移/mm	最大位移发生位置	最大应力/MPa	最大应力发生位置
卸载前	7.45	1 区中部	43.44	1 区中部
4	57.42	4 区	45.14	1 区中部
5	81.96	4 区	50.68	1 区中部
1	149.19	1 区中部	63.72	1 区中部
2	191.78	1 区中部	65.24	1 区中部
3	229.47	1 区中部	67.41	1 区中部
6	246.71	1 区中部	68.39	1 区中部
7	254.37	1 区中部	69.02	1 区中部

表 4.7　方案四模拟结果

卸载	刚度校核		强度校核	
	最大位移/mm	最大位移发生位置	最大应力/MPa	最大应力发生位置
卸载前	7.45	1 区中部	43.44	1 区中部
3	45.37	3 区	45.14	2 区内部
2	66.29	2 区	48.62	1 区中部
1	163.36	1 区中部	62.36	1 区中部
5	189.45	1 区中部	63.24	4 区内部
4	236.98	1 区中部	66.58	1 区中部
7	240.24	1 区中部	67.39	1 区中部
6	285.67	1 区中部	69.02	1 区中部

由表 4.4～表 4.7 可知,从模拟结果分析来看,不同的卸载方案,在卸载过程中结构竖向的最大位移发生在不同的区域,但主要集中在 1 区,其中,方案一和方案二的竖向最大位移完全集中在 1 区,方案三和方案四的卸载过程中的竖向最大位移分别出现在 4 区、3 区和 2 区,但卸载完成后最大竖向位移仍在 1 区中部。从最终竖向最大位移来看,方案四局部位移最大,方案一和方案二次之,方案三位移最小。

从模拟分析结果来看,采用方案三与方案四进行卸载时,结构在卸载过程中最大应力集中在 1 区侧面,易造成 1 区侧网架应力变化比较突出,应力无法正常重分布。采用方案二进行卸载时,结构在卸载过程中最大应力发生在 1 区、2 区和 6 区,分别位于结构前后部,而采用方案一进行卸载时,结构在卸载过程中最大应力发生在 1 区、4 区和 6 区这三个区域,分别位于结构的前中后部。方案一中结构最大应力发生位置经历一个"过渡区域"(4 区),从整体上看这样更有利结构的整体应力释放,顺利完成应力重分布。从最大应力结构分析来看,方案三和方案四应力值较大,方案一最合理。

4.7　大跨空间钢结构施工挠度监测方案

4.7.1　测量控制方案

1. 测量的工作流程

根据拟定的施工方案,指定合理、科学的测量流程,在具体施工过程中按照规范要求操作仪器,以及记录、整理和计算数据,严格落实"认真、细致、准确"的测量方针,做到"站站清,天天清",使每一个测量数据都有据可循。

测量的工作流程如图 4.94 所示。

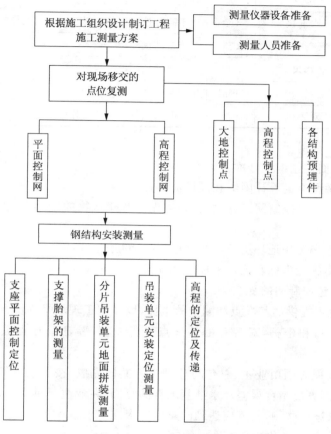

图 4.94　测量工作流程图

2. 测量器具

本工程为大面积建筑,测量精度直接影响施工安装质量,而测量器具的精度又直接影响测量精度。为保证测量质量,本工程采用全站仪、水准仪等精密的测量仪器,详见表 4.8。

表 4.8　测量仪器

序　号	名　称	数　量	功　用
1	全站仪	3 台	用于Ⅰ,Ⅱ级工程平面控制网的测设;构件的拼装及安装定位;结构变形检测
3	水准仪	3 台	用于高程控制网的测设及标高的测设抄平等
5	反射棱镜	3 组	用于全站仪测距
6	塔尺	3 把	结合水准仪测设高程
7	钢卷尺(50 m)	20 把	用于构件及支撑长度的测量
8	对讲机	3 组	用于测量人员之间的工作联系

3. 平面控制网的建立

(1) 平面控制网设计准备工作

① 熟悉所有的设计图纸和设计资料;

② 进行平面控制网设计之前,必须先了解建筑物的尺寸、工程结构内部特征和施工要求;

③ 熟悉施工场地环境及与相邻地物的相互关系;

④ 收集施工坐标和测量坐标的系统换算数据。

(2) 总包控制网的复核

根据业主提供的基准点和测量的坐标,以及施工现场平面图和南京市一级控制点的标高和坐标,对现存的基准点进行复测,验证基准点数据资料的准确性。

复测过程必须由业主、总包与监理三方共同完成,按国家四等导线测量的要求实施,测算出精度误差。水准基准点的复测,在业主提供的水准基准点上,按规范要求进行联测,精度应达到国家四等水准要求。

4. 高程控制网的建立

(1) 高程控制网的布设

① 首先对总包移交的现场水准点进行水准复测(按国家四等水准测量要求);

② 已知水准点经复测,精度满足要求后,把平面Ⅲ级控制网的控制点高程引测,得到各控制点的三维坐标。根据建筑工程特点的需要,设置 5 个高程控制点,形成闭合线路控制网。

为了便于施工测量,整个场地内,在主控制点处同时设有水准点,并构成闭合图形,以便闭合校核。水准点采用同 M8 膨胀螺栓的钢筋打入砼作为标志。由水准基准点组成闭合路线,各点间的高程进行往返观测,闭合路线的闭合误

差应控制在 $\pm 5\sqrt{n}$ mm 之内（n 为测站数）。

（2）高程控制网施测的原则

在进行水准测量时，为了避免测量错误的减小误差，采取一定的措施，以提高测量精度，详见表 4.9。

表 4.9　水准测量注意事项

序号	主要内容
1	在测量过程中，水准仪及水准尺应尽量安置在坚实的地面上。三脚架和尺垫要踩实，以防仪器和尺子下沉；前、后视距离应尽量相等，以消除视准轴不平行造成的水准管轴的误差和地球曲率与大气折光的影响
2	前、后视距离不宜太长，一般不超过 100 m。视线高度应使上、中、下三丝都能在水准尺上读数，以减少大气折光影响
3	水准尺必须扶直，不得倾斜。使用过程中，要经常检查和清除尺底泥土。塔尺衔接处要卡住，防止二、三节塔尺下滑
4	读完数后应再次检查气泡是否仍然吻合，否则应重读
5	记录员要复诵读数，以便核对。记录要整洁、清楚、端正。如果有错，不能用橡皮擦去而应在改正处划一横，在旁边注上改正后的数字
6	在烈日下作业要撑伞遮阳，避免气泡因受热不均而影响其稳定性

（3）高程控制网的具体施测

根据总包单位提供的已知水准点，采取常规水准测量方法，由水准基准点组成闭合路线，各点间的高程进行往返观测，闭合路线的闭合误差应小于 $\pm 5\sqrt{n}$ mm（n 为测站数）。

水准点桩顶标高应略高于场地设计标高，桩底应低于冰冻层，以便长期保留。也可在平面控制网的桩顶钢板上，焊上一个小半球作为水准点，或采用 M8 膨胀螺栓的钢筋打入砼作为标志。

水准测量作业结束后，每条水准路线须以测段往返高差不符值计算每千米水准测量高差的偶然中误差 M_Δ 和全中误差 M_W。

高差偶然中误差的计算公式：

$$M_\Delta = \sqrt{\frac{1}{4n}\left(\frac{\Delta\Delta}{L}\right)}$$

式中：Δ——水准路线测段往返高差不符值，mm；

　　　L——水准测段长度；

　　　n——往返测的水准路线测段数。

高差全中误差的计算公式：

$$M_W = \sqrt{\frac{1}{N}\left(\frac{WW}{L}\right)}$$

式中：W——闭合差；

$\quad\quad L$——计算各 W 时，相应的路线长度，km。

4.7.2 施工测量

1. 安装单元的拼装测量控制

本工程屋面桁架采用大型履带吊分段直接吊装的安装方案，因此屋面三角桁架、平面桁架的地面拼装精度将直接影响安装定位精度。

地面拼装时根据桁架高空定位坐标，制作平面拼装胎架及立体组装胎架，采用全站仪对拼装胎架进行跟踪测量复核，其相对安装精度≤2 mm。

桁架杆件吊上组拼胎架后焊接，焊接完成后，进行焊接超声波探伤检测，合格后进行桁架分段的整体测量验收。整体测量采用全站仪检测测量，尤其是重点测量桁架的各连接端口（包括端部端口、各交叉节点端口等）的测量校正。然后拆除胎架定位焊，在自由状态下进行测量，并填写测量记录。

测量验收应贯穿各工序的始末，对各工序的施工测量、跟踪检测进行全方位监测，钢桁架地面拼装的测量方法、测量内容见表 4.10。

表 4.10　测量方法及内容

序号	内　　容	控制尺寸/mm	检验方法
1	拼装单元总长	±10	钢卷尺
2	对角线	±5	钢卷尺
3	各节点标高	±5	全站仪、钢卷尺
4	弯曲	±5	全站仪、钢卷尺
5	节点处杆件轴线错位	3	全站仪、钢卷尺
6	坡口间隙	±2	焊缝量规
7	单根杆件直线度	±3	粉线、钢尺

2. 预埋件的安装测量控制

支座预埋板安放尺寸与水平度的精度直接影响构件安装的精度，所以由设计部门提交预埋件埋设的定位坐标，再利用主控制网及Ⅱ级控制网，采用全站仪将预埋件的理论坐标逐点放样至设计位置上。放样完成后，检测相互关系，做到步步校核。

　　混凝土梁及混凝土柱顶埋件安装过程中,采用全站仪跟踪测量埋件定位坐标,调节埋件安装坐标位置,测量就位后,与土建钢筋等进行点焊固定。随后土建进行混凝土浇筑,浇筑结束后及时对埋件定位坐标进行复核,若混凝土施工导致埋件定位偏移较大,超出规范公差范围,应报技术部门,由技术部门拿出可行方案上报监理单位审批后实施。

　　混凝土柱顶埋件测量示意图,如图 4.95 所示。埋件的定位精度控制在水平位置±5 mm,标高±3 mm。

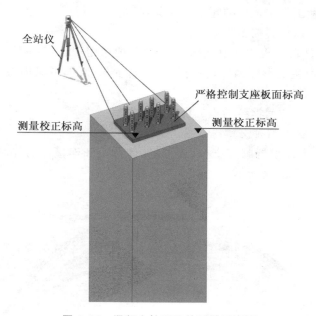

图 4.95　混凝土柱顶埋件测量示意图

　　3. 屋面桁架的安装测量控制

　　(1)桁架支座节点与预埋板或万向支座之间均需紧密连接,不得有相对移动。安装屋面桁架前,若桁架下部有支座,先将支座与对应混凝土柱上的预埋件进行点焊连接。

　　(2)桁架支座下端与预埋板紧密连接后,用全站仪校正桁架上弦中心坐标。在桁架上弦处以十字交叉的方式贴宽 48 mm 的透明胶以辅助找准中心点,做好中心线并贴上激光反射片。校正时通过四条揽风绳和倒链调节桁架空间位置并加以与临时支撑固定。

4.7.3　保证钢结构施工测量精度的措施

　　(1)一切测量工作必须按照《钢结构工程施工质量验收规范》(GB 50205—2001)和《工程测量规范》(GB 50026—2007)执行。

（2）用于本工程的所有测量工具必须经计量单位检测合格后才可使用,并定期对仪器进行自检、维护。施测时仪器、棱镜在阳光下或雨天均应打伞,做好仪器、棱镜的防雨、防光措施。

（3）不同的气温对测量仪器、工具、构件尺寸都有不同的影响,测量结果也不同。所以,测量工作在同一气温内进行较为准确,根据现场施工情况一般安排在早晨和傍晚进行。

（4）测量工作与其他工种应相互配合,严格执行三级检查和一级审核验收制度,对于测量工作中发现的超公差情况,必须及时纠正,不能让问题影响下一道工序的施工,以免影响工程进度。

（5）钢构件在安装过程中,由于自身荷载的作用,及其在拆除钢支撑后或滑移过程中,会产生变形。因此,应对桁架进行变形监测,并及时校正,以符合设计、规范要求。

4.7.4 大跨空间钢结构施工挠度监测方案

1. 施工过程中临时支撑的布置

施工过程中需设置临时支撑,体育场、体育馆和连接体的临时支撑布置分别如图 4.96～图 4.98 所示。

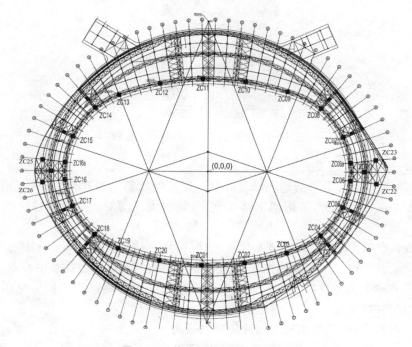

图 4.96 体育场临时支撑布置图

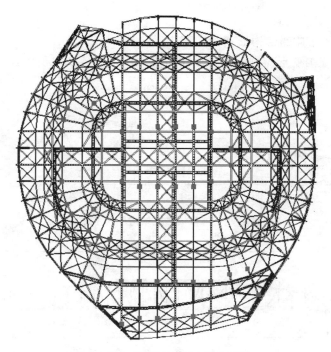

图 4.97 体育馆临时支撑布置图

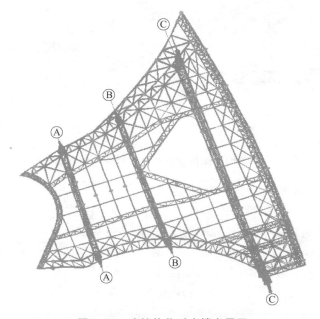

图 4.98 连接体临时支撑布置图

2. 施工变形监测

(1) 各场馆监测结构形式

各场馆施工变形监测的结构形式如图4.99～图4.101所示。

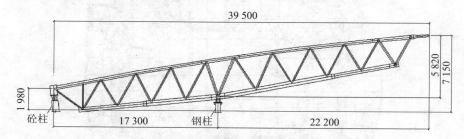

图4.99　体育场悬挑结构形式示意图

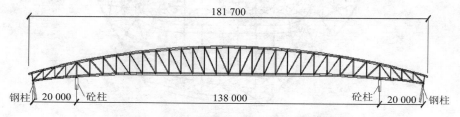

图4.100　体育馆大跨度结构形式示意图

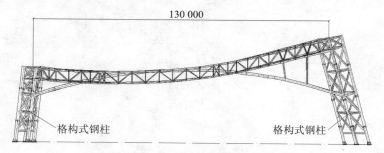

图4.101　连接体大跨度结构形式示意图

(2) 各监测结构形式的结构分析

本工程大部分圆管材质均为Q345B,局部圆管材质为Q420B。体育场监测结构为悬挑平面桁架结构,砼柱端为受拉体系,钢柱端为受压体系,整个悬挑结构由$\phi 325\times14,\phi 377\times12,\phi 159\times6$三种规格的热轧钢管构成;体育馆监测结构为大跨度平面桁架结构,整个结构由4个支点支撑,中间两点由砼柱支撑,砼柱头与桁架连接处由埋件和抗震支座组成,抗震支座为单向滑动,滑动方向沿着桁架长度方向,整个结构由$\phi 800\times22,\phi 700\times25,\phi 500\times16,\phi 351\times10,\phi 245\times10$五种规格的钢管构成;连接体监测结构为大跨度四边形桁架结构,整

个桁架结构的端头由格构式钢柱支撑,跨度为 130 m,四边形桁架由 ϕ 402×8,
ϕ 180×6 两种规格的钢管构成,下部的拱桁架由 ϕ 1 100×40,ϕ 950×40,ϕ 299×
12 三种规格的钢管构成。

　　3. 基准控制网的布设

　　体育场、体育馆、连接体桁架挠度变形观测的主要基准点应尽可能布设于
未定、互相通视且便于监测之处。根据现场实际情况,体育场、体育馆、连接体
的基准点应分开布设,并尽可能布设在混凝土结构上,构成基准点观测网。如
果混凝土结构整体均匀下沉,对于挠度变形观测来讲不会产生影响;如果混凝
土结构出现不均匀下沉,基准点相对于变形的高差将发生变化,因此,在每次挠
度变形观测前,应先对基准点进行精密水准测量,求得各基准点的高程差,以便
利用这些基准点准确测得各变形点挠度的变形值。

　　根据设计和相关规范,体育场、体育馆、连接体的观测点均布置在下弦杆,
体育场共布置 16 个挠度变形观测点,体育馆共布置 14 个挠度变形观测点,连
接体共布置 9 个挠度变形观测点,在变形观测点的位置采用反射片粘贴在观测
点处;基准点位于钢结构混凝土结构上。体育场、体育馆和连接体的基准点、观
测点的布设如图 4.102～图 4.104 所示。

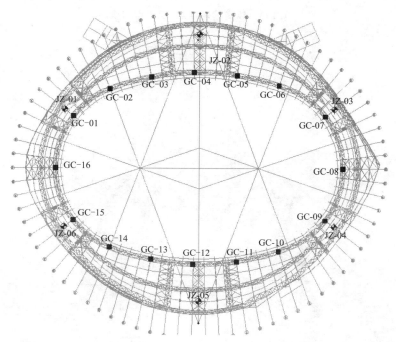

JZ-01～JZ-06 为基准点,GC-01～GC-16 为观测点

图 4.102　体育场基准点、观测点布设图

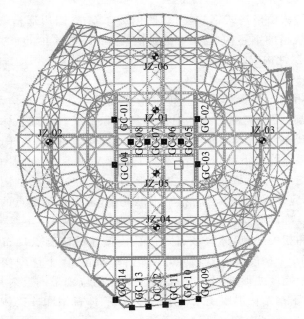

JZ-01～JZ-06 为基准点，GC-01～GC-14 为观测点

图 4.103　体育馆基准点、观测点布设图

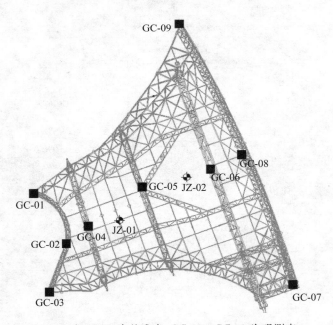

JZ-01 和 JZ-02 为基准点，GC-01～GC-09 为观测点

图 4.104　连接体基准点、观测点布设

4.7.5　测量方法

1. 测量精度要求

《建筑物变形测量规范》中要求变形观测点单程高程观测中误差 $m_b=\pm 0.7$ mm。

2. 基准控制网测量

每次挠度变形观测前,先对基准点进行精密水准测量,再用高精度全站仪测量各基准点的坐标和两点之间的距离、高差,经平差后得出各点的高程和距离。确定基准点的基本参数后,再进行挠度变形观测点的观测,每次用全站仪观测基准点高差变化,再用精密水准仪进行校核测量,检验全站仪精度的变化及气象条件的改变对全站仪高差测量精度的影响,求出可能的修正值,确保全站仪高差测量精度要求。

3. 挠度变形观测的方法

首次观测时,在变形观测点上精确安置反射片,在基准点上用全站仪测定每一变形观测点与基准点之间的高差和水平距离,作为以后每次变形观测比较的依据,以后要定期进行复测。观测方法如图 4.105 所示。

在桁架卸载之前先测出各观测点三维坐标值,填入挠度变形观测记录表(表 4.11);卸载之后分别测出各观测点的三维坐标值,填入挠度变形观测记录表,根据第一次和第二次记录的数据计算出各观测点在卸载之后的挠度值 X_1;待金属屋面安装完成后再测各观测点的三维坐标值,记录数据,计算出屋面安装完成后最后的挠度值 X_2。

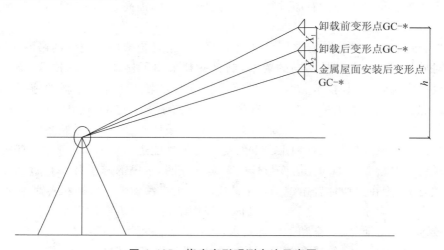

图 4.105　挠度变形观测方法示意图

表 4.11　挠度变形观测记录表

观测点编号	卸载前测量数据	卸载后测量数据	金属屋面安装完成后测量数据	挠度值 X_1	挠度值 X_2

注：① 挠度值 X_1 为卸载前的测量数据与卸载后的测量数据的差值；
　　② 挠度值 X_2 为卸载前的测量数据与金属屋面安装完成后的测量数据的差值。

4.8　小结

　　介绍了南京青奥体育公园体育场工程钢结构管桁架屋盖完整的分块整体吊装技术。针对质量、安全，尤其是工期的要求，制订并且采用了分块地面拼装技术和分块高空吊装技术等成套施工方案。此针对性强的施工方案有效保证了工程各工种各工序的有序进行，加快了安装进度，提高了施工效率，有效地保证了施工质量。

　　介绍了南京青奥体育公园体育馆工程钢结构管桁架屋盖完整的吊装技术。针对质量、安全，尤其是工期的要求，制订并且采用了楼地面加固技术、支撑架搭设技术、高空吊装技术、卸载技术等成套施工方案。此针对性强的施工方案有效保证了工程各工种各工序的有序进行，加快了安装进度，提高了施工效率，有效地保证了施工质量。并且通过对典型构件吊装状态、结构吊装各种工况下的受力性能及支撑架在各种工况下的受力变形性能进行仿真分析计算，真实表现了各种典型工况下的受力变形性能。实践证明，本书的施工技术和施工方法合理有效，为在类似体育馆钢结构吊装工程施工提供了理论依据和实践经验。

　　介绍了南京青奥体育公园连接体工程钢结构管桁架屋盖完整的拼装和吊装技术。针对质量、安全和工期等要求，制订并且采用了支撑架搭设技术、高空吊装技术、卸载技术等成套施工方案。吊装时先吊组合钢柱，再吊钢柱间的纵向连接桁架；对于屋面横向连接桁架吊装时从内向外进行退步吊装。本书同时对地面平面桁架、三角桁架、立柱桁架的拼装做了详细表述。此针对性强的施工方案有效保证了工程各工种各工序的有序进行,加快了安装进度,提高了施工效率,有效地保证了施工质量。此外,通过对典型构件吊装状态、结构吊装各种工况下的受力性能及支撑架在各种工况下的受力变形性能进行仿真分析计算,真实表现了各种典型工况下的受力变形性能。

通过分析临时支撑卸载的基本问题,并对青奥体育场馆大跨钢结构卸载过程进行有限元模拟,最终确定钢结构卸载控制施工方案与施工挠度监测方案,为项目有效施工控制提供了理论依据。

第 5 章　预应力拉索点支式玻璃幕墙施工关键技术

点支式玻璃幕墙因具有视觉通透、建筑美观、承载力大等优点受到建筑师的青睐,在建筑工程中应用广泛。点支式玻璃幕墙的结构主要有三种:刚性支撑、半刚性支撑和柔性支撑。

拉索点支式玻璃幕墙是典型的柔性支撑幕墙结构。通过对支撑结构中的拉索施加预应力,充分发挥了钢索的抗拉性能,实现了美化建筑和节约成本的目的。与其他幕墙结构相比,拉索点支式玻璃幕墙具有跨度、空间更大的优点,将玻璃幕墙结构的通透性和轻盈性等特点发挥到了更高的水平。

5.1　拉索玻璃幕墙概述

5.1.1　拉索点支式玻璃幕墙的组成

拉索点支式玻璃幕墙是用钢爪将玻璃面板固定于索桁架上的一种幕墙形式。它是无大型支撑钢结构,具有大玻璃无框、轻盈通透、视野开阔、支撑结构轻巧等特点,增强了建筑物内外交融的美感。拉索点支式玻璃幕墙主要由索桁架、支承结构和玻璃面板 3 个部分组成,如图 5.1 所示。

图 5.1　拉索点支式玻璃幕墙

（1）索桁架

索桁架是跨越幕墙支承跨度的重要构件,索桁架悬挂在支承结构上,它由按一定规律布置的高张强度的索及连系杆组成。索桁架起着形成幕墙系统,承担幕墙承受的荷载并将其传至支承结构的作用。

（2）支承结构

支承结构是指支承框架,通常由屋面梁、楼板梁、地锚、水平基础梁等组成。它承受索桁架传来的荷载,并将它们可靠地传向基础。同时,支承结构也是索桁架赖以进行张拉的主体。为了获得稳定的幕墙,必须对索桁架施加相当的拉力才能绷紧,跨度越大,所需的拉力就越大,为此就需要有承受相当大反力的支承结构来维持平衡。

（3）玻璃面板

玻璃面板由安装在索桁架上的钢爪固定,作填缝处理后,最终形成幕墙。

5.1.2　拉索点支式玻璃幕墙与其他幕墙的区别

拉索点支式玻璃幕墙是一种新兴的幕墙结构型式,与其他种类玻璃幕墙相比,主要区别在于以下 4 个方面。

（1）支撑结构

一般玻璃幕墙的支撑结构采用刚性构件,而拉索点支式玻璃幕墙的支撑结构是由柔性的拉索组成的,通过对拉索施加预应力,使索结构产生刚度来抵抗各种荷载的作用。

（2）玻璃的固定形式

传统的框式玻璃幕墙通过铝框提供玻璃面板四边支撑,拉索点支式玻璃幕墙则通过玻璃面板 4 个角点与驳接件相连,由于减少了支撑,建筑内部更加通畅,大大提高了建筑的采光性能。

（3）构件的加工

一般的玻璃幕墙构件的加工多是现场进行的,采用电动机具,对构件加工精度要求不高。拉索点支式玻璃幕墙对构件加工精度要求非常高,需要在车间进行冲压和车钻精密加工后,在现场安装。

（4）玻璃的品种与规格

一般的玻璃幕墙由于跨度和高度都比较小,单块玻璃尺寸也比较小,因此对玻璃的性能要求不是很高。而拉索点支式玻璃幕墙一般跨度、高度都比较大,又是四点支撑,所以对玻璃的抗压性能要求比较高,通常采用中空钢化夹胶玻璃,这种玻璃对解决光污染也有一定的作用。

5.1.3 拉索玻璃幕墙的受力特点

（1）索桁架具有很强的几何非线性

索桁架作为玻璃幕墙的支承结构，通过索的预应力来平衡荷载。随着荷载的增加，索的刚度也随之增加，其刚度受其变形影响较显著，计算时必须考虑几何非线性特征。

（2）需要进行找形分析

由于存在很强的几何非线性，在预应力张拉成形过程中，需要对其进行找形分析，特别是对曲面结构。建筑师按一定规律设计外形，结构工程师需通过找形分析，选取合适的索力及零应力状态的几何尺寸。

（3）受施工方案的影响较大

拉索和玻璃安装施工方案对幕墙结构的找形和张拉控制有重要影响。拉索幕墙施工具有过程性和阶段性，其受力和变形与整体设计中的索网应力位移有很大差别，其受施工的加载顺序、索力损失、材料性能、施工机具等众多因素的影响，必须采取合理的施工方案。

5.1.4 拉索玻璃幕墙的工艺原理

拉索玻璃幕墙在施工过程中要遵循一定的工艺流程并且要注意施工要点。

拉索玻璃幕墙主要由两大体系组成，分别为拉索受力体系和玻璃围护体系，如图 5.2 所示。

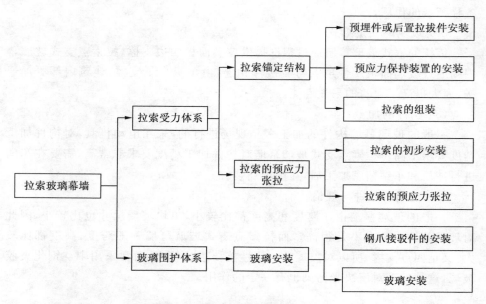

图 5.2 拉索玻璃幕墙施工体系

在拉索材料的选用过程中,横向和纵向都要选用适宜的不锈钢拉索。在施工过程中还要制作拉索,现场制作拉索可以分为 3 个步骤:首先,对拉索施加张拉力(约 50％破断荷载),以消除拉索的变形;然后,轧制锁头,主要对锁头连接的套筒和端头进行轧制;最后,对拉索施加约为 1.2 倍设计值的拉力。

拉索玻璃幕墙是建筑物中的重要部分,所以施工时应遵循一定的施工流程。拉索式玻璃幕墙的施工流程主要如下。

(1) 定位和测量放线

按照设计图纸,测量出标识的锚的标高位置,从而形成一个既水平又垂直还具备立体感的三维网,以满足钢爪件、支承结构、幕墙及索桁架的各项要求。

(2) 将锚定件安装到合适的位置

在竖向拉索的最底部使用弹簧来作为预应力的保持装置,弹簧的底板要和地下室的顶板梁四周的预埋钢板焊接,拉索上端的锚要稳固在钢梁的耳板上。

(3) 安装拉索

将拉索的固定端与调节端安装在楼面上,并且在安装调节端时要预留一定的距离。

(4) 安装固定件,张拉拉索

张拉拉索时,应按照一定的顺序施工。竖向拉索可以同时在两端采用对称张拉的方法,依次张拉横向拉索则由下向上通过一端张拉。拉索的张拉分为多次,每次的张拉应有一定的时间间隔。

(5) 安装钢爪的接驳件

拉索张拉完成后要进行检查,确保其满足要求之后才能开始安装接驳件。

(6) 安装玻璃

玻璃材料以钢化夹胶玻璃或者钢化防火夹胶玻璃为主。在检查和校对拉索与驳接件的标高和垂直度无误后,匀速地将玻璃安装到设计位置。调整玻璃上下左右前后的间隙大小,并稳固玻璃。

(7) 清洗和清理幕墙

采用二甲苯对幕墙进行全面清洗(如果有积累下来的胶,则需要先用刀片刮再用二甲苯进行清洗),不能留有任何污迹,最后用清水清洗一次。在施工的过程中,整个作业队伍要做到工作任务完成后场地也是干净的,确保施工场地没有多余的垃圾或材料。

5.2 工程概况

本工程为南京青奥体育公园体育馆外围拉索点支式玻璃幕墙。体育馆顶部为钢网架结构,如图 5.3 所示;体育馆外围共设置 48 根倾斜钢柱以支持钢网架结构,钢柱的跨度为 10.8~15 m 不等(见图 5.4 a),玻璃幕墙设置在每一跨钢柱之间(见图 5.4 b)。

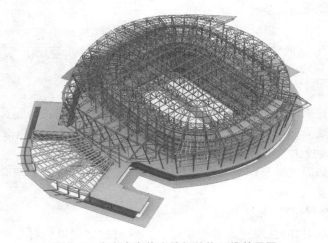

图 5.3 南京青奥体育馆钢结构三维效果图

(a) 外围钢柱   (b) 玻璃幕墙

图 5.4 南京青奥体育馆外围钢柱与玻璃幕墙

玻璃幕墙的高度为 27 m,围成区域的直径为 183.4 m(见图 5.5),玻璃幕墙总面积约为 1.5×10^4 m²,幕墙向体育馆外侧倾斜。幕墙建成后的整体效果如图 5.6 所示。

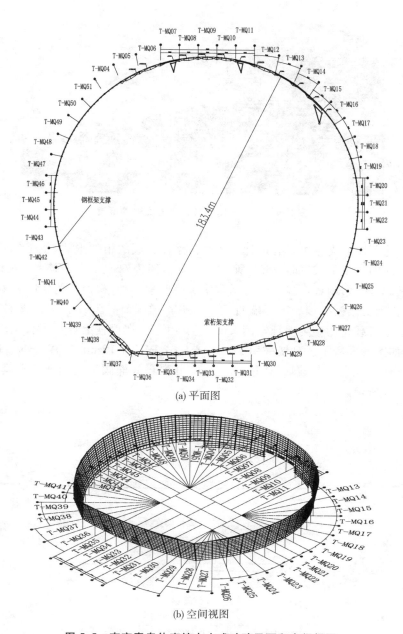

(a) 平面图

(b) 空间视图

图 5.5　南京青奥体育馆点支式玻璃平面和空间视图

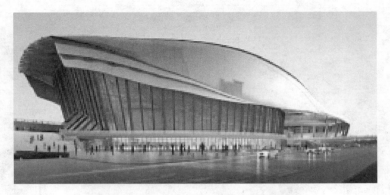

图 5.6 南京青奥体育馆点支式玻璃幕墙

　　玻璃幕墙的支撑主要有两种：钢索和撑杆组成的桁架形式、水平钢梁与钢管柱形成的框架形式，如图 5.7 所示。拉索桁架为双向自平衡体系，主要分为竖向索和水平索两种。竖向索有承重索和稳定索两种，截面均为 ϕ 18 不锈钢拉索，主要承受索桁架和玻璃幕墙自重。水平索的截面有 ϕ 18 和 ϕ 20 两种，主要抵抗水平荷载作用。为保证索桁架的平面外稳定，在钢柱上焊接了长 1 m 的连接件，如图 5.8 所示。幕墙采用 12 mm＋1.52 PVB＋12 mmLOW－E＋16A＋12 mm 中空钢化夹胶玻璃，通过 300 mm×170 mm 椭圆形定制球铰夹具固定，如图 5.9 所示。

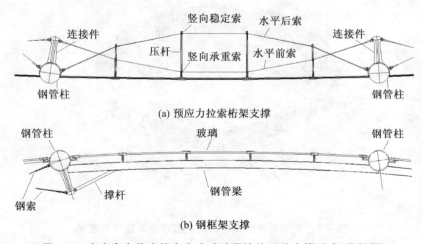

(a) 预应力拉索桁架支撑

(b) 钢框架支撑

图 5.7 南京青奥体育馆点支式玻璃幕墙的两种支撑形式(俯视图)

图 5.8　玻璃幕墙连接件　　　　　　　图 5.9　玻璃幕墙连接节点

5.3　施工过程分析

由于工程中的玻璃幕墙体量很大,在对其张拉施工前,根据设计要求,结合施工顺序对整体玻璃幕墙结构在各施工阶段的受力状态和结构形态进行了计算分析,为施工监测和质量控制提供依据。

5.3.1　预应力拉索的张拉

工程施工的重点和难点是预应力拉索的张拉和调控,为此,施工时对预应力拉索进行分批、多次张拉。具体来说,分三次张拉至拉索设计值:

① 第一次张拉至设计预应力值的 50%;

② 第二次张拉至设计预应力值的 80%;

③ 第三次张拉至设计预应力值的 100%。

玻璃幕墙各区域索张拉力设计值见表 5.1~表 5.5。

表 5.1　索张拉力表 1

拉索类型	拉索直径/mm	预拉力/kN	第一次张拉力/kN	第二次张拉力/kN	第三次张拉力/kN
水平拉索	$\phi 20$	65	32.5	52	65
水平拉索	$\phi 18$	55	27.5	44	55
竖向承重索	$\phi 18$	62.5	31.25	50	62.5
竖向稳定索	$\phi 18$	20	10	16	20

注:表中数值适用于玻璃幕墙区间为 T-MQ04,T-MQ12,T-MQ17,T-MQ19~20,T-MQ22~23,T-MQ25~31,T-MQ33,T-MQ35~41,T-MQ43~44,T-MQ46~47,T-MQ49。

表 5.2　索张拉力表 2

拉索类型	拉索直径/ mm	预拉力/ kN	第一次 张拉力/kN	第二次 张拉力/kN	第三次 张拉力/kN
竖向承重索	φ18	66	33	52.8	66
竖向稳定索	φ18	20	10	16	20

注：表中数值适用于玻璃幕墙区间为 T-MQ07,T-MQ11,T-MQ13～16。

表 5.3　索张拉力表 3

拉索类型	拉索直径/ mm	预拉力/ kN	第一次 张拉力/kN	第二次 张拉力/kN	第三次 张拉力/kN
平衡索	φ20	98	49	78.4	98
竖向承重索	φ18	66	33	52.8	66
竖向稳定索	φ18	20	10	16	20
水平拉索	φ18	55	27.5	44	55
门内交叉拉索	φ18	56	28	44.8	56

注：表中数值适用于玻璃幕墙区间为 T-MQ08～10。

表 5.4　索张拉力表 4

拉索类型	拉索直径/ mm	预拉力/ kN	第一次 张拉力/kN	第二次 张拉力/kN	第三次 张拉力/kN
竖向承重索	φ18	50	25	40	50
竖向稳定索	φ18	20	10	16	20
水平拉索	φ18	55	27.5	44	55
门内交叉拉索	φ18	60	30	48	60
门下交叉拉索	φ18	20	10	16	20

注：表中数值适用于玻璃幕墙区间为 T-MQ05 ～06,T-MQ15,T-MQ18,T-MQ21, T-MQ24,T-MQ42,T-MQ45,T-MQ48,T-MQ50～51。

表 5.5　索张拉力表 5

拉索类型	拉索直径/ mm	预拉力/ kN	第一次 张拉力/kN	第二次 张拉力/kN	第三次 张拉力/kN
门上竖向承重索	φ18	50	25	40	50
门上竖向稳定索	φ18	20	10	16	20
水平拉索	φ18	55	27.5	44	55
门内交叉拉索	φ18	60	30	48	60
门下交叉拉索	φ18	20	10	16	20
门下竖向承重索	φ18	20	10	16	20
门下竖向稳定索	φ18	20	10	16	20

注：表中数值适用于玻璃幕墙区间为 T-MQ32,T-MQ34。

5.3.2　玻璃幕墙施工过程分析

1. 分析模型

在 MIDAS 中建立玻璃幕墙的空间整体模型,为较真实地反映玻璃幕墙的受力状态,模型中建入了体育馆钢结构中的钢柱、顶部水平钢梁及门厅(见图5.10)。钢柱、钢梁及门厅桁架弦杆采用梁单元,撑杆采用杆单元,拉索采用索单元。钢柱底部为刚接,顶部为约束水平位移的铰接;竖向索底部为铰接,门厅部分的钢柱柱脚均为铰接。模型中主要杆件截面和材料见表5.6。

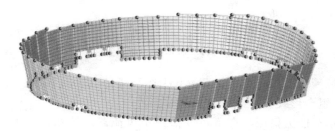

图 5.10　玻璃幕墙三跨计算模型

表 5.6　幕墙主要杆件截面和材料参数

构件类别	截面/mm	弹性模量 E/MPa	备注
钢柱	$\phi 750 \times 25$	2.06×10^5	Q345B
钢梁	$\phi 700 \times 20$	2.06×10^5	Q345B
水平连接件	$\phi 150 \times 30$	2.06×10^5	Q235B
压杆	$\phi 50$	2.06×10^5	Q235B
竖向承重索	$\phi 18$	1.35×10^5	承载力 125 kN
水平索	$\phi 18/\phi 20$	1.35×10^5	承载力 125 kN/155 kN
竖向稳定索	$\phi 18$	1.35×10^5	承载力 125 kN

在分析时,主要考虑结构自重、温度作用(考虑±30 ℃)和风荷载(根据设计单位的计算结构,地震作用组合在本工程中不起控制作用,故本次分析时只考虑风荷载最不利的工况)。

风荷载考虑了 12 个风向角,如图 5.11 a 所示。在每个风向角作用下,结构总体分为 4 个区域,如图 5.11 b 所示,每个区域内有 12 跨。A 区为迎风面,C 区为背风面,B 和 D 区为侧面。根据《玻璃幕墙工程技术规范》(JGJ 102—2013),得到每个区相应的风荷载:① 迎风面风荷载标准值 $w_k = 1.1$ kN/m²;② 背风面风荷载标准值 $w_k = 1.0$ kN/m²;③ 侧面风荷载标准值 $w_k = 1.0$ kN/m²。

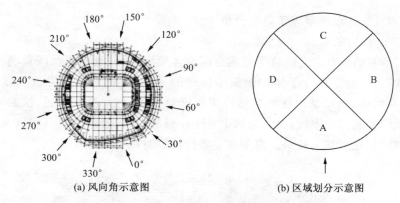

(a) 风向角示意图　　　　　　　(b) 区域划分示意图

图 5.11　风荷载加载示意图

根据《玻璃幕墙工程技术规范》(JGJ 102—2013)中 5.4 条的规定,共选取以下 4 类荷载组合形式:

1——承载能力极限状态下可变荷载中风荷载起控制作用的工况(主要用于计算索张拉力);

2——承载能力极限状态下可变荷载中温度荷载起控制作用的工况(主要用于计算索张拉力);

3——承载能力极限状态下永久荷载起控制作用的工况(主要用于计算索张拉力);

4——正常使用极限状态下可变荷载中风荷载起控制作用的工况(主要用于计算结构水平位移)。

具体的荷载组合见表 5.7。

表 5.7　荷载组合

组合名称	D	W	TU	TD
1DW	1.2	1.4		
1DWTU	1.2	1.4	0.98	
1DWTD	1.2	1.4		0.98
2DTU	1.2		1.4	
2DTD	1.2			1.4
2DTUW	1.2	0.84	1.4	
2DTDW	1.2	0.84		1.4
3D	1.35			
3DW	1.35	0.84		

续表

组合名称	D	W	TU	TD
3DWTU	1.35	0.84	0.98	
3PDWTD	1.35	0.84		0.98
4D	1.0			
4DW	1.0	1.0		
4DWTU	1.0	1.0	07	
4DWTD	1.0	1.0		0.7

注：D 代表恒荷载；W 代表风荷载，包括各方向角的风荷载；TU 代表升温；TD 代表降温。

2．分析方法与加载顺序

采用 MIDAS 进行静力非线性分析；分析时，首先施加索张拉力 P，在此基础上，施加结构自重 D，再施加风荷载 W 和温度荷载 T（非线性计算设置与加载顺序，如图 5.12 所示）。计算中不考虑玻璃的刚度。

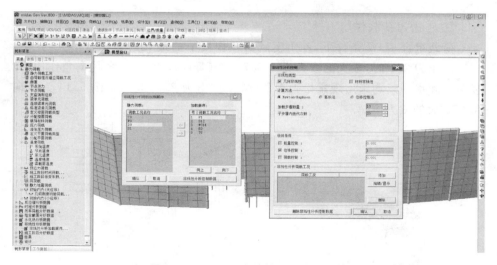

图 5.12　MIDAS 中的分析顺序和方法

3．分析结果

（1）索力的分析结果

① 只考虑玻璃自重

荷载组合 3D 条件下，索力如图 5.13 所示，最大索力为 105.08 kN（小于索的极限承载力 125 kN），满足要求。索的最小拉力为 4.01kN，位于 T-MQ33 两根承重索底部。

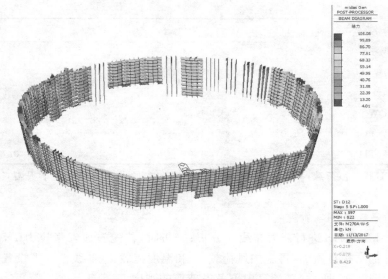

图 5.13　荷载组合 3D 时的索力图

② 考虑风荷载作用

荷载组合 1DW 条件下,各角度风荷载作用下的最大索力相差不大,其中,当风向角为 270° 时,最大的索力为 115.73 kN(竖向承重索)。各风向角作用下,竖向索和水平索均未出现索松弛现象(最小拉力为 2.92 kN)。图 5.14 为风向角 270° 时的索力图。

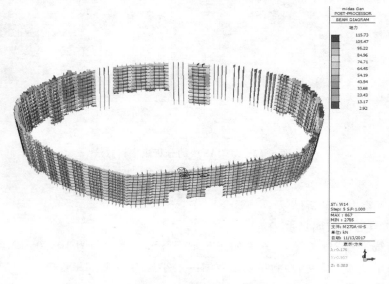

图 5.14　组合 1DW 时的索力图(风向角 270°)

③ 在考虑风荷载为主的同时考虑升温

荷载组合 1DWTU 条件下,最不利情况仍是当风向角为 330°时,最大索力为 113.54 kN(由于升温作用,图 5.15 中的索力相对于图 5.14 中的最大索力略有减小)。竖向索和水平索均未出现索松弛现象,而竖向稳定索在结构顶部的拉力最小。图 5.15 为风向角 330°时的索力图。

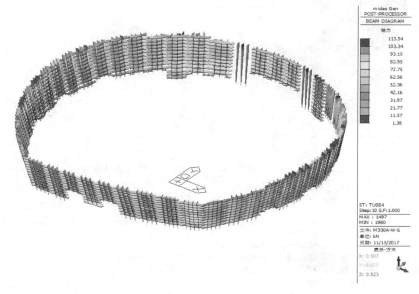

图 5.15　组合 1DWTU 时的索力图(风向角 330°)

④ 在考虑风荷载为主的同时考虑降温

荷载组合 1DWTD 条件下,各风向角对最大索力的影响不大:风向角 30°~300°时的最大索力均约为 118 kN(由于降温作用,索力比升温情况下略大)。竖向承重索和水平索均未出现索松弛现象。图 5.16 为风向角 120°时的索力图。

⑤ 考虑以升温为主同时考虑风荷载

荷载组合 2DTUW 条件下,各风向角对索力的影响不大,最不利情况是当风向角为 300°时,最大索力为 109.40 kN。各风向角作用下,竖向索和水平索均未出现索松弛现象(最小拉力为 0.49 kN)。图 5.17 为风向角 300°时的索力图。

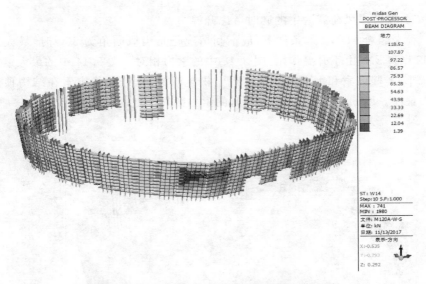

图 5.16 组合 1DTDW 时的索力图(风向角 120°)

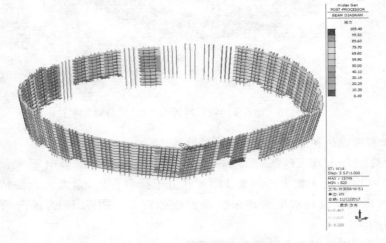

图 5.17 组合 2DTUW 时的索力图(风向角 300°)

⑥ 考虑以降温为主同时考虑风荷载

荷载组合 2DTDW 条件下,竖向承重索的最大索力约为 121 kN(对应风向角为 30°,210°~330°)。各风向角作用下,竖向索和水平索均未出现索松弛现象(最小拉力为 9.14 kN)。图 5.18 为风向角 330°时的索力图。

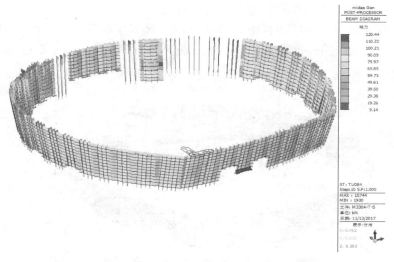

图 5.18　组合 2DTDW 时的索力图(风向角 330°)

由各工况的索力分析结果可见,在 2DTDW 作用下,索的拉力最大约为 121 kN,小于破断荷载 125 kN;同时,没有出现松弛现象。故本项目玻璃幕墙工程在施工过程中,预应力索力的设计值和张拉过程满足规范要求。

(2) 位移的分析结果

① 只考虑玻璃自重

在荷载组合 4D 条件下,结构水平位移如图 5.19 所示,最大水平位移为 28.5 mm(允许值为 $L/200 = 77$ mm)。

图 5.19　组合4D时的水平位移云图

② 考虑风荷载为主同时考虑升温作用

荷载组合 4DWTU 条件下，当风向角为 330°时，水平位移最大，为 71 mm（减去钢柱侧移后的相对位移）。图 5.20 为风向角 330°时结构水平位移。

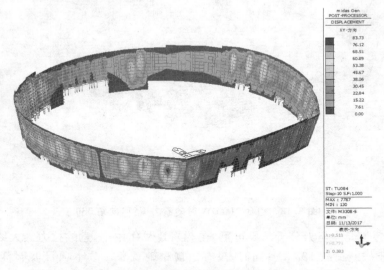

图 5.20　组合 4DWTU 时的水平位移云图(风向角 330°)

③ 考虑风荷载为主同时考虑降温作用

荷载组合 4DWTD 条件下，最不利情况是当风向角为 0°时，最大水平位移为 73 mm(减去钢柱侧移后的相对位移)。图 5.21 为风向角 0°时结构水平位移。

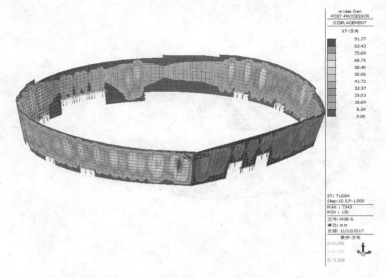

图 5.21　组合 4DWTD 时的水平位移云图(风向角 0°)

　　由各工况的位移分析结果可见,在 4DWTD 作用下,结构的水平位移最大,为 73 mm。根据《玻璃幕墙工程技术规范》(JGJ 102—2013),最大水平位移允许值为 77 mm,故玻璃幕墙工程的施工过程中,结构的位移满足规范要求。

　　通过分析结果可见,温度作用对拉索点支式玻璃幕墙中受力性能的影响较大,在施工全过程分析中应该予以充分考虑;同时,由于其外形接近圆形,故不同方向风荷载对结构受力性能的影响不大。总体来说,索力施工方案和施加顺序是比较合理的,能够保证施工的顺利实施。

5.4　拉索玻璃幕墙的施工

　　拉索点支式玻璃幕墙施工要求比传统幕墙高很多,不论是现场的测量放线还是构件的加工都要求非常准确,目前拉索点支式玻璃幕墙的施工技术还很不成熟。本章通过对南京青奥体育公园体育馆拉索点支式玻璃幕墙的施工的全程跟踪,对施工中的重难点问题进行了分析,主要有两点:① 预应力拉索的施工;② 玻璃的安装。预应力拉索的张拉过程和索力控制是施工过程中的核心内容,关系到整个结构的安全性;同时,大板块玻璃面板的安装是点支式玻璃幕墙施工过程中极易出现失误的环节,若施工方案和步骤不当,会导致玻璃破损,造成经济损失和安全隐患。

5.4.1　施工总体步骤

　　拉索点支式幕墙的施工步骤:测量放线→耳板、连接件安装→拉索安装→拉索张拉→配重检测→夹具安装→玻璃安装→电动排烟窗安装→收边铝板安装→清洗注胶→清理垃圾、准备验收。

　　本工程中拉索玻璃幕墙造型为折线成弧、类椭圆锥形状,现场施工难度较大,因此,在施工过程中应采取以下措施:

　　① 在幕墙外围搭设阶梯状脚手架,便于测量放线,以及耳板、连接件、拉索、球铰等的安装施工。

　　② 玻璃板块安装时,除利用脚手架外,还配合使用电动葫芦、电动转盘等工具,确保面板安装方便、快捷。

5.4.2　主要施工过程

1. 测量放线

根据平面轴网、立面标高及幕墙施工图纸,利用施工土建方提供的基准点,采用经纬仪进行测量放线,保证安装位置的精确。

2. 耳板、连接件安装

根据放线测量位置,将各类型耳板和连接件准确安装到位并全部满焊(按设计要求进行操作),焊缝全部打磨后做氟碳喷涂处理,如图 5.22 所示。

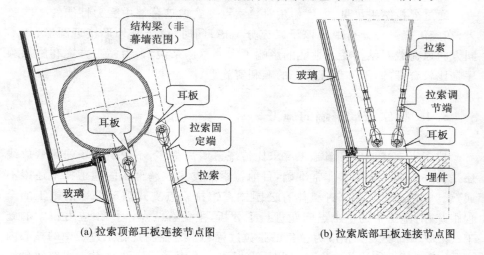

(a) 拉索顶部耳板连接节点图　　　　　(b) 拉索底部耳板连接节点图

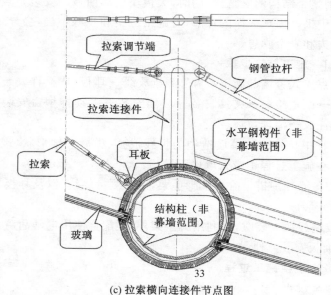

(c) 拉索横向连接件节点图

图 5.22　耳板、连接件的连接示意图

3. 拉索安装

拉索安装之前,对拉索锚具组件进行极限承载力试验。根据图纸尺寸将竖向承重索安装完毕,分三次张拉至设计拉力;再将不锈钢支撑杆、横向索按图纸编号、位置安装完毕；最后将竖向稳定索安装完毕。

4. 拉索张拉

点支式玻璃幕墙预应力拉索的施工没有统一的规范，拉索张拉方法通常根据工程实际情况而定。对本工程玻璃幕墙结构进行施工时主要考虑以下两个方面：

① 主体结构变形对拉索桁架产生的影响

玻璃幕墙的拉索体系中部分索直接连接在主体结构上（如本工程鱼腹式索结构中的承重索底部连接在混凝土主体结构上，顶部连接在钢横梁上）。预应力张拉过程中，主体钢结构会产生变形。这个变形对主体钢结构的安全影响很小，但对玻璃幕墙的拉索体系有较大的影响。因为当主体钢结构产生变形时，拉索结构也产生变形，可能导致连接玻璃面板的驳接件不在同一平面内，玻璃面板难以安装，并且易在面板在 4 个角点产生很大的应力集中，从而导致玻璃面板破碎。为在施工中解决这一问题，通常有两种方法：a. 加大主体结构自身的抗弯刚度，减小预应力索张拉过程中结构的变形，但这种方法不利于节约成本；b. 优化索内预应力，使其产生与拉索作用相反的变形，当拉索预应力施加完成后，拉索正好处于平衡位置，这种方法巧妙地将承载构件自身的变形抵消拉索作用产生的变形，有利于节约成本。本工程在施工过程中采用了第二种方法。

② 拉索间的相互影响

对于点支式玻璃幕墙结构进行预应力张拉时，拉索之间会相互影响，需要反复调试。这不仅极大地影响了施工进度，同时也不易保证施工质量。施工中，为解决这一问题通常采用分级多次张拉方法，并结合合理的张拉顺序。参见图 5.23（图中竖向粗线表示钢柱、水平粗线表示钢梁，水平细线为待张拉索），其合理的张拉过程如

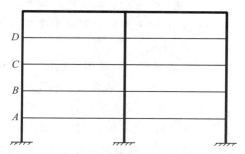

图 5.23　点支式玻璃幕墙分级张拉示意图

下：将水平索的目标预应力设计值分成若干级（分级标准是单根索每级索力造成钢柱的变形可以忽略不计）；对 A 高度处水平索进行第一级张拉（由于预应力比较小，钢柱的变形也很小，因此每跨 A 标高处的水平索都是独立的，不会因为临跨索张拉导致钢柱变形带动索力发生改变）；在此基础上，对其他高度处的预应力索依次进行第一级张拉；重复操作，直至张拉至目标预应力值。

由于规范没有明确规定张拉的间隔时间，为保证拉索拉力值的准确性和稳

定性,每次张拉的时间间隔为 24 h。张拉过程中通过弓形测力仪检测索内拉力,并与分析结果进行对比,每级张拉时间不少于 0.5 min。

为确保拉索张拉到位满足设计要求,拉索张拉采用液压张紧设备进行索力读取。每次张拉都按设计要求数值张拉,并有专人负责记录每次张拉拉力值并备案。在玻璃夹具安装与玻璃安装前对拉索进行一次复测,安装前测力仪的读数必须达到设计参数,在不满足的情况下拉索进行再次拉力值施加。

5. 夹具安装

将所有拉索的预应力按要求调节完成后,将工程所用夹具按顺序依次安装到位,压紧结构螺栓。调整好所用夹具的水平标高,分格宽度。为保证夹具的安装位置,采用经纬仪进行测量放线确保准确无误。夹具的安装应符合下列要求。

① 相邻两钢夹具水平间距和竖向距离允许偏差±1.5 mm;

② 相邻两钢夹具水平高差允许偏差 1.5 mm;

③ 钢爪件水平度允许偏差 2.0 mm;

④ 同层高度内钢夹具高低差偏差,L 小于或等于 35 m 时允许值为 5.0 mm;L 大于 35 m 时,允许值为 7.0 mm;

⑤ 相邻两钢夹具垂直间距尺寸允许偏差±2.0 mm;

⑥ 单个分格钢夹具对角线尺寸差允许偏差 4.0 mm;

⑦ 钢夹具端面平面度允许偏差 6.0 mm;

⑧ 装上钢夹具后端面对于玻璃面平行度允许偏差 1.5 mm。

6. 玻璃安装

拉索幕墙中一般采用大板块玻璃面板,自重比较大。当玻璃全部安装完成后,玻璃自重会使索结构产生一定的变形,由于玻璃板块之间的相对位移较小,因此这种变形对玻璃幕墙整体结构影响不大。然而玻璃面板是按照一定的顺序进行安装的,前一阶段安装的玻璃的自重会使索结构产生变形,造成上下层驳接件不在同一平面内,从而对后一阶段玻璃安装造成一定的困难。为解决这一问题,可采用配重法,即玻璃安装前在所有驳接件位置吊装相同质量的配重,待安装此处面板时即取下此处的配重。但这种方法过于烦琐,且浪费人力、物力,影响施工进度。本工程通过改进驳接件来解决这一问题,即使驳接件在前后左右有一定的伸缩性,这样即使拉索结构变形也可以通过调整驳接件来满足玻璃安装的要求,待玻璃全部安装结束后再对驳接件进行整体调整。

具体施工步骤如下:

① 检查玻璃,保证没有崩边、裂口、划伤等缺陷。

② 检查并校对支撑索网的垂直度、标高等安装部位。

③ 清洁玻璃及吸盘上的灰尘,根据玻璃重量确定吸盘的个数。

④ 自下而上安装玻璃,采用电动葫芦将玻璃板块临时固定在主体结构上,通过机械吸盘配置相应的专用吊装工具进行吊装;将玻璃面板的四个边角插入夹具的凹槽内,拧紧夹具上的不锈钢螺钉,使夹具的凹槽逐渐收紧,将玻璃板块夹紧;玻璃板块与爪件之间为柔性接触。

⑤ 玻璃安装好后,调整玻璃上下、左右、前后的位置,相邻玻璃偏差不应超过 1 mm。根据玻璃板块的调整顺序调整驳接式幕墙,调整时边槽处槽底与玻璃应有 1.5～2.5 mm 的空隙。

5.5 拉索点支式玻璃幕墙的力学性能

目前,对于拉索点支式玻璃幕墙的研究尚不完善,本章基于南京青奥体育馆幕墙工程,对其静力性能、基本动力特性和风荷载作用下的动力性能进行研究。

5.5.1 拉索点支式玻璃幕墙的静力性能

1. 模型的建立

南京青奥体育馆索桁架幕墙共 48 跨,体量非常大,因此只选取幕墙中连续跨度最大的两跨作为研究对象,在 ANSYS 中建立有限元模型,如图 5.24 所示。幕墙垂直高度 22 m,每跨跨度 15 m。模型中的材料参数见表 5.6。

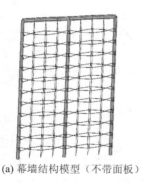

(a) 幕墙结构模型(不带面板)　　　　(b) 幕墙结构模型(带面板)

图 5.24　ANSYS 中点支式玻璃幕墙有限元模型

本工程的拉索点支式玻璃幕墙结构主要包括拉索、压杆、玻璃、钢柱、钢梁。在 ANSYS 模型中,拉索选用三维杆单元 Link10、撑杆选用三维杆单元 Link8、玻璃选用质量单元 Mass21、钢梁和钢柱选用 Beam188 单元。

Link10 是专门为模拟索单元开发的单元类型,其具有双线性刚度矩阵特征,该单元无法承受弯矩、剪力和压力,只能承受拉力。该单元受到拉力时会产生一定的刚度,相反其受到一定压力作用时,刚度自然消失。在分析时,可以通过改变实常数中的应变获得初始预应力。

Link8 单元有两个节点,每个节点都有沿 X,Y,Z 三个方向平动自由度,本章将用其模拟撑杆单元。

Mass21 同时具有 X,Y,Z 方向的移动和转动,并且每个方向可以具有不同的质量和转动惯量。本书主要研究的对象是索桁架支撑结构,所以可以考虑将玻璃等效为质量相同的集中质量。

2. 索力现场实测结果

本工程采用弓形测力仪对玻璃幕墙张拉过程中的索力进行监控。弓形测力仪利用不同预应力拉索刚度不同的原理测量索力,如图 5.25 a 所示,AB 是一根施加预应力的拉索,固定 E,G 两点,在 EG 中点施加一定的力使该段索产生挠度 D,设定 D 为定值,则 F 的大小随着预应力值的增大而增大。因此在测量前只需对索进行张拉,每张拉一次后使用弓形测力仪器测量,经过多次测量后将索预应力和 F 进行拟合,通过拟合曲线(见图 5.25 b),计算出 F 与预应力的关系式,在现场测量后只需将 F 带入拟合的关系式中即可求出索预应力的值。

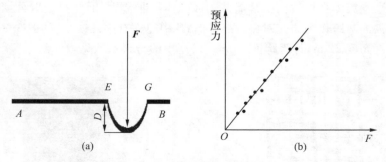

图 5.25　弓形测量仪原理示意图

为使索预应力尽可能与设计值接近,在拉索每级张拉结束后都对索力进行测量,对误差较大的索力及时进行调整。由于测量数据较多,本书仅列出其中两跨 6 根承重、12 根水平前索、12 根水平后索与 6 根稳定索索力值。表 5.8 为拉索全部张拉结束后的索力值。测量结果显示,拉索内初始预应力与设计值误差满足要求。表 5.9 为玻璃安装后的索力值,测量在无风情况下进行,不考虑风荷载作用。表 5.9 中承重索仅给出顶部索力,实际测量结果显示,承重索顶部索力最大,索力从上到下呈递减规律。

表 5.8　拉索预应力初始测量值

拉索类型	承重索/kN	稳定索/kN	水平前索/kN	水平后索/kN
第 1 跨	59.9 60.2 59.1	19.9 20.3 19.8 19.9 19.8 19.5	58.9 59.9 59.5 59.3 59.9 59.9	48.3 48.1 48.5 48.0 48.7 48.1
第 2 跨	59.8 59.9 61.4	20.3 20.1 20.5 20.3 20.3 19.9	60.3 60.5 59.7 59.9 60.0 59.9	48.6 47.6 47.5 49.1 48.1 48.1

表 5.9　拉索预应力初始测量值

拉索类型	承重索/kN	稳定索/kN	水平前索/kN	水平后索/kN
第 1 跨	108.4 106.6 107.8	19.7 19.7 20.0 19.1 19.9 21.6	59.8 59.8 60.3 61.0 59.5 60.0	48.5 47.8 48.5 48.5 48.7 47.8
第 2 跨	108.0 107.1 107.5	19.8 19.9 20.5 19.4 20.2 19.6	60.1 61.0 59.5 59.8 59.3 60.1	48.1 48.6 47.3 48.3 47.1 47.5

3. 有限元结果与实测结果的对比

对幕墙有限元模型施加 1 倍恒载进行计算,得到各种索的索力值:承重索顶部索力为 106.5～109.0 kN,从上至下索力呈递减规律;稳定索索力为 19.87～20.40 kN;水平前索索力为 57.30～61.70 kN;水平后索索力为 47.10～49.30 kN。对比实测与有限元计算所得数据,结果表明索桁架在受到玻璃自重荷载后,玻璃自重全部传递到承重索上,由此导致承重索轴力增加,而水平索与稳定索轴力基本与初始预应力相等,这种传递方式正好符合设计要求,如果自重荷载传递到水平索上很容易造成水平索在竖向发生较大变形。

承载力计算选取 5 种荷载基本组合工况:① 1.35 倍恒载;② 1.2 倍恒载＋

1.4 倍正风载；③ 1.2 倍恒载＋1.4 倍负风载；④ 1.0 倍恒载＋1.4 倍正风载；⑤ 1.0 倍恒载＋1.4 倍负风载。各工况下构件的应力值见表 5.10。

表 5.10　构件应力

构件类型	工况 1/MPa	工况 2/MPa	工况 3/MPa	工况 4/MPa	工况 5/MPa	$f_{max}/[f]$
钢柱	35.1	63.7	11.4	58.5	10.6	0.311
钢梁	32.3	56.5	29.7	54.2	29.8	0.276
连接件	25.1	13.6	24.7	12.3	24.8	0.122
横撑杆	16.4	18.6	15.3	18.9	15.2	0.092
承重索	428.51	386.71	399.54	323.2	329.7	0.723
稳定索	58.31	73.26	38.8	68.27	34.9	0.123
水平前索	175.35	120.38	231.73	118.52	228.87	0.391
水平后索	139.76	169.64	98.27	173.58	101.74	0.293

计算结果表明，各构件在不同荷载工况作用下承载力均满足要求，其中钢柱、钢梁、稳定索在工况 2 作用下应力达到最大值；连接件、承重索在工况 1 作用下应力达到最大值；横撑杆、水平后索在工况 4 作用下应力达到最大值；水平前索在工况 5 作用下应力达到最大值。计算结果还表明，水平风荷载对竖向承重索轴力大小基本没有影响，承重索轴力由幕墙自重决定；当幕墙受到正风压作用时，稳定索和水平后索共同抵抗风荷载作用，因此在一定程度上减轻了水平后索的负担；当幕墙受到负风压作用时，风荷载完全由水平前索承担；负风压作用时水平前索轴力增大的同时，稳定索轴力明显减小，为保证幕墙平面外的稳定，稳定索的初始预应力必须保证负风压作用下稳定索不松弛。

变形验算选取荷载标准组合工况：⑥ 1.0 倍恒载＋1.0 倍正风载；⑦ 1.0 倍恒载＋1.0 倍负风载。计算结果见表 5.11。图 5.26 为工况 6 下幕墙变形云图，图 5.27 为工况 7 下幕墙变形云图。

变形计算结果表明，幕墙索桁架受到负风压作用变形值比正风压要大，变形最大发生于幕墙中心位置。主体钢结构的整体刚度较好，满足设计要求。索桁架变形大小主要由初始预应力值决定，变形计算结果表明各索初始预应力满足设计要求。

表 5.11　支撑体系变形验算结果

构件类型	索桁架/mm	钢柱/mm	钢梁/mm
工况 6	33.86	13.11	2.7
工况 7	53.78	15.16	1.96
$f_{max}/[f]$	0.896/250	0.253/250	1/5555

图 5.26　工况 6 下幕墙变形云图

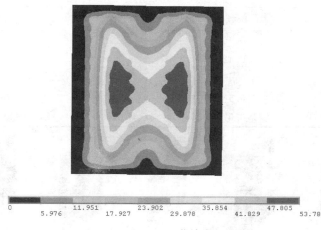

图 5.27　工况 7 下幕墙变形云图

5.5.2　拉索点支式玻璃幕墙的基本动力特性

自振特性是结构本身固有的属性,风荷载或地震荷载作用于结构上的效应与结构的自振特性关系十分密切,同时自振特性又是决定结构刚度和质量是否匹配,刚度是否满足要求的关键指标。拉索点支式玻璃幕墙对风荷载作用十分敏感,如果不能准确把握其自振特性,幕墙很容易发生共振。因此,对拉索点支式玻璃幕墙自振特性的研究十分重要。

结构振动的微分方程为

$$M\bar{U}+KU=0 \tag{5-1}$$

式中：M——质量矩阵；

K——刚度矩阵；

$\overline{U}$——位移列矩阵；

U——加速度列矩阵。

对其做边界条件处理，设结构做简谐振动，由此得到结构的广义特征值方程：

$$(K-\omega^2 M)\phi=0 \tag{5-2}$$

式中：ϕ——振型列矩阵，求解式（5-2）即可得结构频率和振型。

影响拉索点支式玻璃幕墙自振频率的参数有很多，如索的预应力、玻璃面板的质量、拉索截面等。只有明确每种参数对幕墙自振频率的影响程度，才能正确有效地调整幕墙的自振频率。本书首先对幕墙的前 10 阶自振频率及振型进行求解，然后通过改变不同参数对幕墙的自振频率进行研究。表 5.12 为幕墙模型的前 10 阶自振频率，幕墙第 1 阶至第 10 阶振型如图 5.28 所示，结构的第一阶振型为垂直于幕墙平面方向的整体振动，后面九阶振型均为局部振动。

表 5.12　幕墙前十阶自振频率

阶数	自振频率/Hz	阶数	自振频率/Hz
1	0.407 1	6	0.593 8
2	0.425 4	7	0.631 5
3	0.458 2	8	0.667 3
4	0.563 7	9	0.694 6
5	0.575 2	10	0.748 1

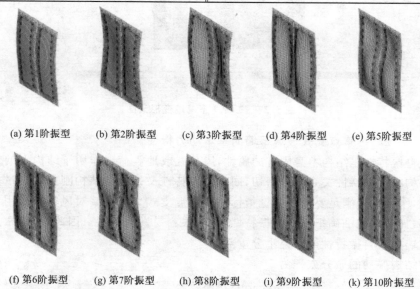

(a) 第1阶振型　(b) 第2阶振型　(c) 第3阶振型　(d) 第4阶振型　(e) 第5阶振型

(f) 第6阶振型　(g) 第7阶振型　(h) 第8阶振型　(i) 第9阶振型　(k) 第10阶振型

图 5.28　幕墙前十阶振型

　　拉索点支式玻璃幕墙自振频率的影响因素有很多,如索的预应力、玻璃面板的质量、拉索截面等,本章主要对各种参数下幕墙自振频率的影响规律进行研究。

　　1. 拉索直径的影响

　　拉索直径对索结构刚度影响较大,通常拉索直径越大,索结构的刚度也越大,但索直径过大会影响结构美观;拉索直径过小会导致索结构在风荷载作用下位移过大。因此,合理选择拉索直径是一个重要问题。

　　本书玻璃幕墙结构中拉索体系由竖向承重索、水平索和稳定索组成。以下对每种索直径对幕墙结构自振频率的影响进行分析(分析中只改变一种索的直径,其余参数保持不变)。拉索直径选取 14~22 mm(间隔 2 mm)。表 5.13~表 5.15分别是不同直径竖向承重索、水平索和稳定索情况下幕墙结构的前 10 阶自振频率。

表 5.13　不同直径竖向承重索情况下幕墙结构的自振频率　　Hz

振型	承重索直径/mm				
	14	16	18	20	22
第 1 阶	0.406 3	0.406 8	0.407 1	0.409 3	0.412 5
第 2 阶	0.423 5	0.424 2	0.425 4	0.426 3	0.427 4
第 3 阶	0.456 3	0.456 8	0.458 2	0.458 7	0.458 9
第 4 阶	0.562 9	0.563 4	0.563 7	0.564 2	0.564 4
第 5 阶	0.574 1	0.574 4	0.575 2	0.575 8	0.575 9
第 6 阶	0.592 2	0.592 6	0.593 8	0.594 7	0.595 2
第 7 阶	0.630 5	0.631 1	0.631 5	0.631 6	0.631 8
第 8 阶	0.665 8	0.666 4	0.667 3	0.667 7	0.667 9
第 9 阶	0.693 7	0.694 1	0.694 6	0.694 8	0.695 1
第 10 阶	0.747 1	0.747 5	0.748 1	0.748 6	0.748 8

表 5.14　不同直径水平索情况下幕墙结构的自振频率　　Hz

振型	水平索直径/mm				
	14	16	18	20	22
第 1 阶	0.186 4	0.300 6	0.407 1	0.847 6	1.854 9
第 2 阶	0.189 5	0.312 8	0.425 4	0.875 9	1.932 6
第 3 阶	0.225 6	0.334 5	0.458 2	0.917 4	1.954 7
第 4 阶	0.340 7	0.432 6	0.563 7	1.057 3	2.374 8
第 5 阶	0.343 8	0.454 7	0.575 2	1.274 5	2.389 1

续表

振型	水平索直径/mm				
	14	16	18	20	22
第 6 阶	0.351 8	0.463 2	0.593 8	1.432 7	2.456 3
第 7 阶	0.417 4	0.521 6	0.631 5	1.468 4	2.574 5
第 8 阶	0.418 9	0.543 8	0.667 3	1.537 1	2.678 3
第 9 阶	0.463 9	0.581 7	0.694 6	1.583 6	2.694 6
第 10 阶	0.537 5	0.647 3	0.748 1	1.675 7	2.753 8

表 5.15　不同直径稳定索情况下幕墙结构的自振频率　　　　　　　　　Hz

振型	稳定索直径/mm				
	14	16	18	20	22
第 1 阶	0.406 2	0.406 7	0.407 1	0.407 5	0.407 7
第 2 阶	0.424 7	0.425 1	0.425 4	0.425 8	0.426 9
第 3 阶	0.457 3	0.457 8	0.458 2	0.458 6	0.458 8
第 4 阶	0.562 1	0.563 2	0.563 7	0.564 5	0.564 7
第 5 阶	0.574 4	0.574 9	0.575 2	0.575 8	0.576 4
第 6 阶	0.593 2	0.593 4	0.593 8	0.594 5	0.594 8
第 7 阶	0.630 7	0.631 1	0.631 5	0.631 8	0.632 4
第 8 阶	0.666 2	0.666 8	0.667 3	0.667 7	0.667 9
第 9 阶	0.693 7	0.694 2	0.694 6	0.695 1	0.695 4
第 10 阶	0.747 3	0.747 8	0.748 1	0.748 8	0.749 3

由表 5.13～表 5.15 可知：改变承重索和稳定索直径对幕墙结构自振频率的影响较小；而改变水平索直径对幕墙结构自振频率的影响较大。因此，可通过改变水平索直径实现对幕墙结构自振频率的控制。

2. 索预应力的影响

针对所研究模型中的三种索（竖向承重索、水平索和稳定索），对不同初始预应力情况下玻璃幕墙结构的自振频率进行分析。分析时，竖向承重索的预应力取 40～80 kN，间隔 10 kN；水平前索与水平后索按同比例增长，如 30 与 24 kN、40 与 32 kN、50 与 40 kN、60 与 48 kN、70 与 56 kN；稳定索取 10～30 kN，间隔 5 kN。表 5.16～表 5.18 是不同预应力情况下幕墙结构的前 10 阶自振频率。

表 5.16　竖向承重索不同预应力幕墙自振频率　　Hz

振型	承重索预应力/kN				
	40	50	60	70	80
第 1 阶	0.404 3	0.406 5	0.407 1	0.409 4	0.413 4
第 2 阶	0.424 6	0.425 4	0.425 4	0.428 7	0.431 2
第 3 阶	0.455 1	0.456 7	0.458 2	0.460 4	0.463 4
第 4 阶	0.560 7	0.561 8	0.563 7	0.565 5	0.567 5
第 5 阶	0.572 2	0.573 9	0.575 2	0.577 4	0.579 6
第 6 阶	0.590 3	0.591 7	0.593 8	0.596 3	0.599 8
第 7 阶	0.629 4	0.630 4	0.631 5	0.633 7	0.636 5
第 8 阶	0.664 2	0.665 5	0.667 3	0.669 7	0.672 1
第 9 阶	0.692 1	0.693 6	0.694 6	0.696 5	0.698 4
第 10 阶	0.744 7	0.746 8	0.748 1	0.750 7	0.752 3

表 5.17　水平索不同预应力幕墙自振频率　　Hz

振型	水平索预应力/kN				
	30～24	40～32	50～40	60～48	70～56
第 1 阶	0.356 4	0.385 4	0.401 1	0.407 1	0.410 3
第 2 阶	0.369 2	0.389 7	0.415 3	0.425 4	0.428 7
第 3 阶	0.386 2	0.427 2	0.447 9	0.458 2	0.460 7
第 4 阶	0.498 5	0.533 7	0.554 2	0.563 7	0.568 1
第 5 阶	0.510 7	0.549 6	0.563 6	0.575 2	0.583 4
第 6 阶	0.523 9	0.563 6	0.582 8	0.593 8	0.598 1
第 7 阶	0.543 4	0.588 2	0.616 1	0.631 5	0.640 3
第 8 阶	0.569 6	0.619 1	0.648 3	0.667 3	0.676 6
第 9 阶	0.608 3	0.648 2	0.673 7	0.694 6	0.703 5
第 10 阶	0.647 4	0.693 7	0.726 5	0.748 1	0.756 1

表 5.18　稳定索不同预应力幕墙自振频率　　Hz

振型	稳定索预应力/kN				
	10	15	20	25	30
第 1 阶	0.403 2	0.404 2	0.407 1	0.409 6	0.411 7
第 2 阶	0.421 7	0.423 1	0.425 4	0.428 5	0.429 8
第 3 阶	0.456 5	0.457 1	0.458 2	0.458 9	0.460 3
第 4 阶	0.562 5	0.563 4	0.563 7	0.564 4	0.566 2

续表

振型	稳定索预应力/kN				
	10	15	20	25	30
第 5 阶	0.571 2	0.573 1	0.575 2	0.577 6	0.578 9
第 6 阶	0.589 3	0.591 2	0.593 8	0.595 3	0.597 1
第 7 阶	0.626 5	0.628 7	0.631 5	0.634 2	0.635 3
第 8 阶	0.662 1	0.664 5	0.667 3	0.669 7	0.671 7
第 9 阶	0.689 6	0.691 4	0.694 6	0.696 7	0.698 8
第 10 阶	0.746 3	0.747 8	0.748 1	0.749 7	0.751 6

由表 5.16～表 5.18 可知，改变承重索与稳定索的初始预拉力对幕墙结构的自振频率影响很小；改变水平索初始预拉力对结构自振频率的影响较大，但变化幅度不大（以第 1 阶自振频率为例，水平索预应力从 30～24 kN 增大至 70～56 kN，第 1 阶自振频率增大 0.053 6 Hz）。

3. 玻璃面板厚度的影响

幕墙结构中玻璃面板的厚度越大，刚度也就越大；同时，玻璃幕墙中的自重主要来自玻璃，所以玻璃厚度的改变可能对整个幕墙的自振频率有一定的影响。对不同玻璃厚度的情况进行研究，取玻璃厚度 30～38 mm，每次间隔 2 mm，得到不同厚度玻璃面板厚度情况下幕墙前十阶自振频率，见表 5.19。

表 5.19 不同厚度玻璃面板幕墙自振频率   Hz

振型	玻璃厚度/mm				
	30	32	34	36	38
第 1 阶	0.205 1	0.301 4	0.382 1	0.407 1	0.411 6
第 2 阶	0.219 4	0.321 7	0.401 1	0.425 4	0.438 3
第 3 阶	0.269 7	0.351 9	0.434 6	0.458 2	0.462 7
第 4 阶	0.358 3	0.459 3	0.541 8	0.563 7	0.576 4
第 5 阶	0.370 7	0.471 4	0.553 6	0.575 2	0.586 3
第 6 阶	0.388 6	0.490 3	0.572 9	0.593 8	0.606 1
第 7 阶	0.422 1	0.524 5	0.618 7	0.631 5	0.644 7
第 8 阶	0.460 8	0.562 1	0.644 2	0.667 3	0.680 8
第 9 阶	0.489 3	0.590 3	0.662 1	0.694 6	0.718 1
第 10 阶	0.541 7	0.643 6	0.726 3	0.748 1	0.772 4

分析结果表明：其他参数不变，增大玻璃面板厚度，幕墙自振频率显著增大，即增大厚度对刚度的影响不明显。

5.5.3　风荷载作用下拉索点支式玻璃幕墙的动力性能

国内外大量统计数据显示,拉索玻璃幕墙被破环的主要原因是风荷载和地震荷载的作用,不同地区地震荷载发生的概率和强度是不同的,但风荷载却是随时随地都有的,所以研究拉索玻璃幕墙的动风荷载作用效应是非常重要的。

在对玻璃幕墙进行设计时,通常将风看作静力荷载,而实际风荷载是动力荷载。拉索玻璃幕墙结构对动态风荷载比较敏感,本章主要对风荷载作用下拉索玻璃幕墙结构的动力性能进行研究。

1. 风荷载

风荷载可以看作由相当于静荷载的平均风和相当于动荷载的脉动风组成。

平均风的周期一般在 10 min 以上,其周期远大于结构的自振周期,因此平均风不会引起结构共振。随着高度的不同,风速也不相同,离地越高,风速越大,在距离地面 300～500 m 时,风速基本不受地面摩擦力的影响,此时风速趋近于一个常数,该高度称为梯度风速高度,风速称为梯度风速。此外,风速的大小与周围环境密切相关,它随地区的地面粗糙程度和地貌发生改变。工程上常用的风速剖面模型有对数律理论模型和指数律经验模型两种。

(1) 对数律理论模型

在高度 100 m 以下,风速沿高度变化符合对数理论,即

$$\frac{\bar{v}(z)}{\bar{v}_{10}} = \frac{\lg z - \lg z_0}{1 - \lg z_0} \tag{5-3}$$

式中：z——任一点的高度;

　　　$v(z)$——高度 z 处的风速;

　　　$\bar{v}_{10}$——10 m 高处的平均风速。

(2) 指数律经验模型

根据实测结果分析,Davenport 提出摩擦层平均风速随高度变化规律可以用指数函数来表示：

$$\frac{\bar{v}(z)}{\bar{v}_{10}} = \left(\frac{z}{10}\right)^{\alpha} \tag{5-4}$$

式中：α——地面粗糙度系数。

近地面 100 m 以下对数规律更符合实测资料,但两者差别不是很大,又因指数规律便于计算,因此国内外更倾向于用指数规律来描述近地风的变化规律。

脉动风的周期只有几秒钟,属于风的短周期部分。脉动风的振动周期与建筑结构的振动周期非常接近,容易引起结构共振,因此将脉动风看作一种动力作用。脉动风速谱描述紊流风的谱特性,是频域内的随机响应分析,因此风速普的研究是必须的。功率谱密度函数是脉动风的重要统计特征,它反映了某一

频率域内脉动风的能量大小。风速谱的表达式主要分为以下两类：

（1）谱密度不随高度变化（如 Davenport 脉动风速谱）

Davenport 根据世界各地不同高度测得的强风记录，认为水平脉动风速谱中，紊流尺度沿高度是不变的，计算公式为

$$S_v{}'(f) = 4k \ \bar{v}_{10}^2 \frac{x^2}{f(1+x^2)^{\frac{4}{3}}} \tag{5-5}$$

$$X = \frac{1\,200f}{\bar{v}_{10}} \tag{5-6}$$

式中：f——振动频率；

$\quad k$——地面粗糙程度系数；

$\quad \bar{v}_{10}$——离地 10 m 高处的平均风速。

（2）谱密度随高度增加而减小（如 Harris 脉动风速谱）

Harris 风速谱的计算公式为

$$S_v{}'(f) = 4k \ \bar{v}_{10}^2 \frac{x}{f(2+x^2)^{\frac{6}{5}}} \tag{5-7}$$

$$X = \frac{1\,800f}{\bar{v}_{10}} \tag{5-8}$$

2. 风荷载的模拟方法

随着计算机技术的快速发展和数值分析方法的深入研究，风荷载的数值模拟方法取得了很大的进步。目前，风荷载的数值模拟方法主要有 4 种：线性滤波法、谐波叠加法、逆 Fourier 变换法、小波分析法。

（1）线性滤波法

线性滤波法，又称白噪声滤波法，其基本思想：将随机过程抽象为满足一定条件的白噪声，经某一假定系统进行适当变换而拟合出该过程的时域模型。白噪声法中的自回归模型计算量小、速度快，广泛用于随机振动和时间序列分析中。

（2）谐波叠加法

以离散谱逼近目标随机过程的模型是谐波叠加法的基本思想，这是一种离散化数值模拟。随机信号可以通过离散傅立叶分析变换，分解为一系列具有不同频率和幅值的正弦波或其他谐波。谱密度就等于由带宽划分的这些谐波幅值的平方。

（3）逆 Fourier 变换法

D. Cebon 提出基于 PSD 离散的逆 Fourier 变换法（IFFT）可以运用到脉动风的随机过程模拟中。IFFT 是通过时间序列估计功率谱密度的周期图法。

（4）小波分析法

风速时程是频域宽与变化激烈的时变信号,具有良好的时域局部化特征和自动调节的弹性时频窗的小波变换分析,可以在风速时程的描述上较全面地了解风速的时域特性。小波分析在时域和频域中有良好的局部化特征,它能够聚焦到风速时程的任意细节并加以分析,快速准确地提取样本的局部谱密度特征,并且可用局部能量密度函数表示风频率随时间的变化。

目前,风荷载数值模拟方法主要为线性滤波法和谐波叠加法。线性滤波法计算量小、速度快,但算法烦琐,精度差。谐波叠加法算法简单且直观,适用于任意指定谱特征的平稳高斯随机过程。因此,本章采用谐波叠加法模拟拉索玻璃幕墙上的时程风荷载。下面简要介绍谐波叠加法模拟风荷载的基本原理。

考虑一组 m 个 n 维随机过程 $x_j(t)(j=1,2,\cdots,m)$,$x_j(t)$ 可用下式模拟:

$$x_j(t) = \sum_{k=1}^{j} \sum_{l=1}^{M} \left| H_{jk}(\omega_l)\sqrt{2\Delta\omega} \right| \cos[2\pi\omega_i t + \theta_{jk}(\omega_l) + \boldsymbol{\phi}_{kl}]$$
$$j = 1,2,\cdots,m \tag{5-9}$$

式中,$\Delta\omega=(\omega_u-\omega_k)/N$;$\omega_l=\omega_k+(l-1/2)\Delta t(l=1,2,\cdots,N)$;$\omega_u$ 和 ω_k 是截取的频率上限和下限;$\boldsymbol{\phi}_{kl}$ 是 0 和 2π 范围内的同一随机变数;N 是正整数。元素 $H_{jk}(\omega)$ 是通过互功率谱密度函数矩阵 $S(\omega)$ 的 Cholesky 分解得到的。由于风速相关函数是非对称的,即非奇函数又非偶函数,所以互功率谱密度函数矩阵一般是复数形式:

$$S_{ij}(\omega) = |S_{ij}(\omega)| e^{i\varphi(\omega)} = \sqrt{S_{ii}(\omega)S_{jj}(\omega)} \sqrt{Coh(\omega)} e^{i\varphi(\omega)} \tag{5-10}$$

式中,$Coh(\omega)$ 是相干函数,$\varphi(\omega)$ 是互谱的相位角,在风荷载模拟中,按式(5-11)取值,$\varphi(\omega)$ 的值与 $\omega^* = \dfrac{\omega\Delta z}{2\pi V(z)}$ 有关:

$$\varphi(\omega)\begin{cases} \dfrac{1}{8}\dfrac{\omega\Delta z}{\overline{V}(z)} & \omega^* \leqslant 0.1 \\[2mm] -5\dfrac{\omega\Delta z}{\overline{V}(z)}+1.25 & 0.1<\omega^* \leqslant 0.125 \\[2mm] [-\pi,\pi]\text{之间的随机数} & \omega^* > 0.125 \end{cases} \tag{5-11}$$

即 $S'(\omega)=\boldsymbol{H}(\omega)\boldsymbol{H}^{*\mathrm{T}}(\omega)$,$\boldsymbol{H}^{*\mathrm{T}}(\omega)$ 为下三角矩阵 $\boldsymbol{H}(\omega)$ 的转置复共轭矩阵。

$\theta_{jk}(\omega_i) = \arctan[\mathrm{Im}H_{jk}(\omega_i)/\mathrm{Re}H_{jk}(\omega_i)]$ 是两个不同点之间的相位角。$\omega_l'=\omega_l+\delta\omega_l$,式中 $\delta\omega_l$ 是为了避免风速时程周期化引入随机频率,但这样却大大降低了效率,因此不使用。知道脉动风的功率谱密度函数,便可得到满足 PSD 要求的时程样本。为避免模拟结构失真,N 取值应足够大,以避免周期性存在,时间增量应该足够小,应该满足 $\Delta t \leqslant 2\pi/(2\omega_u)$,否则高频部分会被过滤掉。

当模拟点大于 200 时，按照常规法计算风速时程效率很低，采用 FFT 算法会大大提高效率。运用 FFT 技术，取 $M \leqslant \dfrac{2\pi}{\Delta\omega\Delta t}$ 为整数，则将式(5-9)改写为

$$x_{j(p\Delta t)} = \sqrt{2\Delta\omega}\,\mathrm{Re}\left\{G_j(p\Delta t)\exp\left[\mathrm{i}\left(\frac{p\pi}{M}\right)\right]\right\} \tag{5-12}$$

其中，$p = 0,1,2\cdots,M-1$；$j = 1,2,\cdots,m$。

$G_j(p\Delta t)$ 通过式(5-13)给出，可用 FFT 计算：

$$G_j(p\Delta t) = \sum_{l=0}^{M-1} B_j(l\Delta\omega)\exp\left(\frac{\mathrm{i}lp\pi}{M}\right) \tag{5-13}$$

式中，$B_j(l\Delta\omega) = \begin{cases} \displaystyle\sum_{k=1}^{l} H_{jk}(l\Delta\omega)\exp(\mathrm{i}\varphi_{kl}) & 0 \leqslant l < N \\ 0 & N \leqslant l < M \end{cases}$

由式(5-12)可以看出，计算量被大大简化了。

3. 风荷载的模拟

采用 MATLAB 软件，基于谐波叠加法，对本工程中的脉动风荷载进行模拟。工程所在 10 m 高度处的基本风速 $\bar{v} = 26.81$ m/s，地面粗糙系数 $K = 0.015$，时程点数 $N = 1\,024$，时间间隔 $\Delta t = 0.2$ s，模拟 400 s 的风荷载时程曲线，如图 5.29 所示。

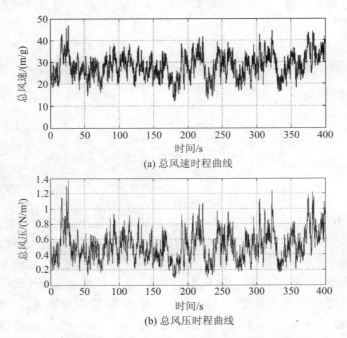

(a) 总风速时程曲线

(b) 总风压时程曲线

图 5.29　距离地面 10 m 高度处的总风速和总风压时程曲线

4. 风荷载作用下的动力时程分析

基于图 5.29 中的脉动风荷载时程曲线,采用 ANSYS 对图 5.24 中的有限元模型进行动力时程分析。得到的分析结果和静力分析结果的对比见表 5.19 和图 5.30～5.31 所示。

表 5.19　静力和动力风荷载作用下玻璃幕墙结构的位移和应力比较

力类型	承重索应力/ MPa	水平前索应力/ MPa	水平后索应力/ MPa	稳定索应力/ MPa	幕墙位移/ mm
静力	329.7	231.73	169.64	73.26	53.78
动力	331.16	240.2	178.91	79.91	58.41

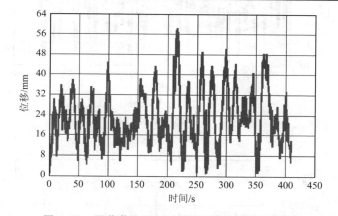

图 5.30　风荷载作用下玻璃幕墙的位移时程曲线

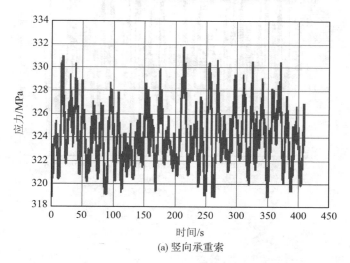

(a) 竖向承重索

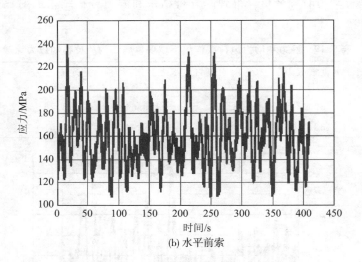

(b) 水平前索

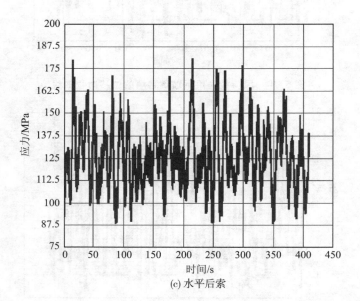

(c) 水平后索

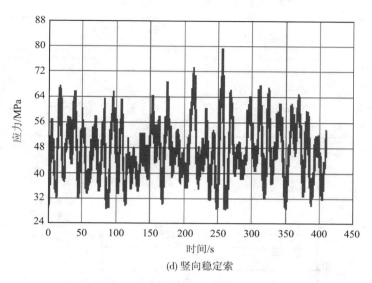

(d) 竖向稳定索

图 5.31　风荷载作用下玻璃幕墙的应力时程曲线

由此可见,拉索点支式玻璃幕墙结构在动态风荷载的作用下,承载能力有一定的降低;但对于本工程中的幕墙结构,其影响不大,仍满足规范的设计要求。

5. 各参数对拉索点支式玻璃幕墙结构抗风性能的影响

通过以上计算分析可知,幕墙在风荷载时程作用下其承载能力有一定的降低。为提高此类幕墙的承载性能,对幕墙的一些参数进行研究,揭示其影响规律,以期找到有效的提高结构抗风性能的方法。

(1) 承重索直径的影响

点支鱼腹式拉索玻璃幕墙设置承重索的目的是承担玻璃面板自重。承重索自身有一定的预应力,加上玻璃面板自重后,承重索自身的应力较大,且风荷载作用有可能进一步增大承重索的应力。将承重索直径从 14 mm 增大至 22 mm,间隔 2 mm,研究不同直径承重索对幕墙承载性能的影响。表 5.20 和表 5.21 分别为承重索直径不同的幕墙在风荷载作用下每一种索的最大应力和幕墙的最大位移,图 5.32 和图 5.33 分别是承重索直径不同的幕墙在风荷载作用下每一种索最大应力的变化趋势和幕墙最大位移的变化趋势。

表 5.20　不同直径承重索拉索最大应力　　　　　　　　MPa

拉索类型	承重索直径/mm				
	14	16	18	20	22
承重索	546.41	418.66	331.16	268.5	222.15
水平前索	241.47	240.65	240.2	239.84	239.58
水平后索	179.43	179.25	178.91	178.73	178.54
稳定索	80.79	80.11	79.91	79.71	79.53

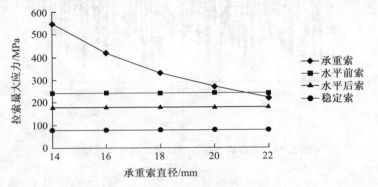

图 5.32　不同直径承重索拉索最大应力

表 5.21　不同直径承重索幕墙最大位移　　　　　　　　mm

承重索直径	14	16	18	20	22
幕墙最大位移	63.72	63.71	63.7	63.69	63.69

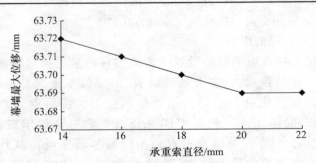

图 5.33　不同直径承重索幕墙最大位移

　　由上述图表可见,增大承重索的直径,承重索中的最大应力减小得非常明显:承重索直径每增加 2 mm,承重索的最大应力都会减小 20%以上,承重索直径从 14 mm 增大至 22 mm,承重索最大应力减少 59.34%,水平前索最大应力减少 0.78%,水平后索最大应力减少 0.50%,稳定索最大应力减少1.56%;增大承重索直径幕墙的最大位移基本保持不变,承重索直径从14 mm增大至22 mm,幕墙最大位移减少0.04%。承重索基本上只受到了幕墙自重的作用,而动风荷载则没有传递至承重索上,如果有部分风荷载传递至承重索上,则承重索必将产生较大挠度来抵抗风荷载的作用。虽然增加承重索直径对降低其他拉索应力和减小幕墙的位移作用不明显,但其可以有效地降低承重索自身的最大应力,尤其对一些大跨度的拉索幕墙来说其本身的自重非常大。如果承重索直径选取太小,承重索应力会非常大,即使承重索最大应力没有超过允许值,承重索始终保持如此大的应力会大大缩减拉索的使用寿命。

（2）水平索直径的影响

将水平索直径从14 mm增大至22 mm,间隔2 mm依次增加,表5.22和表5.23分别为不同直径水平索幕墙在风荷载作用下拉索的最大应力和幕墙的最大位移,图5.34和图5.35分别为拉索最大应力和幕墙最大位移的趋势。

表5.22　不同直径水平索拉索最大应力　　　　　　　　MPa

拉索类型	水平索直径/mm				
	14	16	18	20	22
承重索	334.66	333.28	331.16	328.73	324.84
水平前索	410.92	311.66	240.2	191.92	154.66
水平后索	301.19	228.47	178.91	141.84	114
稳定索	83.97	82.29	79.91	75.83	71.87

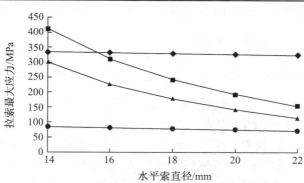

图5.34　不同直径水平索拉索最大应力

表5.23　不同直径水平索幕墙最大位移　　　　　　　　mm

水平索直径	14	16	18	20	22
幕墙最大位移	75.63	67.74	63.7	59.98	56.99

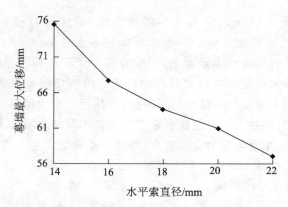

图 5.35 不同直径水平索幕墙最大位移

通过上述图表可知,水平索直径从 14 mm 增大至 22 mm,承重索最大应力减小2.93%,水平前索最大应力减少62.36%,水平后索最大应力减少62.15%,稳定索最大应力减少 14.4%,幕墙最大位移减少 24.65%。由此可见,拉索点支式幕墙在风荷载作用下增大水平索直径可以迅速地降低水平索自身的应力,对承重索应力基本没有影响,减小稳定索应力的效果比较明显,但减小幅度比水平索减小幅度小很多;增大水平索直径可以大幅度地减小幕墙的位移。

水平索设置成鱼腹式,其作用是抵抗水平方向的风荷载的作用,在风荷载作用下水平索势必在水平方向上产生一定的位移,水平索的位移大小则由水平索的刚度决定,而水平索的刚度则是伴随荷载作用不断变化的,如果水平索的刚度增加速率较快,则水平索的位移小;反之,位移大。根据材料力学公式 $\frac{\Delta l}{l} = \frac{1}{E} \cdot \frac{F_N}{A}$ 可知,若拉索伸长量一定,则 $\frac{\Delta l}{l}$ 为定值,弹性模量 E 固定不变,则拉索面积 A 越大,索力 F_N 越大;即使拉索产生相同位移时,拉索面积越大施加的力也越大。同理,在水平索中,当索桁架产生的位移一定时,索的截面积越大,索中的拉力也就越大,即拉索的截面积越大,索桁架的刚度增大速率也就越快,所以在相同的风荷载作用下,水平索截面积越大,幕墙的位移越小。索结构中承重索、水平索和稳定索虽然作用各不相同,但它们是一个整体结构,水平索位移的大小决定着另外两种索的位移,所以当水平索截面增大时,承重索和稳定索的应力均会有一定的减小。

(3)稳定索直径的影响

拉索点支式玻璃幕墙是一种空间桁架结构,结构中所有荷载都是通过水平方向上的压杆传递的:玻璃面板通过压杆传递至承重索上;风荷载作用至玻璃面板上,以节点集中力的形式传递至压杆上,通过压杆传递至拉索上。压杆属于轴心受压杆件,但实际结构中压杆无法达到完全轴心受压的状态,因此设置稳定索保证压杆平面外的稳定。将稳定索直径从 14 mm 增大至 22 mm,间隔 2 mm,研究稳定索直径对幕墙在风荷载承载性能的影响,表 5.24 和表 5.25 为不同直径稳定索幕墙在风荷载作用拉索最大应力,图 5.36 和图 5.37 为不同直径稳定索幕墙最大位移。

表 5.24　不同直径稳定索拉索最大应力　　　　　　　　MPa

拉索类型	稳定索直径/mm				
	14	16	18	20	22
承重索	332.75	331.85	331.16	330.95	329.85
水平前索	243.29	240.26	240.2	240.08	240
水平后索	182.1	179.04	178.91	178.83	178.75
稳定索	137.57	103	79.91	63.78	51.93

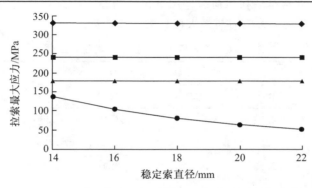

图 5.36　不同直径稳定索拉索最大应力

表 5.25　不同直径稳定索幕墙最大位移　　　　　　　　mm

稳定索直径	14	16	18	20	22
幕墙最大位移	63.71	63.7	63.7	63.69	63.68

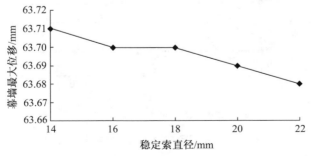

图 5.37　不同直径稳定索幕墙最大位移

由图 5.36 和 5.37 和表 5.24 和表 5.25 可知,稳定索直径从 14 mm 增大至 22 mm,幕墙在风荷载作用下承重索最大应力减小 0.87%,水平前索最大应力减少 1.35%,水平后索最大应力减少 1.83%,稳定索最大应力减少 62.25%,幕墙最大位移基本不变。由此可见,在风荷载作用下,增大稳定索直径可以迅速降低结构中杆件的应力;随着稳定索直径的增大,承重索与水平索应力减小,但减小幅度非常小;随着稳定索直径的增大,幕墙位移基本没有变化。

(4)承重索预应力的影响

恒荷载作用下承重索的内力是承重索预应力与竖向一列玻璃自重之和,两种力相加造成承重索自身应力较大,因此承重索预应力对承重索的承载性能影响较大。本书改变承重索预应力计算分析承重索预应力对幕墙承载性能的影响,预应力取值从 40 kN 增加到 80 kN,间隔 10 kN。表 5.26 和表 5.27 分别是不同预应力承重索幕墙在风荷载作用下拉索的最大应力和幕墙的最大位移,图 5.38 和图 5.39 是最大应力与最大位移的变化趋势。

表 5.26　不同预应力承重索拉索最大应力　　　　　　　MPa

拉索类型	承重索预应力/kN				
	40	50	60	70	80
承重索	272.86	302.06	331.16	360.2	389.4
水平前索	243.37	241.3	240.2	239.29	238.46
水平后索	182.15	180.38	178.91	177.78	176.89
稳定索	83.46	81.44	79.91	78.83	77.95

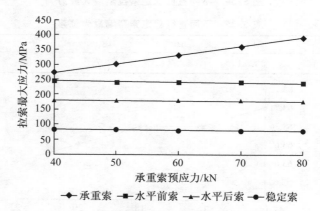

图 5.38　不同预应力承重索拉索最大应力

表 5.27 不同预应力承重索幕墙最大位移

承重索预应力/kN	40	50	60	70	80
幕墙最大位移/mm	63.73	63.72	63.70	63.68	63.67

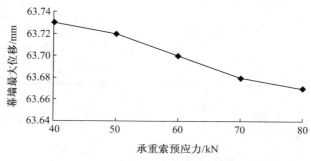

图 5.39 不同预应力承重索幕墙最大位移

由上述图表可知,承重索预应力从 40 kN 增加至 80 kN,幕墙在风荷载作用下,承重索最大应力增大 42.71%,水平前索最大应力减小 2.01%,水平后索最大应力减小 2.89%,稳定索最大应力减小 6.6%,幕墙最大位移基本不变。由此可见,风荷载作用下,增大承重索预应力会迅速增大承重索自身的应力,承重索应力过大对承重索自身是不利的,易造成承重索疲劳损坏,降低承重索的使用寿命,因此实际工程中增加承重索预应力应慎重。增加承重索预应力,水平索与稳定索应力减小,对水平索和稳定索是有利的影响,但增加幅度较小,承重索预应力从 40 kN 增加到 80 kN,稳定索最大应力减小幅度最大,为 5.51 MPa,相比较而言更应考虑承重索预应力增大对承重索带来的不利影响。

（5）水平索预应力的影响

水平索的作用是抵抗风荷载作用,水平索抵抗风荷载作用的初始刚度是由水平索初始预应力决定的,因此水平索预应力的大小有可能对幕墙的承载性能有较大影响。本书将点支鱼腹式拉索玻璃幕墙水平前后索预应力由 30～24 kN 增大至 70～56 kN,计算分析水平索预应力对幕墙承载性能的影响。表 5.28 和表 5.29 分别为点支鱼腹式拉索玻璃幕墙在风荷载作用下不同水平索预应力拉索最大应力和幕墙最大位移。图 5.40 和图 5.41 分别是最大应力和最大位移的变化趋势。

表 5.28   不同预应力水平索拉索最大应力 MPa

拉索类型	水平索预应力/kN				
	30~24	40~32	50~40	60~48	70~56
承重索	338.89	335.67	333.4	331.16	330.05
水平前索	164.41	188.07	213.68	240.2	271.5
水平后索	107.05	127.06	152.73	178.91	200.3
稳定索	86.39	83.78	81.53	79.9	78.27

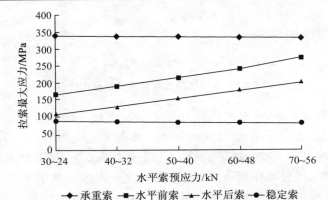

图 5.40   不同预应力水平索拉索最大应力

表 5.29   不同预应力水平索幕墙最大位移

水平索预应力/kN	30~24	40~32	50~40	60~48	70~56
幕墙最大位移/mm	77.15	72.3	66.76	63.7	61.58

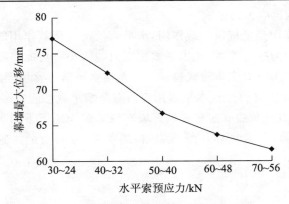

图 5.41   不同预应力水平索幕墙最大位移

由上述图表可知,水平索预应力从 30～24 kN 增大至 70-56 kN,承重索最大应力减小 2.60%,水平前索最大应力增加 42.28%,水平后索最大应力增大 87.10%,稳定索最大应力减小 9.4%,幕墙最大位移减小 20.18%。由此可见,在风荷载作用下,水平索预应力增大,承重索应力减小,但幅度较小;水平索自身应力迅速增大;稳定索应力有较明显的降低;幕墙位移减小,并且减小幅度比较大。水平索预应力增大,降低了幕墙的位移,承重索与稳定索变形减小,应力有一定程度的减小,这对索是有利的影响,但水平索预应力的增大更为显著,因此实际工程应用中应优先考虑水平索应力增大对水平索造成的不利影响。水平索初始预应力对幕墙在风荷载作用下位移有较大影响,预应力力越大,位移越小,从计算数据可以看出,随着预应力不断增大,幕墙位移下降幅度也在减小,水平预应力从 30～24 kN 增大到 40～32 kN 时幕墙最大位移下降 5.85 mm,预应力从 60～48 kN 增大至 70～56 kN 时幕墙最大位移减少 2.12 mm,幕墙最大位移减小幅度下降较明显,说明拉索结构的变形是几何非线性的,当水平索预应力已经很大的时候,再增加预应力时,对减小幕墙位移是没有作用的。因此,为减小拉索点支式玻璃幕墙的位移,单独增大抗风索的预应力的效果不大且会增大抗风索的负担。

(6) 稳定索预应力的影响

索结构中稳定索不是主要受力构件,其作用是保证压杆不失稳,压杆一旦失稳,整个幕墙必将产生非常大的变形。本节将稳定索预应力从 15 kN 增大至 30 kN,研究不同预应力稳定索对幕墙在风荷载作用下承载性能的影响。表 5.30 和表 5.31 分别为不同预应力稳定索幕墙在风荷载作用下拉索最大应力和幕墙最大位移,图 5.42 和图 5.43 分别为拉索最大应力和幕墙最大位移变化趋势。

表 5.30　不同预应力稳定索拉索最大应力　　　　　　　　MPa

拉索类型	稳定索预应力/kN				
	10	15	20	25	30
承重索	329.47	330.69	331.16	328.49	331.59
水平前索	233.67	237.30	240.20	241.72	243.00
水平后索	183.39	181.10	178.91	177.00	175.48
稳定索	56.43	68.25	79.91	96.44	111.62

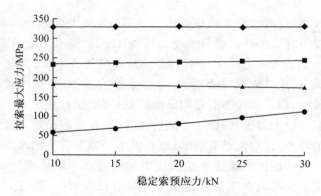

图 5.42　不同预应力稳定索拉索最大应力

表 5.31　不同预应力稳定索幕墙最大位移　　　　　　　　　　　　　mm

稳定索预应力/kN	10	15	20	25	30
幕墙最大位移/mm	63.69	63.69	63.70	63.71	63.71

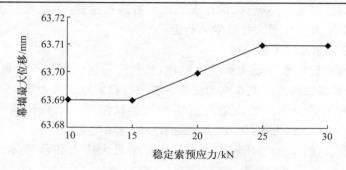

图 5.43　不同预应力稳定索幕墙最大位移

　　由上述图表可知,稳定索预应力从 10 kN 增大至30 kN,承重索最大应力增大 0.64%,水平前索最大应力增大 4%,水平后索最大应力减小 4.31%,稳定索最大应力增大 97.8%,幕墙最大位移基本不变。由此可见,拉索点支式玻璃幕墙在风荷载作用下,增大稳定索预应力,承重索应力增大,增大幅度非常小;水平前索应力增大,增大幅度较小;水平后索应力减小,减小幅度较小;稳定索自身应力迅速增大,增大幅度非常明显;稳定索预应力增大,幕墙位移增大,但增大幅度非常小(可以忽略)。由此可见,稳定索应力增大对承重索与水平索及幕墙位移基本没有影响,但会造成自身应力迅速增大,因此实际工程应用中稳定索预应力可以取较小值,保证在任何荷载工况下,稳定索不发生松弛即可。

　　(7) 玻璃面板的影响

　　将玻璃厚度从 30 mm 增大至 38 mm,研究玻璃面板厚度不同的幕墙在风荷载作用下的承载性能,表 5.32 和表 5.33 分别为不同厚度玻璃面板幕墙在风荷载作用下拉索最大应力和幕墙最大位移,图 5.44 和图 5.45 分别为拉索最大应力与幕墙最大位移变化趋势。

表 5.32　不同玻璃厚度拉索最大应力　　　　　　　　　　　MPa

拉索类型	玻璃厚度/mm				
	30	32	34	36	38
承重索	305.20	314.51	323.07	328.49	340.26
水平前索	247.12	243.98	241.57	240.20	238.54
水平后索	185.39	182.51	180.15	178.91	177.67
稳定索	83.16	81.53	80.61	79.91	78.97

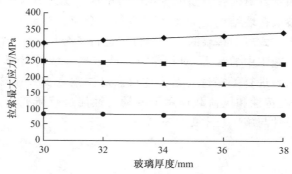

图 5.44　不同玻璃厚度拉索最大应力

表 5.33　不同厚度玻璃幕墙最大位移　　　　　　　　　　　mm

玻璃厚度	30	32	34	36	38
幕墙最大位移	68.65	66.66	65.07	63.7	62.53

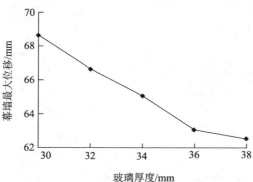

图 5.45　不同玻璃厚度幕墙最大位移

由上述图表可知,玻璃厚度从 30 mm 增大至 38 mm,承重索最大应力增大 11.49%,增大幅度比较明显,增大值与增大的玻璃自重一致;水平前索最大应力减小 3.5%,水平后索最大应力减小 4.16%,稳定索最大应力减小 5%,幕墙最大位移减小 8.7%。由此可见,增大玻璃面板厚度减小了幕墙在风荷载作用下产生的位移,因此在一定程度上降低了水平索与稳定索应力;承重索应力增大是由玻璃厚度增大、幕墙自重增大导致的。玻璃面板虽然不是幕墙中的支撑结构,但增大玻璃厚度可以在一定程度上降低幕墙在风荷载作用下的位移。

5.6　小结

本章基于南京青奥体育公园中体育馆的拉索点支式玻璃幕墙工程的施工,对拉索点支式玻璃幕墙结构的施工工艺进行了介绍。对南京青奥体育公园中体育馆的拉索点支式玻璃幕墙的施工全过程进行了分析;根据结构在施工各阶段的受力状态和施工中的难点,对拉索点支式玻璃幕墙的索网张拉、玻璃安装及索力监测等内容进行了探讨并给出建议。对拉索点支式玻璃幕墙结构的静力性能、基本动力特性和风荷载作用下的动力性能进行研究,为拉索点支式玻璃幕墙结构的设计与施工技术提供参考。

第6章 大跨空间钢结构工程的 BIM 技术应用

6.1 南京青奥工程 BIM 技术的应用需求分析

南京青奥体育公园项目建设规模庞大、投资额巨大、工期紧、结构形态复杂、参与建设单位众多,是一个典型的大型复杂工程。由于本项目包含体育场馆、景观桥、长江之舟等多个单项工程,工程领域跨度大,客观增加了对施工单位的专业技术能力及管理水平的要求。同时,本项目采用 IBR＋委托项目管理"交钥匙"的组织运作建设模式,若项目按时完工,投资方将尽早获得收益,收回成本,反之将增加资金的投入,这从侧面说明了进度管理的重要性。另外,项目建设期间受到亚运会、青奥会两个里程碑节点事件的影响,中途不得不官方性停工,施工的连续性被中断,复工后不得不对人工、材料、机械等资源进行重新调配,进度控制的难度骤然上升。鉴于项目的复杂性特点,制约其进度管理顺利实施的主要困难如下:

(1)工程质量要求高,进度计划的编制难度大

本项目中体育馆的目标是争创鲁班奖工程,长江之舟至少达到省优级以上标准,因而施工过程中需要投入更多的资源和精力对工程项目的质量进行控制,避免因为质量问题引起工程返工,造成进度损失。由于项目的内容、结构、技术等方面的复杂性,在编制项目进度计划时,难以顾及所有的工作,往往出现较多的漏项,很容易导致施工过程中的编外工作给进度计划的实施带来影响。对采用新技术的某些工作活动,由于缺少相关经验,不能够精确估计活动的持续时间,影响到后续工作的开工时间及进度计划的合理准确性,给施工过程中的资源合理配置带来挑战。

(2)技术要求程度高,重点施工工序多

项目从基础开挖到竣工的整个施工阶段,涉及的技术内容十分丰富,且对各项技术的要求严格。项目中涉及的技术包括反循环钻孔灌注桩技术、基坑支护防水防渗技术、定型模板技术、钢结构吊装技术、组合支吊架技术、预

应力技术、幕墙施工技术等,施工方对各项技术的掌握程度直接关系到相关施工活动能否正常进行。除此之外,项目的系统复杂性使得整个过程施工工序复杂,重点施工工序多,多个分部分项工程都需要编制专项施工方案并进行专家会审。这些重点施工活动多数情况下都处于关键线路上,决定了项目能否按期完成。

(3) 数据信息量巨大,组织协调困难

施工活动是一个将设计信息物化的过程。南京青奥体育公园项目本身就具有信息复杂性特点,其信息的来源广泛,既包含结构化的图纸信息,又包含非结构化的文档信息。整个施工过程,围绕项目的相关信息数据和资料所生成的信息量非常巨大,如施工组织设计信息、进度、质量、成本、安全等信息;同时该过程的高密度的活动涉及甲方、监理方、总包方、分包方、供货方、政府监管部门等众多参与方,组织结构系统尤其复杂,沟通协调工作非常多。若采用传统的分散式的信息传递方式,则很容易在各参与方之间产生信息的偏差,进而造成进度控制失调。

鉴于该项目的复杂性特点及重大的社会意义,为了确保项目在超高的系统复杂性、管理复杂性和保证质量的前提下顺利完成,有必要采用一种集成性高、先进的技术管理方式和方法。

BIM 是一个集信息、技术、管理等于一体的系统化平台,具有在组织、技术、管理等方面确保大型复杂工程进度管理工作有效进行的明显优势。在组织方面,基于 BIM 的扁平化组织结构更加系统化、富有弹性、目的明确、精简高效,能够有效地适应复杂的项目环境变化;在技术方面,通过 BIM 参数可视化、虚拟现实的表现手法,能够清楚地掌握项目实施过程中各工作环节之间的关系,重点加强对关键施工活动的技术支撑,提高了交界面及过程的控制与协调能力;在管理方面,基于 BIM 平台,大大减少了信息传递损失、不对称传递的问题发生,使各参与方的沟通交流更为顺畅,提高了工作效率。因此,该项目应用 BIM 技术实施进度管理是必要且可行的。

6.2 南京青奥工程 BIM 技术的应用展示

南京青奥体育公园项目在项目实施过程中引入 BIM 技术。BIM 模型可真实化表达项目对象信息,直观展示整个项目的具体情况,帮助更详细地理解设计信息和施工方案内容,减少施工过程因信息传递不一致而带来的相关问题的发生,促进施工进度的加快和项目决策的尽早执行。

实现 BIM 的一系列应用,发挥 BIM 应用价值,必须从基础的 BIM 建模工作做起。针对青奥项目特点及 BIM 技术功能,分别从 BIM 软件平台选择、BIM 建模流程、设备颜色显示定义等方面进行控制。建立起以 Autodesk 为主的 BIM 软件平台,辅以 Tekla 进行钢结构建模。具体流程如图 6.1 所示。

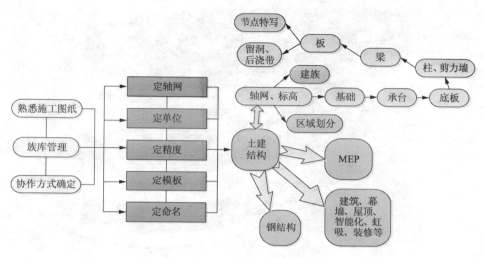

图 6.1　BIM 总体建模流程

为了强调 MEP 设备外观显示效果,根据设备系统、工作集的划分,统一对设备颜色进行定义。表 6.1 给出了不同风管的颜色显示定义。

表 6.1　风管颜色显示定义

系统名称	工作集名称	颜色(RGB 值)
送风	送风	深粉色(247/150/070)
排烟	排烟	绿色(146/208/080)
新风	新风	深紫色(096/073/123)
采暖	采暖	灰色(127/127/127)
回风	回风	深棕色(099/037/035)
排风	排风	深橘红色(255/063/000)
除尘管	除尘管	黑色(013/013/013)

根据以上条件及其他要求,完成了对体育场馆土建、钢结构、MEP 及长江之舟相关 BIM 建模,如图 6.2～图 6.5 所示。

图 6.2　体育场馆总体 BIM 模型图

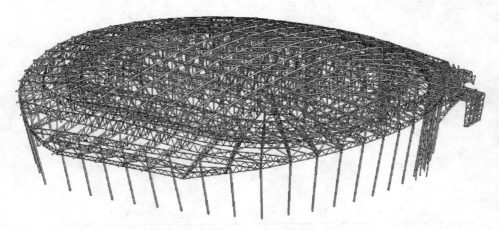

6.3　体育馆钢结构 BIM 模型

图 6.4　长江之舟土建 BIM 模型

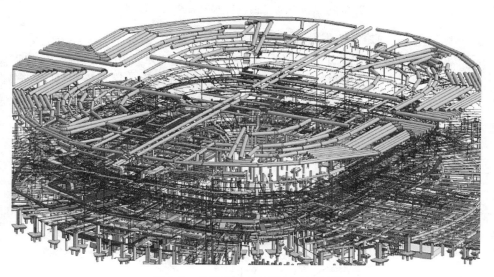

图 6.5　体育馆整体 MEP BIM 模型

6.2.1　组织协作优化

考虑到青奥项目多方面的复杂性事实及严格的工期要求,为了达到项目施工有效控制的目的,在主要参建各方相互信任的基础上,施工方决定从集成化管理角度出发,基于 BIM 平台信息共享,优化传统组织结构,建立青奥体育公园项目 BIM 总体协作流程(见图 6.6),从组织协调角度保证项目施工管理过程的有效实施。

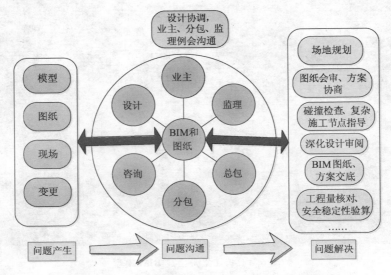

图 6.6　青奥体育公园项目 BIM 总体协作流程

6.2.2　专项施工方案管理

在青奥项目中通过引入 BIM 技术构建 BIM 专项施工方案管理平台,建立并重视专项方案信息整合提取、信息传递及方案实施过程的管理要点(见图 6.7

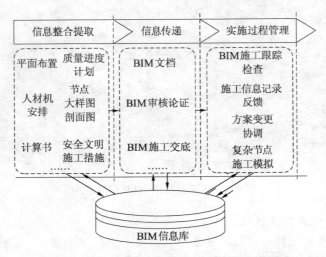

图 6.7　基于 BIM 的专项施工方案管理实施要点

所示),系统性地对整个方案进行优化,能够大大提高专项施工活动的工作效率,节省专项施工活动所需工期,对整个项目的进度、质量、成本、安全等目标的控制具有非常积极的作用。

南京青奥体育公园体育场馆项目中,存在很多关键节点上的专项施工活动,举例来说,其中通过 BIM 技术的实施,很好地指导了体育场异形柱及体育场馆的钢结构吊装专项施工方案的管理。

1. 体育场异形柱专项施工方案管理

体育场共有 8 根钢筋混凝土异形柱,分为 A,B 柱两类,均为异形截面,柱体下窄上宽,靠场外一侧有一道自底向上的 250 mm×250 mm 的矩形槽,柱顶标高分别为 24.6 m 和 22.82 m(见图 6.8),对称分布于体育场南北两侧(见图 6.9),在结构上起着支撑南北区钢结构屋盖桁架的作用。考虑到该异形柱截面复杂、体量大、钢筋绑扎支模困难、结构受力的关键其危险性大,因此必须编制专项施工方案来规范指导施工。

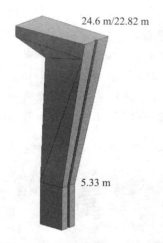

图 6.8　体育场异形柱 BIM 模型

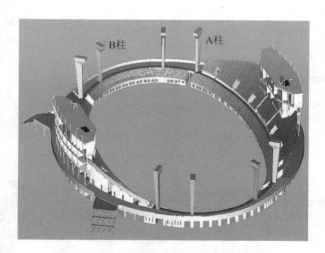

图 6.9　体育场异形柱分布

首先,通过 Revit 及 3ds Max 完成对异形柱的结构建模,包括脚手架及顶部柱帽钢筋模型(见图 6.10)。接着将异形柱帽及脚手架 BIM 模型导入 SAP2000进行结构分析,验算得出脚手架整体安全稳定性满足要求。同时,透过 BIM 模型实施方案安全技术交底,可使作业人员清楚地了解整个方案的信息,并提前清楚地认识到异形截柱的施工难点所在。

其次,对整个方案的进度计划进行安排。异形柱的施工进度直接关系钢结构的初始吊装时间,影响整个项目的工期。考虑工期紧的现实要求,结合时间维度,通过 BIM 对多个施工方案进行模拟论证。

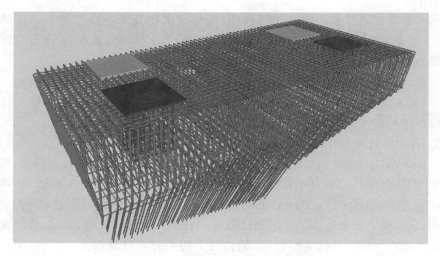

图 6.10 异形柱帽钢筋 BIM 模型

最后,异形柱在施工过程中,安排专人对现场施工活动进行跟踪检查。将采集到的钢筋绑扎、模板定位难等信息反馈至 BIM 平台,商讨解决办法。当施工至柱帽处时,由于截面变化、高空作业及钢筋密度大的原因,现场钢筋绑扎就位非常困难,甚至无法施工。在此情况下,项目部组织经验丰富的技术人员在BIM 平台上进行多次模拟,确定了钢筋绑扎方案、埋件吊放的先后次序及焊接通道的预留,并制作钢筋虚拟施工动画(见图 6.11),以视频文件形式传阅至各

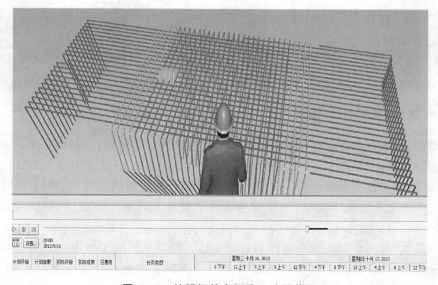

图 6.11 柱帽钢筋虚拟施工动画截图

个施工班组做进一步交流。这样既实现了方案的动态优化,又保证了施工活动的持续进行,有力地确保异形柱专项施工活动按期完工。

2. 体育馆钢结构吊装方案优化

本工程体育馆钢结构吊装施工具有以下特点:

① 钢结构工程结构复杂,构件数量非常多,场地需求面积大,吊装作业面广。

② 整个安装工期短,钢结构吊装工期非常紧迫。在体育馆总进度计划(见图 6.12),钢结构的吊装活动完全处于关键线路上,用于钢结构吊装的时间只有 135 个工作日(未扣除春节假期)。

③ 体育馆屋面桁架悬挑长度长,桁架重量重,所需吊装设备作业半径较大,桁架安装高度达 41 m,安装难度大。所有屋面桁架下方都有 1～3 层混凝土看台结构,分布面积较大,对吊机的选择提出了要求。此外,必须布置临时支撑来实施钢结构的安装,支撑必须搭设在周围混凝土看台上,与混凝土施工交叉作业,因此施工协调要求高。

根据该项目以上钢结构的结构特点和受力性能分析得知,吊装方案的组织是该项目实施过程中难度最大,也是最为关键的一个环节,方案的优劣直接关系到工程工期、成本、质量和安全。因此,选择可操作性强、经济可靠、快速适用的吊装方案及合适的吊装机械,确定合理的吊装顺序尤为重要。本工程体育馆钢结构吊装方案的确定步骤如下:

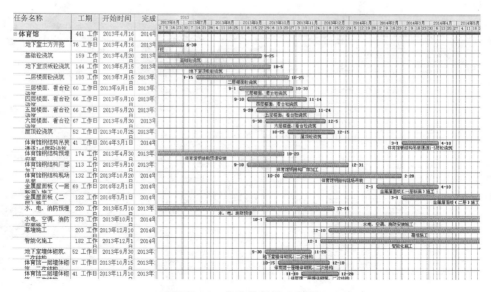

图 6.12　体育馆总进度计划

① 钢结构施工方通过 BIM 平台,建立钢结构 BIM 模型,如图 6.13 所示;

② 合理规划相关场地、吊装机械、临时支撑胎架等,如图 6.14 所示,并通过吊装动画对多个吊装方案进行模拟;

③ 专家审核论证,确定最优吊装方案,并组织施工。

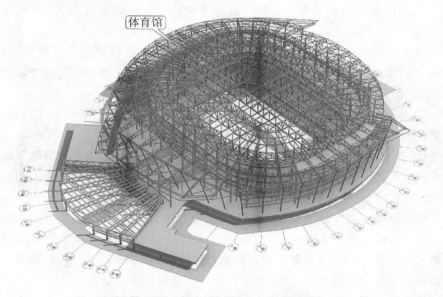

图 6.13　体育馆钢结构 **BIM** 效果图

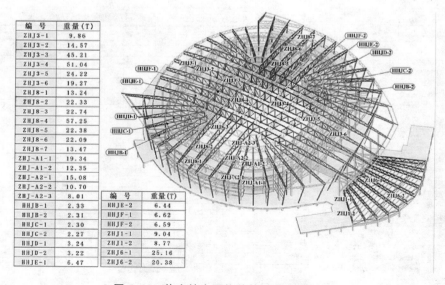

编　号	重量(T)	编　号	重量(T)
ZHJ3-1	9.86		
ZHJ3-2	14.57		
ZHJ3-3	45.21		
ZHJ3-4	51.04		
ZHJ3-5	24.22		
ZHJ3-6	19.27		
ZHJ8-1	13.24		
ZHJ8-2	22.33		
ZHJ8-3	22.74		
ZHJ8-4	57.25		
ZHJ8-5	22.38		
ZHJ8-6	22.09		
ZHJ8-7	13.47		
ZHJ-A1-1	19.34		
ZHJ-A1-2	12.35		
ZHJ-A2-1	15.08		
ZHJ-A2-2	10.70		
ZHJ-A2-3	8.01	编　号	重量(T)
HHJB-1	2.33	HHJE-2	6.44
HHJB-2	2.31	HHJF-1	6.62
HHJC-1	2.30	HHJF-2	6.59
HHJC-2	2.27	ZHJ1-1	9.04
HHJD-1	3.24	ZHJ1-2	8.77
HHJD-2	3.22	ZHJ6-1	25.16
HHJE-1	6.47	ZHJ6-2	20.38

图 6.14　体育馆主要构件的吊装分段划分

6.2.3　深化设计管理

南京青奥体育公园项目中,钢结构深化设计是工程实施的重点内容。由于钢结构主要构件跨度较大,节点复杂且数量众多,大部分为焊接节点,在深化设计时必须考虑制作、现场拼装及安装工艺,保证最终产品质量。如何准确定位构件空间尺寸、位置;如何更好适应工厂化的加工制作、满足现场的安装;如何精确地完成坐标、尺寸测量,快速高效地进行详图的设计和出图等都对深化设计提出了严格的要求;此外,深化设计必须顾及构件节点的实际制作、安装工序工艺方案的可行性。因此,深化设计直接关系到钢结构的施工能否顺利进行。

为此,钢结构施工方通过 Tekla Structures 等钢结构 BIM 软件,建立结构整体模型,确保节点模型的正确,保证节点的理论精度;并对节点进行有限元计算,确保节点受力合理,保证结构安全;将所有次结构连接节点在结构整体模型上反映出来,保证现场不在主结构构件上出现影响结构安全的焊接作业;同时,对结构和节点进行优化处理,保证节点满足加工制作要求且便于安装。最后,在整合后的 BIM 模型上进一步进行深化设计优化,通过深化设计交底,开始深化设计的钢结构吊装施工活动。

此外,在已有的土建及钢结构 BIM 模型基础上进行虹吸排水、幕墙等深化设计,有助于直观检视深化设计内容的准确完整性,加快深化设计进度,提高施工质量和效率。

6.2.4　施工安全管理

BIM 技术在施工阶段安全管理过程,主要是通过三维模型和 4D 施工模拟来识别和标示各种坠落、碰撞安全风险,并以此来进行一线施工作业人员、技术人员和管理人员之间安全管理计划的沟通。在 3D 和 4D 可视化技术的支持下,对施工场地和施工活动进行有效的安全管理。

下面主要是分析如何利用 BIM 技术进行施工场地规划,结合虚拟施工技术分析塔吊安全管理和高空作业的防坠落保护。

1. 施工场地规划

南京青奥项目施工工艺复杂、立体交叉作业较多,要想在有限的施工场地和空间内保证施工过程的安全,需要合理布局和规划。模拟施工现场环境需要结合施工方案和施工计划,规划内容有施工现场主体工程位置、交通路线图、材料堆放和加工棚位置、施工机械停放和行进路线图等。在建立的施工现场三维模型中,结合实际施工需求,合理规划施工现场环境,以保证施工过程中施工机械运行、材料运输和工人作业的安全。大型复杂的项目在施工过程中往往需要使用大量的施工机械和车辆,如果不能合理规划,很容易导致安全事故。而塔吊作为建筑工程施工必不可少的施工机械,极易导致碰撞和起吊安全事故。因此在规划施工场地期间,必须合理规划塔吊位置,要同时满足施工安全和功能需要。

图 6.15 为简易的施工现场环境模拟示意图。在模拟的施工现场环境中,体现了建筑材料堆积区域、建筑主体及为满足施工需要的两台塔吊,塔吊的位置可以根据模拟塔吊运行轨迹来确定,以避免塔吊之间作用区域冲突和碰撞。在建立的三维模型中,施工现场环境一目了然,便于项目管理人员对施工现场环境信息的全面掌握。合理规划施工场地,可以避免因施工过程中的机械冲突、机械给作业工人带来的碰撞伤害、机械材料停放位置不合理导致基坑边坡荷载过大从而发生塌方等安全事故。结合施工模拟和实际工程施工进度情况,可以随时对施工现场环境进行动态的规划,合理规划不同时期车辆、机械的行进路线和作业人员的活动范围,可以有效地减少施工过程中的起重伤害、物体打击、塌方等安全隐患。如果施工过程中存在重大安全隐患,还可以进行安全区域分级,将其反馈在场地模型中。列出危险区域的危险源,然后控制危险源在此区域的出现,同时还可以通过可视化的模型和现场作业人员进行安全管理工作的交流沟通,协同保障施工安全。

图 6.15　施工场地模拟示意图

2. 施工过程模拟

青奥项目实际施工过程中,受施工空间的限制,立体交叉作业较多,施工方案复杂。利用 BIM 虚拟施工技术,对施工过程进行模拟,来检验施工方案、设计缺陷和进度计划等。利用 Revit 软件建立的三维模型"rvt"文件,通过文件导出器保存为"nw"文件,利用 Navisworks 的 TimeLiner 功能,结合编制的施工组织计划和进度计划对施工过程进行模拟,检测施工过程中机械之间、机械和结构之间的碰撞,机械工作空间和工人施工操作空间的冲突。

图 6.15 为施工过程模拟过程图(用来简单示意虚拟施工过程,模拟结果和数据不能作为实际工程施工依据),在模型中可以清楚看到施工过程中塔吊的运行轨迹,结合测量工具得出施工时机械之间、机械和结构之间的距离,以及施工人员的作业空间是否满足安全需求。根据施工模拟的结果,对存在碰撞冲突隐患的施工方案进行调整,然后再进行施工模拟,如此反复优化施工方案直至满足安全施工要求。3D 施工模型和 4D 施工模拟提供的可视化的现场模拟效果让管理者在计算机前就可以掌握项目的全部信息,便于工程管理人员在优化施工方案和分析施工过程中可能出现的不安因素,以及可视化的信息交流沟通。

3. 塔吊施工安全管理

青奥项目施工场地往往需要多台塔吊同时运行,塔吊的安装位置和作用区域规划非常复杂,一旦出现差错,修正方案的实施也会非常麻烦,进而导致施工现场塔吊的安全管理存在很大的难度,成本、进度和安全目标都会受到很大的影响。塔吊的布置不仅要满足施工需要,还要考虑安全问题。塔吊安全管理主要是明确施工过程中各阶段的塔吊的运行轨迹和回转半径,确保塔吊在运行过程中塔吊之间、塔吊和建筑结构之间的距离满足安全需要,避免碰撞事故的发生。通过对塔吊活动范围进行模拟,确定塔吊的回转半径和影响区域及摆动臂在某个施工段可能到达的范围。结合施工进度和塔吊爬升高度实时进行碰撞检测,根据检测结果,在实际施工之前就已经明确塔吊的活动范围。管理人员根据结果制订下一阶段的塔吊安全管理计划,并及时和施工现场作业人员进行沟通,降低了由于施工人员不能及时得到塔吊的运行信息而带来的安全风险。

图 6.16 为两台塔吊在工作时,吊臂施工运行模拟图。通过对塔吊的运行 4D 模拟,合理规划塔吊的工作区域:一是满足施工要求;二是避免两台塔吊之间出现作用和安全区域的冲突。利用 4D 虚拟施工和碰撞检测技术对塔吊运行轨迹进行模拟,找出两台塔吊之间的冲突和碰撞范围,通过合理规划塔吊的高度和吊臂运行轨迹来提高塔吊的工作效率,避免塔吊之间的安全冲突导致安全事故。

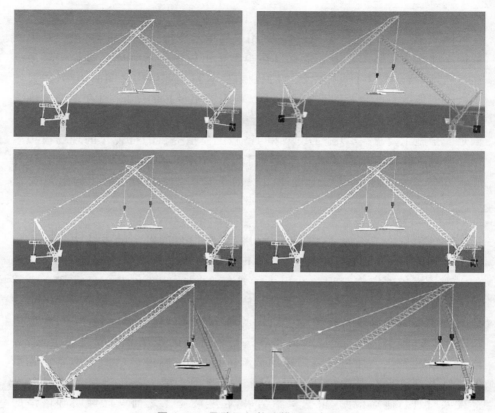

图 6.16　吊臂运行轨迹模拟示意图

4. 临边、洞口防坠落保护

青奥项目建设高度达到几十米，甚至几百米，这就导致很多工人需要在高空进行施工作业。由于施工过程中，建筑物可能会存在很多预留洞口和结构临边，高空作业很容易导致坠落伤害和物体打击等安全事故，高空坠落事故在2012 年和 2013 年都是建筑工程事故发生频率最高的。因此，利用 BIM 技术为高空作业提供防坠落保护措施，避免坠落伤亡事故，很大程度上降低项目的安全风险。

施工过程中容易发生坠落事故的部位主要是洞口和临边，如门窗洞口、电梯井、未安装栏杆的楼梯、结构临边等。如果能够在施工过程中把所有存在安全隐患的洞口和临边都及时建立如图 6.17 所示的防护栏杆，那么就可以有效地避免坠落伤亡和物体打击等安全事故。

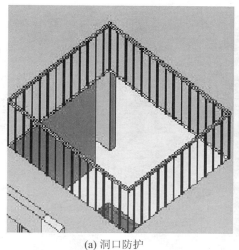
(a) 洞口防护

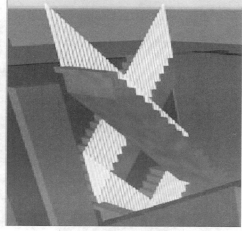
(b) 临边防护

图 6.17　洞口、临边保护示意图

青奥项目防坠落管理的难点主要是很难发现所有需要防护的临边、洞口。传统的管理方法主要是依据二维图纸和施工现场环境巡视监督管理来查找需要防护的"四口"——楼梯口、电梯口、出入口、预留洞口,"五临边"——未装栏杆阳台周边、无外架防护屋面周边、框架工程楼层周边、楼梯斜道两侧边、卸料平台外侧边。青奥项目建设工作量大,效率低,很难发现工程所有的坠落安全隐患,应及时制定相应的安全防护措施。

6.2.5　工程投标

工程项目的中标离不开精心策划的投标标书,施工单位为了取得业主和评标专家的认可,提高中标率,除了要给出有利的报价外,还要重视标书的表现效果。随着信息技术的高速发展,BIM 技术已经在工程建设的各个阶段得到广泛应用。施工单位为了提高标书的表现力,已将 BIM 技术运用到投标标书的编制中。BIM 技术在投标中的应用主要有以下几方面。

1. 提高标书的表现效果

BIM 技术的首要功能是可视化,通过渲染出的精美模型图片,标书中可以表现出工程各个阶段的外观形状,以及施工现场的道路、材料堆场、办公区、生活区等临设的布置情况。图 6.18 为某工程现场平面布置 BIM 展示。

图 6.18　某工程现场平面布置 BIM 展示

传统的投标中只有 2D 技术,业主只能看到平面图,很难想象项目各个阶段及完成之后的外观。BIM 技术的应用弥补了这方面的缺陷,添加材质和灯光后渲染出的模型更加逼真。将施工过程及设施等通过 3D 形式表现出来,标书的表现效果得到提高。

2. 工程量精确计算和资源配置优化

BIM 是一个面向对象的信息平台,模型中的每个构件都有其特定的信息和数字化表示,利用这些信息,计算机可以识别每个构件,使用者根据自己的意图可以对构件进行统计和计算,建筑构件和临时设施等模型都可以进行统计。以柱的计算为例,计算机可以根据使用者的自定义要求对柱进行分类统计,知道柱的类型、标高及总数,就可以对柱的工程量进行精确计算。以此类推,墙、梁、板等所有构件的工程量都能计算出来,由此反算出所需的劳动力、机械设备、周转材料等资源配置信息,对施工成本和工期进行有效的控制。图 6.19 所示为某工程部分柱 BIM 技术工程量统计表。

如果投标期紧,施工单位只要选取一部分施工流水段进行建模,不仅节约时间,而且对工程量计算和资源配置统计都没有太大影响。BIM 模型中的每个构件都包含其本身的信息,不需要找施工图纸计算得来,迅速方便。模型中的构件都来源于施工设计图纸,不易遗漏,出现变更时方便更改,工程量也不需要重新计算。

<结构柱明细表>

A	B	C	D	E
族与类型	底部标高	顶部标高	长度	体积
混凝土-矩形柱: 小船五层柱-600*600	5F-20.95	6F-24.85	3900	1.35 m³
混凝土-矩形柱: 小船五层柱-600*600	5F-20.95	6F-24.85	3900	1.35 m³
混凝土-矩形柱: 小船五层柱-600*600	5F-20.95	6F-24.85	3900	1.35 m³
混凝土-矩形柱: 小船五层柱-600*600	5F-20.95	6F-24.85	3900	1.33 m³
混凝土-矩形柱: 小船五层柱-600*600	5F-20.95	6F-24.85	3900	1.23 m³
混凝土-矩形柱: 小船五层柱-700*600	5F-20.95	6F-24.85	3900	1.06 m³
混凝土-矩形柱: 小船五层柱-700*600	5F-20.95	6F-24.85	3900	1.14 m³
混凝土-矩形柱: 小船五层柱-700*600	5F-20.95	6F-24.85	3900	1.07 m³
混凝土-矩形柱: 小船五层柱-700*600	5F-20.95	6F-24.85	3900	1.58 m³
混凝土-矩形柱: 小船五层柱-700*600	5F-20.95	6F-24.85	3900	1.58 m³
混凝土-矩形柱: 小船五层柱-700*600	5F-20.95	6F-24.85	3900	1.46 m³
混凝土-矩形柱: 小船五层柱-700*600	5F-20.95	6F-24.85	3900	1.06 m³

图 6.19　某工程部分柱 BIM 技术工程量统计

3. 进行虚拟施工

虚拟施工是 BIM 技术的一项强大功能,技术人员根据拟定的现场情况在计算机中虚构一个施工环境,建立各种临时设施模型。将所有构件与时间相结合,根据时间安排对构件进行虚拟装配,再根据实际施工情况对虚拟施工方案进行修改,选择最佳施工方案进行实际施工。将虚拟技术与具体施工过程相结合,多次重复虚拟,从而选择最佳方案,让业主看到工程的模拟建设过程,避免不必要的返工,以节约成本和缩短工期。用丰富的施工经验和先进的虚拟施工技术相结合,可以节约成本和缩短工期,增强施工管理水平,减少安全隐患,提高施工方案决策水平。企业竞争力得到提升,中标率大大提高。图 6.20 为某工程 BIM 技术虚拟施工。

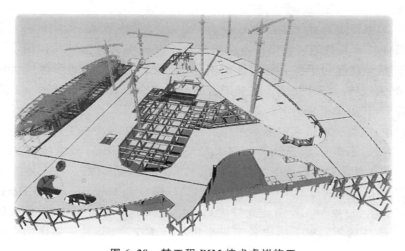

图 6.20　某工程 BIM 技术虚拟施工

4. 优化文明施工方案

文明施工方案也是投标中要表现的,除工程质量外,安全、绿色、环保是要抓的重点。投标过程中利用 BIM 技术,可以很好地展现出施工单位拟在工程中采取的文明施工措施。例如,施工区域的划分、施工现场围墙、标志牌、临时设施布置、现场卫生管理措施、现场安全措施等。企业的良好形象得到展现,也给业主以深刻的印象。图 6.21 为某工程生活区垃圾桶示意图。

图 6.21　某工程生活区垃圾桶示意

6.2.6　技术交底

BIM 在施工交底中的作用主要体现在其可视化,可以直观地显现出模型外观,凸显出模型的特点及关键之处,让施工班组进一步掌握建筑物的体量,从而大大减少返工的现象。具体体现在以下 5 个方面。

1. 二维图纸的可视化应用

BIM 技术具备的可视化特点在施工技术交底中具有指导性作用。现有的 CAD 图纸虽然配套了平立剖的详细信息,但对于一些复杂的形体或者新兴的物体(如流线体),即使是施工经验丰富的班组也会没有把握。这就会存在探索性的施工,其后果带来的各种返工损失不计其数。BIM 作为二维向三维过渡的有效途径,更直观地给人们展示了建筑物的外形。让各个施工班组在施工前做到心里有数,手里有度,从而施工起来大大避免了未用 BIM 技术的错误之处。

南京青奥体育场馆地下室模型如图 6.22 所示,图 6.22 a 是二维 CAD 图,图 6.23 b 是与之对应的 BIM 模型。将 CAD 链接到 Revit 中,利用 Revit 的建模功能创建 3D 模型。模型建立好之后可以导入 Navisworks 中做出视频动画效果,对一线的年轻施工员跟各个班组进行技术交底,其效果要比用二维的图纸要直观得多。

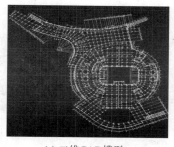

(a) 二维CAD模型　　　　　　　　　(b) BIM模型

图 6.22　南京青奥体育场馆地下室

2. 管道设备之间的碰撞可视化

图 6.23 是将南京青奥体育场馆建立好的模型导入 Navisworks 中进行的碰撞检测,图上可以清晰地看出设备之间的碰撞之处。图 6.23 a 是两个风管之间的碰撞,图 6.23 b 则是消防管道插入风管之中。可以在软件中查明该处的 ID 回到 Revit 中进行修改,进而规避碰撞。在传统的碰撞检查中,常用的方式是在 CAD 中将两张不同专业的底图重叠起来,施工人员凭借施工经验及想象力进行判定。此种方式又费精力也费时间,带来的结果与实际有可能大相径庭。而用了 BIM 模型后可以直观地看出碰撞点,这在施工前进行相关交底无疑可以大大地规避返工的现象。

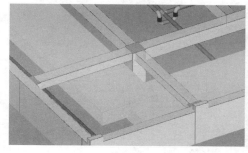
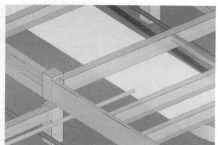

(a) 风管间的碰撞　　　　　　　　(b) 消防管道与风管间的碰撞

图 6.23　南京青奥体育场馆地下室管道碰撞

3. 三维渲染的可视化应用

传统的图纸上仅仅交代了一些主要材质,但最终是什么结果施工人员也只能凭借想象力和施工经验来完成。BIM 模型能够通过赋予模型材质再通过三维渲染设置完成整体的模型效果,如图 6.24 所示。三维渲染能够清晰地模拟出建筑物完成后的外观,在施工前进行交底,施工人员能够直观地看出建筑物的外观。这样大大节约了时间,有效地规避返工的出现。

图 6.24　BIM 三维渲染效果图

4．4D 施工模拟指导性体现

施工中对于一些构件的施工顺序都存在潜在的规定。但随着科技的进步，对建筑物的形态的追求日新月异，这就造成了有些物体的建造突破了常规的定律。图 6.25 是施工模拟的主要流程。

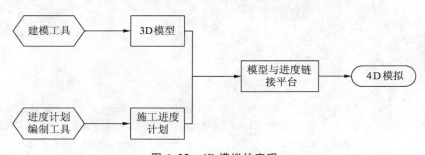

图 6.25　4D 模拟的实现

图 6.26 所示是南京青奥体育场的异形柱柱帽。将建立好的模型导入 Navisworks，利用 TimeLiner 及 Animator 制作出虚拟施工动画。将视频动画在施工前交由施工组观看，施工人员可以根据现场条件调整钢筋摆放的次序，避免了在现场施工中遇到后再调整而带来的能源的消耗及人力的浪费。

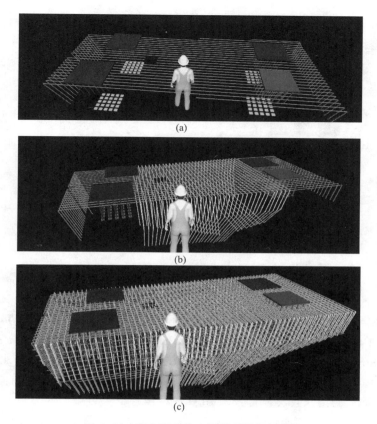

图 6.26　南京青奥体育场异形柱帽钢筋

6.2.7　管线深化

对于机电安装复杂的工程,利用 BIM 的碰撞检测功能,可以快速将管线设计中的所有碰撞检查出来。由此设计人员在管线深化设计阶段就可以有效减少管线碰撞,这不仅能及时排除施工过程中遇到的碰撞问题,返工现象得以减少,而且大大提高了生产效率,降低了变更造成的成本和工期损失。南京青奥体育公园在机电安装工程管线深化阶段应用 BIM 技术取得了良好的效果,大部分管线碰撞问题在施工前已经解决,机电安装效率得到提高,对工期进行了有效控制。

1. 碰撞报告

在各专业模型整合到一起之后,即可运行碰撞检测,软件会自动将所有碰撞点快速检测出来,技术人员根据所需信息导出碰撞报告,碰撞报告一般包括图像、摘要、名称、距离、说明、状态、碰撞点等信息。BIM 模型中的每个构件都有其特定的数据信息,技术人员通过碰撞构件的 ID 信息可以在模型中找到其具体位置,根据规范要求对碰撞点逐一进行修改,最终达到协同。图 6.27 为青奥体育公园管线碰撞报告中的某一碰撞点。

图 6.27　青奥体育公园管线碰撞报告中某碰撞点

2. 漫游动画

机电安装工程管线错综复杂,在整个模型中很难将系统具体看清楚。利用 BIM 技术的漫游功能,能够模拟进入建筑模型中,直观地看到管线安装的具体位置和系统分布。将漫游做成动画导出,随时随地都可以进行展示,业主、设计方和施工方都能够清楚了解机电安装工程的管线分布情况,有效推进工程进展。图 6.28 为南京青奥体育公园 BIM 模型漫游。

图 6.28　南京青奥体育公园 BIM 模型漫游

3. BIM 模型出图

设计院都是分专业设计的,在施工过程中,不同的专业也是由不同的团队进行施工,各个专业都有其对应的图纸。利用 BIM 技术进行深化设计并审核通过之后,不需要再由设计方重新出图,BIM 技术可以分专业进行独立出图。图 6.29 为南京青奥体育公园 BIM 技术给排水图。

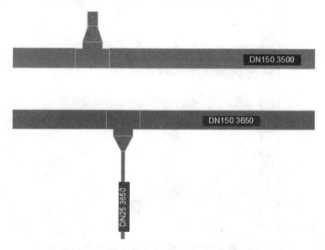

图 6.29　南京青奥体育公园 BIM 技术给排水出图

BIM 模型所出图纸不同于传统的施工图纸,其图纸内容不仅仅是单纯的线条,还包括构件形状、大小、位置等信息,不同的颜色代表不同类型的管线。施工团队依据 BIM 模型图纸进行施工,施工效率和精确度大大提高。

4. 复杂节点剖面图

南京青奥体育公园体育馆工程的机电安装工程复杂,管线交错烦琐,往往在某一节点处管线聚集,给施工带来麻烦。利用 BIM 模型可以对复杂节点处进行剖切,在剖面图中可以直观地看到个专业管线的排布。图 6.30 所示为青奥体育公园工程某节点剖面图。图中各点代表的管线及其标高如下:

1:新风管 800×250,标高+4.30;

2:给水管 DN150,标高+4.40;

3:新风管 630×250,标高+4.33;

4:新风管 1 250×320,标高+3.80;

5:新风管 800×320,标高+3.90;

6:电缆桥架 400×200,标高+3.25;

7:电缆桥架 400×200,标高+2.675;

8:消防水管 DN200,标高+2.90;

9：消防水管 DN150，标高＋2.60；

10：自动喷水管 DN150，标高＋3.30；

11：新风管 400×200，标高＋3.05。

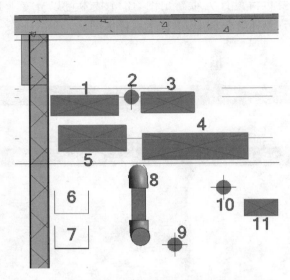

图 6.30　青奥体育公园体育馆工程某节点剖面图

通过 BIM 得出复杂节点处的管线剖面图，各专业管线位置和信息能够直观看出，并交于施工人员手中，施工难度大大降低，以较小的代价达到完善的功能。BIM 技术形成的图纸是真正符合施工实际的图纸，对于大型复杂工程的建设有不可或缺的作用。

6.2.8　绿色施工

绿色施工是指工程建设中，在保证质量、安全基本要求的前提下，通过科学的管理和技术的发展，最大限度地节约资源并减少对环境负面影响的施工活动，实现节能、节地、节水、节材和环境保护（"四节一环保"）。实施绿色施工，按照因地制宜的原则，贯彻执行国家、行业和地方相关的技术经济政策。目前，我国绿色施工的应用还没有得到大力的推广，除了因为大部分施工方对于绿色施工的理解不清晰之外，还有就是信息化手段在施工中的应用较少而阻碍了绿色施工的发展。

南京青奥体育公园项目中，通过 BIM 技术建立建筑全寿命周期的模型，在施工前期可以进行全方位的模拟，对于施工时可能出现浪费资源的状况进行提前预警，施工方进行预防后可以明显减少资源时间的浪费，并且可以大幅提高工作效率。

6.3　小结

本章以南京青奥体育公园为例，阐述了 BIM 技术在大跨空间钢结构工程中的应用。南京青奥体育公园项目技术难度大，质量要求高，参建方多，组织协调难度大，常规手段难以很好地保证施工顺利进行。因此，该项目尝试使用 BIM 技术进行施工活动的组织与协调。结合青奥体育公园实际工程项目，详细地阐述了 BIM 技术在组织协作优化、专项施工方案管理、深化设计管理、施工安全管理、工程投标、技术交底、管线深化及绿色施工管理中的具体应用。结果表明，使用 BIM 技术可以很好地解决南京青奥体育公园项目工程施工难度大、编制计划编制难度大、数据信息量大等难点，且可以使项目众多的参与方进行更好的沟通协调，减少各方之间信息传递偏差，大大提升工作效率，保证施工顺利进行。

第7章　大跨空间钢结构工程中的绿色施工技术

7.1　绿色施工概述

7.1.1　绿色施工的内涵

在我国的建筑行业中推广节能环保的理念,贯彻建筑可持续发展战略的过程中,"绿色施工"是结合我国建筑行业实际状况最为合适的方针政策。2007年住房和建设部印发的《绿色施工导则》中对绿色施工的定义是"工程建设中,在保证质量、安全等基本要求的前提下,通过科学管理和技术进步,最大限度地节约资源与减少对环境负面影响的施工活动,实现四节一环保(节能、节地、节水、节材和环境保护)"。

绿色施工的总体目标是在保证工程质量安全的前提下,保持生态环境平衡、节约能源资源、减少废弃物的排放。从设计方面来说,实现多角度、多方位、多种优化设计;从施工方面来讲,以一定的管理措施和技术手段,在施工过程中进行有效控制,减少建筑全寿命成本、降低建筑工程的能源消耗,实现绿色施工的要求标准;在运营管理阶段,竣工结束后的场地恢复成效、周边绿化设施的管理、室内的通风环境和采光效果、建筑运行时的节能降耗都可以取得预期效果。

7.1.2　绿色施工的特点

1. 低能耗、低浪费

绿色施工中最重要的就是对资源能源的节约利用和对建筑余料及废弃物的二次利用,无论是对太阳能、地热、风能等建筑节能技术的应用,还是针对钢筋余料、混凝土余料、废旧砌块和模板木材的二次利用都力争取得能源资源利用最大化,对环境的污染程度最小化。

2. 与自然和谐共生

建筑工程中绿色施工的要求是在施工前期对周边环境进行详细的探查和规划,尽力做到不影响周边环境设施,对于破坏的周边绿化环境需要立即进行修补。争取创建和谐绿色施工建筑工程,切实做好周边环境保护的工作,达到建筑与人、社会、自然有机统一结合,向着生态和谐的环境发展。

3. 经济、高效

在建筑工程施工过程中,工程人员根据绿色施工措施指导作业人员在施工过程中利用新技术和科学的管理手段节约资源、减少浪费,控制建筑工程成本;同时对作业人员施工前进行一定的技术培训,使得作业人员的工作效率得以提高;使得建筑工程绿色经济。

4. 科学系统的管理

建立必要的管理制度,如教育培训制度、检查评估制度、资源消耗统计制度、奖惩制度,并建立绿色施工各种相应台账。采用有利于绿色施工开展的新技术管理手段,在保证传统施工追求的质量、成本和工期的基础上,保障整个施工体系围绕着生态、节能、环保、和谐、可持续发展等方面开展,施工管理更为科学、合理。

5. 信息技术的支撑

自 21 世纪以来,我国已经迅速进入信息时代,建筑行业的发展要想与国际接轨,就必须在建筑工程施工过程中与信息技术相结合。建筑产品的形成是建立在大量资源的耗费和一定的时间成本的基础上,运用先进的信息技术对机械、设备、材料等资源进行充分的利用;对进度计划进行合理的安排,譬如当前在建筑行业中的新型技术 BIM 应用平台,不仅可以实现建筑产品模型的三维一体,同时还实现成本、进度等多维一体,以避免施工过程中的各作业面和渠道的碰撞,最终实现节能高效的动态监管。

7.1.3　绿色施工的主要内容

1. 保护环境、减少污染

环境保护是绿色施工中最重要的目标之一,根据国家相关环境管理标准和绿色施工的相应规范,环境保护的技术要点主要有扬尘污染控制、噪声与振动控制、光污染控制、水污染控制、土壤保护,以及地下设施、文物和资源保护等几个方面,使得建筑工程施工对环境的影响降到最小。

(1)扬尘污染控制。近几年我国各地的雾霾情况越来越严重,各种粉尘指标严重超出规定值,在建筑施工过程中扬尘污染对空气的质量状况有着不可或缺的影响。工程在土方作业、结构施工、安装装饰装修、建筑物的机械拆除、建筑物的爆破拆除等不同粉尘源头的控制都应有相应的技术措施,譬如:工地周围定期洒水、地面硬化、设置围挡、密网覆盖、封闭,工地进出口位置设置洗车台,周边裸土的绿化覆盖等一系列措施来防尘。

(2)噪声与振动控制。在现代城市中,噪声污染已经是不容忽视的存在,建筑工地的各类噪声对于周边居民和建筑作业人员也会产生不良影响。施工现场的噪声需分区计量和实时监测,现场噪声排放不得超过国家标准《建筑施工场界噪声限值》(GB 12523)的规定。在施工场界对噪声的控制监测方法执行国家标准《建筑施工场界噪声测量方法》(GB 12524)。使用低噪声、低振动的机具,采取隔声与隔振措施,避免或减少施工噪声和振动。

(3)光污染控制。建筑工程的光污染来源主要有夜间施工强光、电焊强光等,这些强光不仅对人的眼睛有伤害,同时还影响人的睡眠质量。如果要尽量减少或避免施工过程中的光污染,夜间室外照明灯需加设灯罩,透光方向集中在施工范围。电焊作业需采取遮挡措施,避免电焊弧光外泄。

(4)水污染控制。城市周边淡水河湖的污染已经日趋严重,建筑工业废水是其污染源的重要源头之一,施工现场污水的排放如不能进行有效的控制,将会对周边的地下水等造成严重危害。施工现场污水排放应达到国家标准《污水综合排放标准》(GB 8978)的要求,针对不同的污水应设置相应的处理设施,如沉淀池、隔油池、化粪池等。

(5)土壤保护。保护地表环境,防止土壤侵蚀、流失。对于因施工造成的裸土,应及时覆盖砂石或种植速生草种,以减少土壤侵蚀;对于因施工造成的易发生地表径流土壤流失的情况,应及时采取设置地表排水系统、稳定斜坡、植被覆盖等措施。

(6)地下设施、文物和资源保护。针对施工地区位置的不同施工前做好地下各种设施的情况调查,保证在施工过程中不影响已有的地下管道、管线及已有建筑物的正常运转。如若发现文物,立即停止施工,保护好现场状况的同时报告相应文物部门。

2. 节材与材料资源利用

建筑工程项目在施工过程中,对材料利用进行方案优化,合理利用建筑材料资源,减少材料的浪费,减少高耗能材料的使用,多采用可循环、可再生利用的建筑材料,建筑余料及废弃物需提高二次利用率,建筑材料的使用对环境的负面影响达到最低。在节约材料方面需要根据施工进度、库存情况等合理安排材料的采购、进场时间和批次,减少库存积压的状况;材料运输工具方法得宜,避免和减少二次搬运。材料使用方面,推广使用预拌混凝土和商品砂浆;优化钢结构制作和安装方法;围护材料、装饰装修材料、周转材料要采用循环利用率高、环保性能好的建筑材料。

3. 节水与节能

在建筑产品的形成过程中水资源的消耗是十分巨大的,节约用水指标是衡量绿色施工效果的一个重要指标。绿色施工针对水资源的优化措施主要体现在两个方面:用水效率的提高和非传统用水的利用。施工现场供水管网应根据用水量设计、布置，应管径合理、管路简便，并采取有效措施减少管网和用水器具的漏损，以提高用水效率；非传统用水的利用主要体现在中水搅拌、中水养护、雨水回收利用，以及施工现场机具设备、车辆等冲洗采用非传统用水等方面。

能源的节约和利用是我国建设环境友好型社会、节约型社会的一个重要环节，建筑施工过程中的能源消耗在全社会商品能源消耗中所占的比例高达 30% 左右，怎样达到最好的节能效果是绿色施工一直不断突破的新课题。遵循国家、行业要求的标准，优先采用节能、高效、环保的施工设备和机具，制定合理的施工能耗指标，提高能源利用率。例如，采用能耗低的 LED 节能灯；走廊通道采用声控、光控等节能灯具；利用隔热性能好的建筑材料以减少空调等设备的使用，减少能耗；利用太阳能、风能、热能等环保型能源。

4. 保护土地和周边资源

我国的占地面积虽然高居全球土地面积的第三位，但是由于庞大的人口基数，人均占地面积不足世界人均水平的 1/3，同时在城镇化建设的推动下，城市向农村发展，将导致土地面积的进一步缩减。建设用地的占地面积较大，临时设施较多，如若不能合理的利用将会造成极大的浪费。施工现场的总平面布置图需要科学、合理的充分利用原有周边环境，临时办公生活区和现场的临时加工棚都要达到经济、美观、占地面积小的效果；优化基坑开挖方案，减少土地开挖和回填量，保护周边的土地环境；施工现场的进出场道路应按照临时道路和永久道路相结合的原则，减少道路占用土地。

5. 科学的规划管理

实行绿色施工，必须在施工前进行总体设计方案的优化，在施工前的规划阶段、设计阶段，基于绿色施工的要求标准，对施工策划、机械与设备选择、材料采购、现场施工、工程验收等各阶段进行控制，加强整个施工过程的管理和监督。

建设单位和施工单位在施工前分别就环境保护、节材、节水、节能、节地制订绿色施工目标，并将该目标值细化到每个子项和各施工阶段。项目部成立创建全国建筑业绿色施工示范工程领导小组，公司领导或项目经理作为第一责任人，所属单位相关部门参与，并落实到相应的管理职责，实行责任分级负责。针对"四节一环保"的具体内容实施具体的技术措施，同时采用新技术、新工艺、新材料、新设备推动绿色施工的开展工作，建立相应规范的管理制度，同时设置对应的奖惩措施。

7.2 青奥工程的绿色施工评价体系

结合本项目的实际工程概况,基于建筑工程全过程三个不同阶段绿色施工的评价指标,确定各评价指标的因素权重,分别对三个不同阶段进行绿色施工多层次分析,为南京青奥体育公园最终的绿色施工成效提供强有力的保障和支撑。

7.2.1 设计阶段绿色施工评价分析

在项目立项之后,建立项目的绿色施工资料,同时构建设计阶段的绿色施工评价体系,如图 7.1 所示,针对设计阶段绿色施工的成效进行分析。

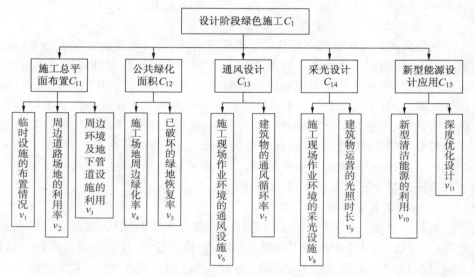

图 7.1　设计阶段绿色施工评价体系

1. 确定 v_i 的评分等级标准

作为基层指标 v_i,本评价体系采用三级评分制,分别以 2 分、1 分、0 分为评价得分,2 分表示该指标措施完成情况完善,1 分表示该指标措施完成情况一般,0 分表示该指标没有达到预期效果。

2. 确定评价指标的权重因数

基于层次分析法的模型,构造判断矩阵,确定评价指标 C_{ij} 和 v_i 的权重,计算过程如下:

（1）构造判断矩阵

统计问卷调查表的结果，根据九级标度法的原则，确定评价指标 C_{11}，C_{12}，C_{13}，C_{14}，C_{15} 的比较重要程度，根据判断矩阵，计算得出各评价指标的权重，以及一致性指标 CI。用 C_{ij} 表示元素 C_i 对于元素 C_j 的重要程度

$$\boldsymbol{R}_1 = \begin{bmatrix} C_{11} & C_{12} & C_{13} & C_{14} & C_{15} \\ C_{21} & C_{22} & C_{23} & C_{24} & C_{25} \\ C_{31} & C_{32} & C_{33} & C_{34} & C_{35} \\ C_{41} & C_{42} & C_{43} & C_{44} & C_{45} \\ C_{51} & C_{52} & C_{53} & C_{54} & C_{55} \end{bmatrix} = \begin{bmatrix} 1 & 4 & 3 & 3 & 7 \\ 1/4 & 1 & 2 & 1 & 4 \\ 1/3 & 1/2 & 1 & 1 & 4 \\ 1/3 & 1 & 1 & 1 & 2 \\ 1/7 & 1/4 & 1/4 & 1/2 & 1 \end{bmatrix}$$

根据该设计阶段中间层判断矩阵可以得出特征向量和一致性参数，见表 7.1。

表 7.1　设计阶段的特征向量和一致性参数

$\boldsymbol{R}_1$	C_{11}	C_{12}	C_{13}	C_{14}	C_{15}	特征向量
C_{11}	1	4	3	3	7	0.475 6
C_{12}	1/4	1	2	1	4	0.180 8
C_{13}	1/3	1/2	1	1	4	0.145 1
C_{14}	1/3	1	1	1	2	0.145 1
C_{15}	1/7	1/4	1/4	1/2	1	0.053 3
一致性检验	$RI=1.12, CR=0.035\,8, CI=0.04, \lambda_{\max}=5.160\,6$					

根据以上计算数据可以得知，该判断矩阵的向量权重 $\boldsymbol{R}=(C_{11}, C_{12}, C_{13}, C_{14}, C_{15})=(0.475\,6, 0.180\,8, 0.145\,1, 0.145\,1, 0.053\,3)$，同时根据一致性检验标准，$CR=0.035\,8<0.10$，则该判断矩阵具有满意的一致性。

（2）设计阶段的各评价指标的单权重及总权重

设计阶段的各评价指标的单权重及总权重见表 7.2。

表 7.2　设计阶段的各评价指标的单权重及总权重

C_i（一级指标）	C_{ij}（二级指标）	v_i（基层指标）	单权重	总权重
设计阶段 C_1	施工总平面布置 C_{11}（0.475 6）	临时设施的布置情况 v_1	0.625 0	0.297 3
		周边道路场地的利用率 v_2	0.238 5	0.113 4
		周围环境及地下管道设施的利用 v_3	0.136 5	0.064 9
	公共绿化面积 C_{12}（0.180 8）	施工场地周边绿化率 v_4	0.666 7	0.120 5
		已破坏的绿地恢复率 v_5	0.333 3	0.060 3

续表

C_i（一级指标）	C_{ij}（二级指标）	v_i（基层指标）	单权重	总权重
设计阶段 C_1	通风设计 C_{13}（0.145 1）	施工现场作业环境的通风设计 v_6	0.750 0	0.108 8
		建筑物的通风循环率 v_7	0.250 0	0.036 3
	采光设计 C_{14}（0.145 1）	施工现场作业环境的采光设计 v_8	0.333 3	0.048 4
		建筑物运营的光照时长 v_9	0.666 7	0.096 8
	新型能源 设计应用 C_{15}（0.053 3）	新型清洁能源的利用 v_{10}	0.666 7	0.035 5
		深度优化设计 v_{11}	0.333 3	0.017 8

3. 绿色施工设计阶段评分

本实证分析抽取青奥体育公园项目中 12 个月的绿色施工评价作为研究对象的数据分析，以其中四月份为例介绍评分细则。

首先，邀请专家对设计阶段绿色施工的措施项条目进行评分，统计其评分后利用公式

$$基层指标得分（S_i）= \frac{各评价指标的措施得分之和}{所有措施最高分之和} \times 100$$

得到基层指标的评价分再乘以对应的单权重系数，则得到二级指标 C_{ij} 的得分，见表 7.3。

表 7.3 设计阶段二级指标得分

二级指标	C_{11}	C_{12}	C_{13}	C_{14}	C_{15}
评价得分	97.5	92.5	89	97.5	95

四月份设计阶段绿色施工的评价得分为

$$\begin{aligned}
C_1 &= C_{11} \times 0.475\ 6 + C_{12} \times 0.180\ 8 + C_{13} \times 0.145\ 1 + \\
&\quad C_{14} \times 0.145\ 1 + C_{15} \times 0.053\ 3 \\
&= 97.5 \times 0.475\ 6 + 92.5 \times 0.180\ 8 + 89 \times 0.145\ 1 + \\
&\quad 97.5 \times 0.145\ 1 + 95 \times 0.053\ 3 \\
&= 95.2
\end{aligned}$$

根据该得分可得出该项目四月份的绿色施工设计阶段达到了绿色施工的要求和标准，符合环境保护的标准和节约能源资源的要求。

根据上述方法统计得出二级指标 12 个月的评价得分（见表 7.4），作为分析不同阶段绿色施工评价指标的相关性影响因素分析的数据源，动态的掌控整个建筑过程各个阶段之间的相关影响，便于实时动态管理。

表 7.4　设计阶段 12 个月的二级指标评价得分

	M_1	M_2	M_3	M_4	M_5	M_6	M_7	M_8	M_9	M_{10}	M_{11}	M_{12}
LR_1	98.5	98.5	96.7	97.5	97.9	99.4	95.6	88.4	92.0	92.0	88.4	88.4
LR_2	95.5	97.0	96.5	92.5	98.5	97.5	99.0	91.5	94.5	95.5	97.5	96.0
LR_3	87.5	89.5	90.5	89.0	93.0	88.5	89.5	92.5	91.5	88.0	89.0	90.5
LR_4	95.5	96.0	98.0	97.5	94.0	95.5	96.5	94.5	92.5	91.0	90.5	92.0
LR_5	94.5	93	96.5	95	97.8	92.9	94.5	95.6	98.5	99.2	91.5	93.5

7.2.2　施工阶段绿色施工评价分析

按照设计阶段评价体系的方法,根据施工阶段评价指标分类,施工阶段基层指标 U_i 的评分等级标准也采取三级评分标准,根据九级标度法的原则确定各个等级指标的权重因数。

1. 确定评价指标的权重因数

基于层次分析法的模型,构造判断矩阵,确定施工阶段评价指标 C_{ij} 和 u_i 的权重,计算过程如下:

统计问卷调查表的结果,根据九级标度法的原则,确定评价指标 $C_{21}, C_{22},$ $C_{23}, C_{24}, C_{25}, C_{26}$ 的比较重要程度,根据判断矩阵,计算得出各评价指标的权重,以及一致性指标 CI。用 C_{ij} 表示元素 C_i 对于元素 C_j 的重要程度

$$\boldsymbol{R}_2 = \begin{bmatrix} 1 & 1/3 & 1/2 & 1/2 & 2 & 2 \\ 3 & 1 & 2 & 3 & 4 & 4 \\ 2 & 1/2 & 1 & 2 & 3 & 4 \\ 2 & 1/3 & 1/2 & 1 & 4 & 5 \\ 1/2 & 1/4 & 1/3 & 1/4 & 1 & 5 \\ 1/2 & 1/4 & 1/4 & 1/5 & 1/5 & 1 \end{bmatrix}$$

根据该施工阶段中间层判断矩阵可以得出特征向量和一致性参数,见表 7.5。

表 7.5　施工阶段的特征向量和一致性参数

R_2	C_{21}	C_{22}	C_{23}	C_{24}	C_{25}	C_{26}	特征向量
C_{21}	1	1/3	1/2	1/2	2	2	0.112 3
C_{22}	3	1	2	3	4	4	0.346 7
C_{23}	2	1/2	1	2	3	4	0.229 1
C_{24}	2	1/3	1/2	1	4	5	0.185 1
C_{25}	1/2	1/4	1/3	1/4	1	5	0.082 4
C_{26}	1/2	1/4	1/4	1/5	1/5	1	0.044 3
一致性检验	$RI = 1.24, CR = 0.073\ 0, CI = 0.090\ 5, \lambda_{\max} = 6.46$						

根据以上计算数据可以得知,该判断矩阵的向量权重 $\boldsymbol{R}_2=(C_{21},C_{22},C_{23},C_{24},C_{25},C_{26})=(0.112\,3,0.346\,7,0.229\,1,0.185\,1,0.082\,4,0.044\,3)$,同时根据一致性检验标准,$CR=0.073<0.10$,则该施工阶段的中间层判断矩阵具有满意的一致性。

根据以上计算方法得到施工阶段的各评价指标的单权重及总权重,见表 7.6。

表 7.6 施工阶段的各评价指标的单权重及总权重

一级指标(C_i)	二级指标(C_{ij})	基层指标(u_i)	单权重	总权重
施工阶段 C_2	绿色施工管理 C_{21}(0.112 3)	绿色施工目标 u_1	0.413 3	0.046 4
		组织机构 u_2	0.292 2	0.032 8
		实施与技术措施 u_3	0.186 7	0.021 0
		管理制度 u_4	0.107 8	0.012 1
	环境保护 C_{22}(0.346 7)	扬尘控制 u_5	0.411 2	0.142 6
		噪声与振动控制 u_6	0.112 7	0.039 1
		光污染控制 u_7	0.100 4	0.034 8
		水污染控制 u_8	0.200 8	0.069 6
		建筑垃圾控制 u_9	0.174 8	0.060 6
	节材与材料利用 C_{23}(0.229 1)	节材措施 u_{10}	0.666 7	0.152 8
		材料资源利用 u_{11}	0.333 3	0.076 4
	节水与水资源利用 C_{24}(0.185 1)	提高用水效率 u_{12}	0.750 0	0.138 8
		非传统水源的利用 u_{13}	0.250 0	0.046 3
	节能与能源利用 C_{25}(0.082 4)	节能措施 u_{14}	0.633 7	0.052 2
		施工机械设备及临时设施 u_{15}	0.191 9	0.015 8
		施工及生活用电 u_{16}	0.174 4	0.014 4
	节地与土地资源保护 C_{26}(0.044 3)	临时用地方案 u_{17}	0.333 3	0.014 8
		土壤保护 u_{18}	0.666 7	0.029 5

2. 施工阶段绿色施工评分

施工阶段绿色施工的评分是以抽取青奥体育公园项目中 12 个月的绿色施工评价作为研究对象的数据分析,以四月份为例,按照设计阶段所介绍的评分方法,得到四月份施工阶段二级指标 C_{ij} 的评分,见表 7.7。

表 7.7 4 月份施工阶段的二级指标评分

二级指标	C_{21}	C_{22}	C_{23}	C_{24}	C_{25}	C_{26}
评价得分	92.4	93.5	88.6	92.7	97.6	98.1

则该四月份施工阶段绿色施工的评价得分为

$$C_2 = C_{21} \times 0.112\,3 + C_{22} \times 0.346\,7 + C_{23} \times 0.229\,1 + C_{24} \times 0.185\,1 + C_{25} \times$$
$$0.082\,4 + C_{26} \times 0.044\,3$$
$$= 92.4 \times 0.112\,3 + 93.5 \times 0.346\,7 + 88.6 \times 0.229\,1 + 92.7 \times 0.185\,1 +$$
$$97.6 \times 0.082\,4 + 98.1 \times 0.044\,3$$
$$= 92.6$$

由评分可得知该项目 4 月份的绿色施工达到了预期目标,符合国家绿色施工的要求和标准,按照这样计算,统计得出施工阶段绿色施工二级指标 12 个月的评价得分(见表 7.8),作为分析设计阶段和施工阶段评价指标的相关性影响因素分析的数据源,动态的掌控整个建筑过程各个阶段之间的相关影响,便于实时动态管理。

表 7.8 12 个月施工阶段的二级指标评分

	M_1	M_2	M_3	M_4	M_5	M_6	M_7	M_8	M_9	M_{10}	M_{11}	M_{12}
LR_6	88.2	94.5	91.5	92.4	96.1	94.1	96.5	97.7	96.0	95.4	95.4	91.4
LR_7	92.6	92.6	96.0	93.5	98.7	93.7	98.9	91.7	95.3	95.3	91.7	91.7
LR_8	89.0	89.2	89.5	88.6	99.5	92.0	93.4	87.8	92.9	92.9	93.4	91.4
LR_9	95.7	92.7	97.5	92.4	99.5	90.7	98.1	94.2	98.1	94.1	91.8	92.6
LR_{10}	97.5	92.0	97.5	97.6	90.3	91.8	95.9	91.4	93.4	95.9	91.5	95.9
LR_{11}	96.5	98.0	98.5	98.1	97.5	98.5	94.5	95.7	94.0	93.4	93.4	89.4

7.2.3 竣工运营阶段绿色施工评价分析

按照设计阶段评价体系的方法,根据竣工运营阶段评价指标分类,运营基层指标 W_i 的评分等级标准也采取三级评分标准,根据九级标度法的原则确定各个等级指标的权重因数。

1. 确定评价指标的权重因数

基于层次分析法的模型,构造判断矩阵,确定施工阶段评价指标 C_{ij} 和 w_i 的权重,计算过程如下:

统计问卷调查表的结果,根据九级标度法的原则,确定评价指标 C_{31},C_{32},C_{33},C_{34} 的比较重要程度,根据判断矩阵,计算得出各评价指标的权重,以及一致性指标 CI。用 C_{ij} 表示元素 C_i 对于元素 C_j 的重要程度

$$\boldsymbol{R}_3 = \begin{bmatrix} 1 & 3 & 1/2 & 1/3 \\ 1/3 & 1 & 1/3 & 1/2 \\ 2 & 3 & 1 & 2 \\ 3 & 2 & 1/2 & 1 \end{bmatrix}$$

根据该项目竣工运营阶段中间层判断矩阵可以得出特征向量和一致性参数,见表7.9。

表7.9　竣工运营阶段的特征向量和一致性参数

$\boldsymbol{R}_3$	C_{31}	C_{32}	C_{33}	C_{34}	特征向量
C_{31}	1	3	1/2	1/3	0.186 7
C_{32}	1/3	1	1/3	1/2	0.107 8
C_{33}	2	3	1	2	0.413 3
C_{34}	3	2	1/2	1	0.292 2
一致性检验	$RI=0.90, CR=0.096\,7, CI=0.087, \lambda_{max}=4.26$				

根据以上计算数据可以得知,该判断矩阵的向量权重 $\boldsymbol{R}_3 = (C_{31}, C_{32}, C_{33}, C_{34}) = (0.186\,7, 0.107\,8, 0.413\,3, 0.292\,2)$,同时根据一致性检验标准,$CR=0.096\,7 < 0.10$,则该项目竣工运营阶段的中间层判断矩阵具有满意的一致性。

根据以上计算方法得到竣工运营阶段的各评价指标的单权重及总权重,见表7.10。

表7.10　竣工运营阶段的各评价指标的单权重及总权重

C_i(一级指标)	C_{ij}(二级指标)	W_i(基层指标)	单权重	总权重
竣工运营阶段 C_3	场地恢复绿化及周边环境 C_{31}(0.186 7)	竣工周边环境绿化率 w_1	0.485 4	0.090 6
		施工场地恢复率 w_2	0.140 1	0.026 2
		灯具的选择与控制 w_3	0.219 3	0.041 0
		道路照明设计规范 w_4	0.155 1	0.029 0
	用水环境 C_{32}(0.107 8)	雨水回收利用 w_5	0.527 8	0.056 9
		污水处理循环设施 w_6	0.139 6	0.015 1
		非市政来水的日常利用 w_7	0.332 5	0.035 8
	室内环境质量 C_{33}(0.413 3)	材料的使用 w_8	0.666 7	0.275 5
		装饰材料的检测 w_9	0.333 3	0.137 8
	资源消耗 C_{34}(0.292 2)	日常资源能源的利用 w_{10}	0.666 7	0.194 8
		清洁型能源的利用 w_{11}	0.333 3	0.097 4

2. 竣工运营阶段绿色施工评分

竣工运营阶段按照以每个月为一个区间阶段进行分析,以该月施工计划的竣工运营阶段为研究对象,绿色施工的评分还是以抽取青奥体育公园项目中一整年 12 个月的绿色施工评价作为研究对象进行数据分析,以 4 月份为例,按照设计阶段所介绍的评分方法,得到 4 月份竣工运营阶段二级指标 C_{ij} 的评分,见表 7.11。

表 7.11　4 月份竣工运营阶段二级指标的评分

二级指标	C_{31}	C_{32}	C_{33}	C_{34}
评价得分	88.7	92.5	91.3	95.2

4 月份施工阶段绿色施工的评价得分为

$$C_3 = C_{31} \times 0.186\ 7 + C_{32} \times 0.107\ 8 + C_{33} \times 0.413\ 3 + C_{34} \times 0.292\ 2$$
$$= 88.7 \times 0.186\ 7 + 92.5 \times 0.107\ 8 + 91.3 \times 0.413\ 3 + 95.2 \times 0.292\ 2$$
$$= 92.1$$

由评分可得知该项目 4 月份的绿色施工达到了预期目标,符合国家绿色施工的要求和标准,按照这样计算,统计得出竣工运营阶段绿色施工二级指标 12 个月的评价得分(见表 7.12),作为分析施工阶段和竣工运营阶段评价指标的相关性影响因素分析的数据源,动态的掌控整个建筑过程不同阶段之间的相关影响,便于实时动态管理。

表 7.12　12 个月竣工运营阶段二级指标的评分

	M_1	M_2	M_3	M_4	M_5	M_6	M_7	M_8	M_9	M_{10}	M_{11}	M_{12}
LR_{12}	89.5	86.1	92.6	88.7	92.9	96.4	92.5	89.4	91.3	87.2	85.1	94.1
LR_{13}	92.5	91.7	93.5	92.5	94.8	92.9	96.0	90.5	89.5	95.5	96.2	91.0
LR_{14}	88.4	90.5	93.8	91.3	92.0	89.1	92.6	93.8	92.5	95.1	91.6	85.8
LR_{15}	93.6	92.0	97.2	93.0	93.4	91.5	96.5	89.0	87.2	90.5	93.5	96.2

7.3　青奥工程的绿色施工应用

7.3.1　节材与材料资源利用措施

项目在策划时,与甲方进行沟通,所用的材料均为就近取材,详见表 7.13。施工现场 500 km 以内生产的建筑材料用量力争占建筑总重量的 70% 以上。主要原则具体如下:

① 根据施工进度、库存情况等合理安排材料的采购、进场时间和批次,减少库存。

② 现场材料堆放有序。储存环境适宜,措施得当。保管制度健全,责任落实。

③ 材料运输工具适宜,装卸方法得当,防止损坏和遗洒。根据现场平面布置情况就近卸载,避免或减少二次搬运。

④ 采取技术和管理措施提高模板、脚手架等的周转次数。

⑤ 优化安装工程的预留、预埋、管线路径等方案。

⑥ 工程使用的大宗材料,全部实行公司集中采购。公司物资部每年根据各材料供应商在各项目部的结果,对其进行综合考评,建立合格供应商花名册,与质量稳定、服务好的供应商建立长期的协议。

⑦ 施工材料进场前,均先编制物资进场计划,明确数量、使用部位、进场时间,报项目经理后方能组织进场。各种材料使用时均实行限额领料制度,即物资进场后,专业工长根据计划量和现场需用量填写领料单领取物资。

表 7.13　根据就地取材的原则进行材料选择表

序号	供应商名称	产品种类	地址	距离/km
1	南京恒远混凝土构配件有限公司	商品砼	南京市	18
2	南京普迪混凝土有限公司	商品砼	南京市	20
3	南钢集团	钢筋	南京市	22
4	江苏永钢集团有限公司	钢筋	张家港市	232
5	马钢公司	钢筋	马鞍山市	65

本工程中的节材与材料资源利用措施主要包括以下 7 个方面。

(1) 钢筋控制措施

① 与现场主体结构劳务队伍签订钢筋使用协议,钢筋制作前应对下料单及样品进行复核,无误后方可批量下料,减少对钢材的浪费。短尺寸钢筋废料通过对焊接长和制作马凳、模板内支撑、二次结构过梁、拉钩等进行重复利用。本项目钢结构构件计划均在沪宁钢机厂内加工完成后,再运输至现场进行拼装,杜绝了现场加工,减少钢材的浪费。

② 在安装专业管道、幕墙及装饰龙骨等施工前,提前进行深化设计,尽量避免产生废短钢材造成的浪费。

③ 在施工现场修建钢筋废料池,集中收集不能重复利用的钢材,交由专业单位进行处理。

④ 钢筋及钢结构制作加工前,由工长对下料单进行复核后先做样板,方可批量下料,保证钢筋进场计划的准确性。钢筋下料时利用广联达软件精确计算,如图 7.2 和图 7.3 所示,在下料时可以准确控制钢筋量,以防浪费。

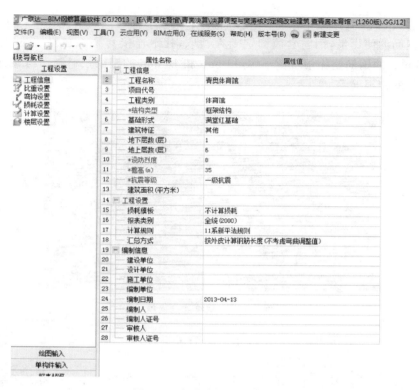

图 7.2 广联达软件钢筋界面

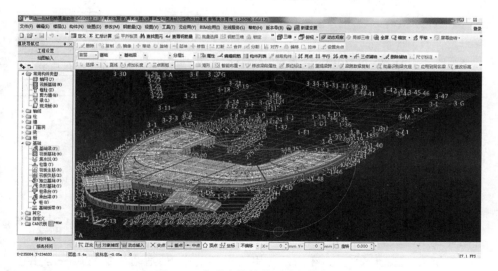

图 7.3 广联达软件基础层钢筋界面

⑤ 本工程对直径 $d \geqslant 16$ mm 的钢筋,采用直螺纹连接技术,如图 7.4 所示,节约钢筋的使用量,钢筋套筒固定专人领取,杜绝连接套筒不必要的浪费。针对 25 mm 的钢筋制作雨水篦子等,14 mm 和 16 mm 的钢筋余料制作马凳、剪力墙构件的锁根筋等。

图 7.4 直螺纹连接钢筋

⑥ 结构施工期间剩余 1 m 以上的钢筋短料,用在二次结构施工中,长度在 1 m 以内短料制作卡具、定位筋、洞口附加筋及马凳。

⑦ 现场材料根据施工现场总平面布置图的安排堆放有序。储存环境适宜,措施得当。保管制度应健全,责任落实。

表 7.14 钢筋量统计分析表

定额钢筋用量/t	实际钢筋用量/t	钢筋损耗量/t	二次利用量/t	损耗率/%	定额损耗率/%
23 986.966	23 499.938	487.028	263.5	0.93%	2%

(2)混凝土控制措施

本工程中所使用的混凝土全部采用当地供应商提供的商品混凝土,本工程的砌体与抹灰采用预拌砂浆,节约水泥用量,而且能减少现场粉尘。

① 混凝土浇筑前对泵管进行润滑,浇筑完毕后管道内余料用以制作混凝土垫块。

② 加强模板工程的质量控制,避免拼缝过大漏浆、加固不牢胀模,产生混凝土固体建筑垃圾,避免混凝土浪费。

③ 改善混凝土配合比,在满足使用要求的前提下,适当添加粉煤灰等工业废料,节约水泥用量,且经检测其各项指标均满足要求。

④ 混凝土工程施工中,混凝土用量由施工员提出后,经预算进行审核。进

场时,进行地磅称重控制,并由专人签字。

⑤ 对于落地混凝土应及时清理和回收,尚未初凝的混凝土收集后仍用于浇筑部位,或是制作小型混凝土构件,已经凝固的混凝土块收集用于回填。冲洗混凝土罐车或泵管中的剩余混凝土,用于道路硬化。

⑥ 本工程砌体施工之前,必须对砌体位置进行预先排版,实现砌块的合理利用,减少浪费。

表 7.3 为混凝土量统计分析。

表 7.3　混凝土量统计分析表

定额砼用量/m³	实际砼用量/m³	损耗砼用量/m³	损耗率/%	定额损耗率/%
217 180.53	215 472.20	1 708.33	0.78	2

(3) 木材控制措施

① 木方、板材等木工用料进场时,由材料员进行核对后,报预算员审核,从源头控制材料用量,精确进场量。

② 施工中使用的多层板和木方根据配料单,统一发送。加工成型的木制模板写明规格,统一编号固定部位使用,减少整张模板切割次数。对于无法使用模板余料,用于预留洞口封盖和结构实体保护,使木材尽可能地合理再利用。

③ 对于施工中的废旧木方,长度在 0.5 m 以上的统一收集,回收到一起进行机械对接再利用,如图 7.5 所示;将 0.5 m 以下的废旧木方作墙柱护角、防滑条、挡脚板等部位。

图 7.5　短木方接长利用

(4) 砌体及砂浆控制措施

① 本工程的砌体与抹灰采用预拌砂浆,节约水泥用量,而且能减少现场扬尘。

② 本工程砌体施工之前,必须对砌体位置进行预先排版,实现砌块的合理利用,减少浪费。

(5)围护材料和装饰材料的控制措施

① 在装饰装修施工前应进行深化设计。

② 装修材料的选择应满足绿色环保及设计性能的要求。

③ 项目经理部将按照设计和规范的要求,在施工时应确保材料的密封性、隔音性和保温隔热性。

④ 幕墙及各类金属构件的预埋件在施工前应进行翻样,与结构施工同时进行预埋施工。

(6)周转材料控制措施

① 选用耐用、维护与拆卸方便的周转材料和机具。

② 优先选用制作、安装、拆除一体化的专业队伍进行模板工程施工。

③ 模板应以节约自然资源为原则,推广使用定型钢模、塑料模板。

④ 施工前对模板工程的方案进行优化。

⑤ 现场办公和生活用房采用周转式活动房。现场围挡采用装配式可重复使用围挡封闭。力争工地临房、临时围挡材料的可重复使用率达到80%。

⑥ 本工程采用钢管扣件式脚手架搭设,经过对施工方案和施工流程的细化,在满足施工安全的前提下,增加立杆间距和水平杆步距;合理优化施工流程,增加材料的流转次数,减少材料一次性投入量。

⑦ 模板和脚手架施工方案中应合理安排施工流程,以及模板、脚手架的周转计划,充分利用,提高周转率。模板的周转利用如图7.6所示。现场模板使用前涂刷脱模剂,以便于模板的拆除,延长模板的使用寿命。

⑧ 电梯井井壁模板采用定型模板,可一次性到顶。

⑨ 将零星木模板进行回收,可用于现场楼梯踢脚、移动花坛、后续成品保护等各方面。

图7.6 模板周转利用

(7)资源再生利用

① 建筑余料充分合理利用,制作马凳筋、混凝土垫块、踢脚板、移动花坛等。

② 建筑材料包装100%回收。

③ 现场办公用纸保证双面使用,废纸由项目部统一回收处理。

④ 现场产生的建筑余料分类收集，集中堆放。在符合质量要求的前提下，尽可能地利用建筑余料。对于不能利用的废弃物，统一处理，既节约了用料，又实现了资源的回收利用，减少建筑垃圾的产生。

⑤ 钢筋余料利用：钢筋废料制作马凳、水沟盖板、楼梯踏步、预埋件及洞口附加筋，无法再利用的钢筋废料放入钢筋废料池。

⑥ 木材余料利用：废旧模板用作安全通道踏步、悬挑脚手架和水平防护棚的封闭及防滑条。

⑦ 室外施工电梯防护门拟采用自制的标准化、定型化防护门，可多次重复利用，节省资源。

7.3.2　节水与水资源利用措施

本工程在初期规划现场阶段，根据建设单位提供的市政排水条件及本地区水资源状况等综合因素，将设置合理完善的供水，排水系统。工程施工阶段，统一规划管理现场用水，采用节水型器具。

（1）提高用水效率

① 在生活区、办公区、施工区等分区安装水表，定期检查、控制用水情况，并设置节水标语和标牌。

② 施工现场办公区、生活区的用水采用节水器具，如感应水龙头、踩踏式淋浴器等，节水器配置率达到 100％。

③ 施工现场供水管网应根据用水量设计布置，管径合理、管路简捷，采取有效措施减少管网和用水器具的漏损，并做到管道连接严密，无任何渗漏，避免浪费。

④ 施工中采用先进的节水施工工艺。如地下室的防渗施工中采用在混凝土中加入防渗剂；混凝土养护用水可采用中水，且采取覆盖措施，竖向构件喷涂养护液。混凝土浇筑完成后，采用麻袋覆盖喷水养护，墙柱混凝土采用塑料薄膜包裹保水养护。

⑤ 本工程临水采用分区布置包括施工区用水、生活区用水、办公区用水。采用总水表和分区总水表分别计量方式。按季度和各阶段统计水实耗原始数据，进行统计、分析，并采取相应调整措施。分别对生活用水与工程用水确定用水定额指标，进行计量管理。

⑥ 废水重复利用，现场清洗车轮、洒水压尘一律使用经沉淀后的中水，节约水资源；冲洗现场机具、设备、车辆用水，设立循环用水装置。

⑦ 定期安排人员检查用水管网和器具，如有渗漏及时修改更换，减少水资源浪费。经常对现场所有供水阀门进行检测、维修、更换，杜绝跑、冒、滴、漏现象。

⑧ 开展"水资源教育",提高人们的节水意识。

（2）雨水回收利用

① 采用集水坑,对雨水进行收集、储存,作为养护或洒水用水。

② 设置完善的排水系统,杂排水作为再生水源的,实施分质排水。

③ 生活区部分雨水经排水沟收集,沉淀后进入蓄水池,通过自动泵抽取,用于宿舍屋顶喷淋降温或洒水减少扬尘。

④ 洗涤间生活用水与部分雨水收集后,集中到洗涤间蓄水池,通过自动泵抽取到高位水箱,用于生活区厕所的冲洗。

⑤ 现场建立雨水收集利用系统,充分收集自然降水用于施工和生活中。

（3）井点降水利用

① 在基础施工阶段,利用大临场地内的排水沟及降水井抽水,通过简单小水塔,将水用于模板、道路乙级车辆冲洗等。

② 合理使用基坑降水。在基坑降水工程中设置了降水收集井,用于道路洒水、混凝土养护等;建立雨水收集装置,可用作进出车辆的清洗,道路洒水、降尘,混凝土养护等。

（4）用水安全

在非传统水源和现场循环再利用水的使用过程中,制定有效的水质检测（如 pH 试纸检测）与卫生保障措施,避免对人体健康、工程质量及周围环境产生不良影响。

7.3.3 节能与能源利用措施

（1）节电措施

① 能源节约教育,施工前对所有的施工人员进行节能教育,树立节约能源的意识,养成良好的习惯。在电源控制位置,贴出"节约用电""人走灯灭"等标志,在厕所部位设置声控感应灯等,从而达到节约用电的目的。

② 制订合理施工能耗指标,提高施工能源利用率。

③ 优先使用国家、行业推荐的节能、高效、环保的施工设备和机具,如选用变频技术的节能施工设备等。

④ 施工现场分别设定生产、生活、办公和施工设备的用电控制指标,定期进行计量核算、对比分析,并有预防与纠正措施。

⑤ 在施工组织设计中,合理安排施工顺序、工作面,以减少作业区域的机具数量,相邻作业区充分利用共有的机具资源。安排施工工艺时,应优先考虑耗用电能的或其他能耗较少的施工工艺。避免设备额定功率远大于使用功率或超负荷使用设备的现象。

⑥ 设立耗能监督小组,项目工程部设立临时用水、临时用电管理小组,除日

常的维护外,还负责监督过程中的使用,发现浪费水电的人员给予教育与相应的处罚。

⑦ 选择使用效率高的能源,食堂使用天然液化气,其余均使用电能。不使用煤球等利用率低、污染高的能源。

⑧ 本工程宿舍区一房一表,用电监控。在各班组进场前与之签订用电合同,用电量根据每间宿舍的用电器具功率及使用时间进行核算定量,平时不超过 $0.6\ kW \cdot h/(d \cdot 宿舍)$ 和 $20\ kW \cdot h/(m \cdot 宿舍)$,超出部分由该宿舍使用人员缴纳费用,节约部分进行奖励。

⑨ 在职工宿舍内安装专用电流限流器,禁止使用大功率电器,一经发现处以 $100 \sim 500$ 元的罚款,当电流超过允许范围时会自动断电。并在每个宿舍装上电表,当超过项目经理部的计划电量时,超出部分由宿舍缴纳费用对节约的宿舍给予一定的奖励。

⑩ 办公区域、宿舍区域、施工现场推广采用节能灯具,并做好用电记录。

⑪ 严格控制生活、办公区域空调使用温度。

⑫ 生活区、办公区、施工现场派专人检查监视,做到人走灯熄,人离机停。

⑬ 选择功率与负载相匹配的施工机械设备,避免大功率施工机械设备低负载长时间运行。机电安装可采用节电型机械设备,如逆变式电焊机和能耗低、效率高的手持电动工具等,以利节电。机械设备宜使用节能型油料添加剂,在可能的情况下,考虑回收利用,节约油量。本工程施工用水采用变频器调节泵机,从而节约用水和节约用电。

⑭ 塔吊、施工电梯等主要耗能设备均装独立电表,定期进行耗电量核算。

⑮ 施工现场临电设电,中小型机具拟采用带有国家能源效率标识的产品。

⑯ 合理安排工序,提高各种机械的使用率和满载率,降低各种设备的单位耗能。

⑰ 建立施工机械设备管理制度,开展用电、用油计量,完善设备档案,及时做好维修保养工作,使机械设备保持低耗、高效的状态。

⑱ 临时用电优先选用节能电线和节能灯具,临电线路合理设计、布置,临电设备宜采用自动控制装置。照明设计以满足最低照度为基本原则,照度不应超过最低照度的 20%。

(2) 施工措施

① 项目经理部变质了控制性的施工总进度计划和用于指导施工的具体施工计划,合理安排施工进度和施工工序。

② 办公区采用节能灯。

③ 施工现场、办公区域临时设施及宿舍区分别安装计量电表,便于监测分

析施工高峰期最高用电负荷。

（3）其他措施

① 现场办公室和生活区宿舍用房均采用防火型板房，热工性能达到指标，会议室顶棚采用 PVC 吊顶。

② 在生活区安装太阳能，配合电热水器使用，供生活区洗浴，节约用电量。

7.3.4 节地与施工用地保护措施

（1）临时设施

① 办公区布设在施工现场的东北角，与施工现场分开。综合考虑经济适用的原则，办公区采用了彩钢活动板房，总体分为：业主办公区、监理办公区、总包单位办公区、食堂、卫生间、停车场。

② 临时设施平面布置合理，有效利用有限空间，占地面积小。

③ 项目部临时设施办公区和生活区均采用结构多层轻钢活动房，为可重复使用的装配式结构，有效减少临时用地面积。

④ 现场围墙采用了连续封闭的轻钢板材料进行装配式安装，既减少了建筑垃圾，也保护了土地。

⑤ 应对深基坑施工方案进行优化，减少土方开挖和回填量，最大限度地减少对土地的扰动，保护周边自然生态环境。

⑥ 红线外临时占地应尽量使用荒地、废地，少占用农田和耕地。工程完工后，及时对红线外占地恢复原地形、地貌，使施工活动对周边环境的影响降至最低。

⑦ 利用和保护施工用地范围内原有绿色植被。对于施工周期较长的现场，可按建筑永久绿化的要求，安排场地新建绿化。

⑧ 利用场地自然条件，合理设计生产、生活及办公临时设施的体型、朝向、间距和窗墙面积比，使其获得良好的通风和采光。临时设施宜采用节能材料，墙体、屋面使用隔热性能较好的材料，缩短夏天空调、冬天取暖设备的使用时间。合理配置空调数量和功率，规定使用时间，实行分段分时使用，节约用电。

⑨ 现场围挡应最大限度地利用已有围墙，或采用装配式可重复使用围挡封闭。

（2）施工总平面措施

① 施工现场道路及围墙按照永临结合的原则布置。

② 临时办公和生活用房应采用经济、美观、占地面积小的多层轻钢活动板房。

③ 施工现场搅拌站、仓库、加工厂、作业棚、材料堆场等布置应尽量靠近已有交通线路或即将修建的正式或临时交通线路，缩短运输距离。

（3）其他措施

① 现场道路硬化严格按规定执行，采用双车道宽度≤5 m，单车道宽度≤3 m，转弯半径≤12 m。

② 通过铺设绿化带，种植蔬菜和维护场地原有树木等方式，保护现场土地。

③ 本工程用于结构及临设用地砌块严禁采用黏土砖，采用加气混凝土砌块。

7.3.5　环境保护

（1）资源保护

① 施工现场的文物古迹、古树名木及所发现的地下文物资源应采取有效的保护措施。

② 施工过程要避免地下水污染和水土流失。

（2）扬尘控制

① 扬尘的产生

a. 车辆运输扬尘。运输车辆在施工场地运输弃土时，行驶中产生的扬尘约占施工扬尘总量的 60%。此外，运输车辆在离开施工场地后因颠簸或风的作用洒落尘土，对沿途周围环境产生一次和二次扬尘污染。

b. 开挖扬尘。通过类比调查，未采取防护措施和土壤较为干燥时，开挖的最大扬尘约为开挖土量的 1%；在采取一定防护措施和土壤较为湿润时，开挖的扬尘量约为 0.1%。

c. 物料堆扬尘。施工现场物料、弃土堆积也会产生扬尘。据资料统计，扬尘排放量为 0.12 kg/m³ 物料。若使用帆布覆盖或水淋除尘，排放量可降至 10%。

② 扬尘控制目标

a. 工程施工过程中，运送土方、垃圾、设备及建筑材料等物质时，要求不污染场外道路；运输容易散落、飞扬、流漏的物料的车辆，必须采取措施将物料封闭严密，保证车辆清洁；施工现场出口设置洗车槽，及时清洗车辆上的泥土，防止泥土外带。

b. 土方作业阶段，采取洒水、覆盖等措施，达到作业区无肉眼可观测扬尘，不扩散到场区外。结构施工、安装装饰装修阶段，对易产生扬尘的堆放材料应采取密目网覆盖措施；对粉末状材料应封闭存放；场区内可能引起扬尘的材料及建筑垃圾搬运应有降尘措施，如覆盖、洒水等；浇筑混凝土前清理灰尘和垃圾时利用吸尘器清理，机械剔凿作业时可用局部遮挡、掩盖、水淋等防护措施；多层建筑清理垃圾采用人工清扫并装车封闭，利用施工电梯运输至楼下，以减少楼层垃圾清理时的扬尘。

c. 施工现场非作业区达到目测无扬尘的要求。对现场易飞扬物质采取有效措施，如洒水、地面硬化、围挡、密目网覆盖、封闭等，防止扬尘产生。

d. 构筑物机械拆除前，做好扬尘控制计划。可采取选择利用水钻、绳锯、液压静力破除等无尘施工措施。

③ 场地扬尘所采取的防止措施如下：

a. 混凝土的选择：所有混凝土均采用商品混凝土，由项目经理牵头，选定综合实力较强的混凝土公司。

b. 场地的封闭及空余场地绿化：现场难以利用的空地做成花池或绿化，植树种花美化、抑尘，临时施工道路两侧也进行绿化防尘。

c. 散状颗粒物的防尘措施：项目周边裸土，等进场后，临时用密目网或者苫布进行 100％覆盖，控制一次进场量，边用边进，减少散发面积。用完后清扫干净。在土方开挖阶段，采用在施工便道两侧设置喷淋的方式防止扬尘，对于土方开挖清底完成的区域，在验收通过后马上施工垫层封闭。

d. 垃圾站：在现场设置一个分类封闭垃圾站。施工垃圾用塔吊吊运至垃圾站，对垃圾按无毒无害可回收、无毒无害不可回收、有毒有害可回收、有毒有害不可回收分类分拣、存放，充分利用建筑垃圾。

e. 切割的防尘措施：齿锯切割木材时，在锯机的下方设置遮挡锯末挡板，使锯末在内部沉淀后回收。

f. 洒水防尘：常温施工期间，引入全自动控制系统，利用沉淀池内的非传统用水，在运输通道两侧及施工现场内进行布置。

g. 现场围墙：现场周边采用挡墙分隔施工区域，高度 2 m，在格挡噪音的同时也可防止扬尘扩散到施工区域以外。

h. 各类运输车辆封闭管理防尘：保证运土车、垃圾运输车、混凝土搅拌运输车、大型货物运输车辆运行状况完好，表面清洁。

i. 现场出入口设置洗车槽，对驶出车辆 100％进行冲洗。出土期间，在车辆出门前，派专人清洗泥土车轮胎，防止车辆带土和扬尘。

j. 主体施工期间，对浇注混凝土前清理模板内灰尘及垃圾时，配备吸尘器，清扫木屑。楼层结构内清理时，所有建筑垃圾用麻袋装好，再整袋运送下楼至指定地点。装饰装修阶段，楼内建筑垃圾清运时用袋装盛运，没有从楼内直接将建筑垃圾抛洒到楼外的现象。

k. 对现场易产生扬尘的物资，采取定点堆放在密闭库房内，将扬尘污染降到最低。

l. 在禁令施工时间内严格执行有关禁止施工的规定。

m. 建筑垃圾、工程渣土在 24 小时内不能清运出场的，设置临时堆场，堆场周围进行围挡、遮盖、保温等防尘措施。

（3）有害气体排放控制

① 进出场车辆及机械设备有害气体排放应符合国家年检要求。

② 电焊烟气的排放应符合现行国家标准《大气污染物综合排放标准（GB 16297）》的规定。

③ 施工现场严禁焚烧各类废弃物。

（4）建筑废弃物控制

施工现场的固体废弃物对环境产生的影响较大。这些垃圾不易降解，对环境产生长期影响。制订建筑垃圾减量化计划，每万平方米建筑垃圾产生量不大于 380 t。加强建筑垃圾的回收再利用率，建筑物拆除产生的建筑垃圾的再利用和回收率大于 50%。对于碎石类、土石方类建筑垃圾，采用地基填埋、铺路等方式提高再利用率，力争再利用率大于 50%。生活区及办公区设置封闭式垃圾容器，施工场地的生活垃圾实行袋装化，及时清运。对建筑垃圾进行分类，并收集到现场垃圾池，集中运出。

在本工程中我们要按照"减量化、资源化和无害化"的原则采取以下措施：

（1）固体废弃物减量化

① 施工过程中编制钢筋、混凝土、模板工程等施工方案，通过合理下料技术准确下料，尽量减少建筑垃圾。现场施工时，严格执行过程检查制度，确保工程施工质量。模板、钢筋安装、绑扎完毕后，项目部组织进行验收，对不合规范及方案要求的材料形成整改文件。同时实行"工完场地清"等管理措施，在结束每个工作段的段施工工序时，在递交工序交接单前，负责把自己工序的垃圾清扫干净。提高施工质量标准，减少建筑垃圾的产生，如提高墙、地面的施工平整度，一次性达到找平层的要求，提高模板拼缝的质量，避免或减少漏浆。

② 施工中尽量采用工厂化生产的建筑构件，减少现场切割。

③ 提前进行精装修深化设计工作，形成深化设计图纸，通过深化设计排版，避免出现墙、地砖及吊顶板材小于二分之一块材的使用。

④ 利用 TEKLA 软件对项目钢结构进行提前深化、利用 BIM 软件对机电安装工程的管线排布提前进行排版和深化设计，并进行相应洞口及线槽的预留工作，以避免开洞（槽）、切割等产生固体垃圾或造成材料浪费。

（2）固体废弃物资源化（废旧材料的直接再利用）

① 利用废弃模板来钉做一些移动花坛、踢脚板、废电池回收盘等；利用废弃的钢筋头制作楼板马凳、排水沟盖板、飞机头等。

② 利用木方、木胶合板来搭设道路边的防护板和后浇带的防护板。每次浇注完剩余的混凝土用来浇注构造柱、混凝土垫块等构件。

③ 碎石类建筑垃圾用作地基和路基。建筑垃圾中砖经清理可重复使用,废砖、混凝土经破碎筛分分级、清洗后作为再生骨料配制低标号再生骨料混凝土,用于地基加固、道路工程垫层、室内地坪及地坪垫层和非承重混凝土空心砌块、混凝土空心隔墙板、蒸压粉煤灰砖等生产。

（3）固体废弃物资源化（废旧材料的间接再利用）

① "落地灰"的利用。充分利用建筑垃圾废弃物的落地砂浆、混凝土等材料,加强抹灰工程施工控制,减少"落地灰"的产生。

② 建筑垃圾（余料）的利用。设置建筑垃圾（余料）回收系统,将垃圾（余料）进行回收,在建筑内设置一个回收系统,以便于地上施工阶段建筑垃圾（余料）的回收利用。楼层内垃圾均采用装袋处理,并通过施工电梯或升降机将装袋好的垃圾运至指定地点,避免了建筑垃圾在运输过程中产生二次污染。

（4）固体废弃物分类处理

① 施工现场设置各类固体废弃物回收场,包括建筑固体垃圾堆场、垃圾分类回收站、钢筋废料回收池、分类式环保垃圾桶、有害物回收箱。

② 非存档文件纸张采用双面打印或复印,废弃纸张最终与其他纸制品一同回收再利用。

③ 施工中收集的废钢材,由项目部统一回收再利用。

④ 办公使用可多次灌注的墨盒,不能用的废弃墨盒由制造商回收再利用。

⑤ 建立固体废弃物处理台账,方便对建筑垃圾进行统计、记录及分析。

5．水土污染控制

（1）水污染控制

① 水污染范围

工人食堂、浴室、卫生间等在使用中产生的生活废水在未经处理后排出,将对周围环境造成严重的污染。车辆冲洗、机械设备的清理产生的废水,混凝土养护废水及部分化学物品在使用过程中的遗漏等情况也将造成水污染。针对不同的污水,设置沉淀池、隔油池、化粪池。

② 具体措施

雨水：现场道路均经过硬化处理,雨水通过排水沟流入降水井,降水井水泵将水抽至沉淀池,再经过沉淀池沉淀后排入市政管网。

污水排放：办公区设置水冲式厕所,在厕所附近设置化粪池,污水经过化粪池沉淀后排入市政管道。

隔油池：在工地食堂设置二级隔油池。定期清扫、清洗,油物随生活垃圾一同收入生活垃圾桶。

沉淀池：大门分别设置三级沉淀池,基坑抽出的水和清洗混凝土搅拌车、泥土车等的污水经沉淀后,可再利用在现场洒水混凝土养护等。

有害废弃物:禁止将有毒有害废弃物用作土方回填,以免污染地下水和环境。安全部组织专人定期检查场内排水管线、沟槽的畅通情况,每月定期清理淤积物,保证排放畅通。

(2) 土壤保护

① 现场布置采用绿化与硬化相结合的方式,交通道路和材料堆场等,采用硬化措施,设置排水沟、集水井、沉淀池等排水系统。其他地方视条件而定,尽可能多地在种植花草树木、美化环境的同时避免土壤流失。

② 对于有毒有害废弃物如电池、墨盒、油漆、涂料等,项目部统一回收后交后勤办公室处理,不能作为建筑垃圾外运。废旧电池要回收,在领取新电池时交回旧电池,最后由项目部统一移交公司处理,避免污染土壤和地下水。

③ 机械机油处理:在机械的下方铺设苫布,上面铺上一层沙吸油,最后集中找有资质的单位处理。

④ 沉淀池、隔油池、化粪池等不发生堵塞、渗漏、溢出等现象。及时清掏各类池内沉淀物。本项目隔油池每周清理,排水沟和沉淀池每月清理,并形成清理记录。

⑤ 施工后应恢复施工活动破坏的植被,对项目周边空地进行科学绿化,补救施工活动中人为破坏植被和地貌造成的土壤侵蚀。

(3) 其他措施

① 项目部在红线外裸露土壤进行种植草坪,场内施工道路、材料堆放场地、加工车间的地面均采取硬化措施,现场 80% 区域都采取了绿化措施,避免土壤流失。

② 减少施工期临时占地,合理安排施工进度,缩短临时占地使用时间。

③ 减少施工作业区内的草地、灌木丛的破坏,施工场地不设在林地,教育施工人员不毁林,不损坏场地以外的地表植被。

④ 地泵及地泵管道进行冲洗后,最后排入市政污水管道。现场砂浆搅拌设固定的搅拌棚,并在就近设置沉淀池。

⑤ 施工现场由于气焊使用乙炔发生罐产生的污水严禁随地倾倒,要求专用容器集中存放,倒入沉淀池处理,以免污染水质。

⑥ 现场产生的污水必须经二次沉淀后,方可排入市政污水管线或回收用于洒水降尘。未经处理的泥浆水,严禁直接排入城市排水设施。

6. 光污染控制

① 施工现场道路周边设置标准化灯塔,设置灯罩,随工地的进度及时调整罩灯的角度,有效控制灯光的方向和范围,保证透光方向集中在施工区域。夜

间室外照明灯加设灯罩,透光方向集中在施工范围。

② 电焊作业采取遮挡措施,避免电焊弧光外泄,对进场的电焊和气割设备进行检查验收,验收合格后才能使用。

③ 对施工前进场的灯具设备进行检查,杜绝无罩、无防护的设备进场使用。

④ 电焊作业控制,钢结构及梁、板焊接部位设置遮光棚,可有效防止强光外射对工地周围区域造成影响。

7. 噪声与震动控制

借鉴已有工程施工经验的基础上,严格控制施工过程中产生的噪音,对噪音进行实时监测与控制。总体方法为使用低噪音、低振动的机具,采取隔音与隔振措施,避免或减少施工噪音和振动。针对本项目降低噪音将采取如下具体措施:

① 场区设置警示标牌,禁止车辆鸣笛。

② 指定专人,每天早晚两个时间点对场区噪音量进行测量,并将观测数据按月绘制成曲线图进行分析。根据监测结果,分析现场噪音源,有针对性地采取降噪措施,将现场噪音控制在合理范围内。噪音检测点平面布置如图 7.7所示。

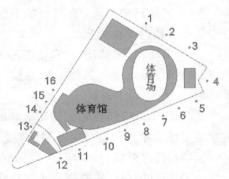

图 7.7　噪音检测点平面布置图

③ 夜间施工期间,超过噪声限值的施工作业全部停工,如圆盘锯刨木机等,不在夜间使用,确保不同施工阶段的噪声值满足如下要求:各施工阶段昼间噪声土方≤70 dB;结构≤70 dB;装修≤70 dB;各施工阶段夜间噪声土方≤55 dB;结构≤55 dB;装修≤55 dB。如果确实需要夜间施工,办理夜间施工许可证,并将噪声设备放置在远离居民区和生活区的一侧。

④ 一般设备噪音及其他噪音控制:塔吊本工程已安装使用低噪音塔吊,日常保养完善,性能良好运行平稳且噪音小。钢筋加工机械要求全部性能良好,运行稳定,噪音小。圆木材切割噪音控制在木材加工场地,切割机周围搭设一面围挡结构,尽量减少噪音污染。混凝土输送泵及砂浆搅拌噪音控制结构施工期间,根据现场实际情况确定泵送车位置,布置在空旷位置,采用噪音小的设备,必须在输送泵的外围搭设隔音棚,砂浆搅拌器设置在砂浆搅拌房内,减少噪音扰民。混凝土后浇带、施工缝、结构胀模等剔凿尽量使用人工,减少风镐的使用,降低施工噪音。砼泵管用橡皮(或轮胎)垫。

⑤ 在禁令时间内停止产生噪声的施工作业。

⑥ 采取低噪声设备、优化施工工艺、加强机电设备保养、设备严禁超负荷运转等措施尽量降低噪声产生的强度。

8. 设施保护

施工前应调查清楚地下各种设施，做好保护计划，保证施工场地周边各类管道、管线、建筑物、构筑物的正常运行。

7.4　青奥工程的绿色施工成效

7.4.1　绿色施工成效概况

1. 基本情况

工程基本情况见表 7.4。

表 7.4　工程基本情况

工程名称	总承包单位	工程所在地	总建筑面积/m²	建筑高度/m	基坑深度/m	跨度/m	结构类型	建筑类型
南京青奥体育公园 SG2 标工程	南京建工集团有限公司	南京市浦口区	161 289	45	5.3	90	框架结构管桁架屋盖	公共建筑

2. 环境保护

环保指标完成情况见表 7.5。

表 7.5　环保指标完成情况

序号	主要指标	目标值	实际完成值
1	建筑垃圾	产生量小于 400 t/万 m²，固体垃圾再利用率和回收率达到 50%	建筑垃圾产生量 354 t/万 m²，固体垃圾再利用率和回收率达到 52%
2	噪声控制	结构施工时昼间≤70 dB，装修施工时昼间≤60 dB，夜间施工≤55 dB。	符合目标要求
3	水污染控制	符合国家标准《污水综合排放标准》(GB 8978—1996)的要求	符合目标要求
4	扬尘排放	结构施工扬尘不大于 0.5 m，基础施工扬尘不大于 1.5 m，且不扩散到场外。	符合目标要求
5	光污染	达到环保部门规定，做到夜间施工不扰民，无周边单位或居民投诉。	符合目标要求

3. 节材与材料资源利用成效

节材与材料资源利用成效见表 7.6。

表 7.6   节材与材料资源利用成效

序号	主材名称	定额允许损耗率	目标损耗率	实际损耗率
1	钢材	2.0%	1.4%	0.93%
2	商品砼	1.5%	0.9%	0.78%
3	木材	5%	3%	1.3%
4	模板	平均周转次数 5 次	平均周转次数 7 次	平均周转次数 7 次
5	围挡等周转设备（料）		重复使用率 95% 以上	重复使用率 95%
6	其他主要建筑材料		比定额损耗率减少 30%	比定额损耗率减少 33%
7	就地取材≤500 km 以内的占总量的 90%			
8	回收利用率达到 50%			

4．节水与水资源利用成效

节水与水资源利用成效见表 7.7。

表 7.7   节水与水资源利用成效

序号	施工阶段及区域	万元产值目标耗水/m³			实际耗水量
1	桩基、基础施工阶段	施工用水	2.6	91 000	17 474
		办公用水	0.2	7 000	5 911
		生活用水	0.5	17 500	13 791
2	主体结构施工阶段	施工用水	1.8	45 000	17 082
		办公用水	0.2	5 000	4 924
		生活用水	0.5	12 500	11 489
3	装饰装修和机电安装施工阶段	施工用水	1.8	90 000	21 761
		办公用水	0.2	10 000	8 646
		生活用水	0.2	10 000	2 017
4	整个施工阶段	施工用水	2.06	226 000	56 317
		办公用水	0.2	22 000	19 481
		生活用水	0.35	40 000	27 297
5	节水设备（设施）配置率	100%			
6	整个施工阶段	非市政自来水利用量占总用水量的 35%			

5. 节能与能源利用成效

节能与能源利用成效，见表 7.8。

表 7.8　节能与能源利用成效

序号	施工阶段及区域	万元产值目标耗电/(kW·h)			实际耗电量
1	桩基、基础施工阶段	65 (kW·h)/万元产值	施工用电：60.21 (kW·h)/万元产值	1 278 210	1 163 171.1
			办公用电：2.38 (kW·h)/万元产值	50 525.02	45 725.14
			生活用电：2.41 (kW·h)/万元产值	51 161.89	46 301.51
2	主体结构施工阶段	80 (kW·h)/万元产值	生活用电：63.42 (kW·h)/万元产值	4 982 909.47	4 534 447.55
			办公用电：6.8 (kW·h)/万元产值	534 276	486 191.16
			生活用电：9.78 (kW·h)/万元产值	768 414.6	691 573.14
3	节电设备（设施）配置率	大于 90%			

6. 节地与土地资源保护

节地与土地资源保护，见表 7.9。

表 7.9　节地与土地资源保护　　　　　　　　　　　　m²

序号	项目	目标值	实际值
1	办公、生活区面积	13 500	13 000
2	生产作业区面积	90 824	90 800
3	施工绿化率	20%	

　　南京青奥体育公园 SG2 标体育场馆工程作为政府公共项目，是南京建工集团承接的大型复杂项目工程之一，具有各种工程项目的特征。先后获得了省级文明工地、市级文明工地、省级安康杯优胜班组、南京市坚强堡垒、建设先进单位等一系列的荣誉称号。

　　本工程申报江苏省绿色施工示范工程和国家级绿色施工示范工程。体育场馆于 2014 年评为江苏省南京市优质结构工程，其中体育馆作为单体工程还将申报鲁班奖。

7.4.2　经济效益

1. 节水经济效益分析

（1）根据施工用水情况核算和施工现场用水定额综合分析，确定水资源控制总指标为水消耗 2.67 t/万元产值。截至 2016 年 7 月底，用水总指标为 87 988.6 t。生活用水指标为 0.77 t/万元产值，指标值为 25 525.9。办公区用水指标为 0.1 t/万元产值，指标值为 3 323.94 t。施工现场用水指标为 1.8 t/万元产值，即 1.8×33 039.39＝59 138.78 t。

（2）目前本工程实际用水量为生活用水 20 084.4 t，办公区用水 2 406.8 t，施工区用水 49 507.4 t，总用水 71 998.6 t，具体每月用水情况详见用水记录表。

（3）截至目前共节约用水 87 988.6－71 998.6＝15 990 t，节约率为 18.2%，节约费用 15 990×4.9＝78 351 元。

说明：

① 楼层养护采用薄膜覆盖节约用水；

② 基坑降水抽水、雨水用于降尘、混凝土养护；

③ 回收洗泵用水用于现场降尘；

④ 采用节水龙头；

⑤ 现场租赁洒水车喷淋洒水，杜绝无措施洒水；

⑥ 分别在食堂、生活区域、办公区域、施工区域安装单独水表计量。

2. 节能经济效益分析

（1）根据施工用电情况核算和施工现场用电定额综合分析，确定本工程用电控制总指标为 69(kW·h)/万元产值，指标量为 2 281 014 kW·h。

（2）目前本工程实际用电量为生活用电 306 847 kW·h，生产办公用电 57 175 kW·h，施工区用电 1 655 802 kW·h，总用电 2 019 825 kW·h，具体每月用电情况详见用电记录表。

（3）截至目前共节约用电 2 281 014－2 019 825＝261 189 kW·h，节约率为 11.5%，节约费用 261 189×1＝261 189 元。

说明：

① 施工现场、办公照明全部采用节能灯具；

② 对施工机械节能管理，按期计量考核；

③ 生活区采用太阳能热水器。

3. 节材经济效益分析

（1）办公用纸采用双面打印及按计划领用，并对废纸分类回收，截至目前共节约用纸 102 箱，每箱 98 元，共节约 102×98＝9 996 元。

（2）钢筋由专业、经验丰富的钢筋人员翻样，并经 3 道把关校核，共节约钢筋 647.56 t,每吨价格 2 900 元,共节约 647.56×2 900＝1 877 924 元。

（3）现场 ϕ 16 以上钢筋均采用直螺纹套筒连接,共节约钢筋 462.6 t,每吨钢筋 2 900 元,购买直螺纹套筒费用为 96 万元,共节约费用 462.6×2 900－960 000＝381 540 元。

（4）利用废旧钢筋现场制作马镫筋、底板支架钢筋等,无须项目购买成品马镫钢筋,共计可节约 1.7×55 452－32.19×1 330＝51 455.7 元。

（5）废旧钢筋处理,64.47×1 330＝85 745.1 元。

（6）本工程地上竖向结构采用塑料模板,周转次数为 30,如果是普通木模板的 5 倍,可节约木模板 33 548.2/5－18 548.2/30＝6 091.37 m²,共节约3 709.6×42－618.3×104.5＝91 190.85 元。

（7）所有木模板拆除后,对模板进行重新搭接,再调拨至其他项目,共计调拨 34 202 m² 模板。

（8）所有木方拆除后,对木方进行搭接,接长处理,再调拨至其他项目,共计调拨 44.86 m³,长木方单位为 585 元/m³,共节约费用 44.86×585＝26 243.1 元。

（9）混凝土废渣、砖砌块统一归堆。处理废旧砼 616.13 m³,单位为60 元/m³,废旧砖砌块 221.403 m³,单价为 55 元/m³,共计 616.13×60＋221.403×55＝49 145 元。

4. BIM 效益分析

（1）由于 BIM 模型可以直观地表达出结构之间的关系,当遇到图纸中结构复杂的部分,本工程通过 BIM 建模来有效快速的解决图纸难题。

（2）通过 BIM 模型可以直观地展现施工过程的难点,方便对现场管理人员进行交底,最大限度地提高工程进度与质量。

（3）本工程通过 BIM 建模实现了建筑与结构、结构与暖通、机电安装及设备等不同专业图纸之间的碰撞检测,避免因结构问题带来的停工与返工。应用BIM 技术可节约成本 100 万元。

7.4.3　社会效益

施工过程中,项目大力开展"四节一环保"活动,严格管控现场文明施工,成为集团公司标准化工地,并于 2015 年荣获"江苏省建筑施工文明工地"。

7.5　小结

本章介绍了绿色施工的产生背景和内涵,进一步讨论了绿色施工的 5 个特点,即低能耗、低消费,能够与自然和谐共生,要求措施经济高效,需要科学系统的管理制度和信息技术的支撑。介绍绿色施工的主要内容,包括控制污染,保护环境,通过优化方案设计,减少材料浪费,提高材料的运输和存储,提高材料的循环利用水平。同时要求保护水资源,开发利用雨水资源,提高水的利用率,并做到合理规划场地,提高土地利用率,做好规划管理工作,加强施工过程的管理和监督。进一步以南京青奥工程为例,根据九级标度法的原则,确定了各个等级指标的权重因数,建立了绿色施工评价体系,分别对设计、施工、竣工运营 3个阶段的施工方式进行了定量化的绿色评价,为绿色施工管理提供指导。最后结合南京青奥工程实际,制订了统筹管理各种生产资料和资源、降低材料浪费、提高资源利用率、控制污染的具体措施。

参考文献

［1］周峰.大跨度空间钢膜结构健康监测研究与应用［D］.哈尔滨：哈尔滨工业大学,2011.

［2］张寅.空间钢结构工程结构分析及安装施工仿真技术研究［D］.合肥：合肥工业大学,2011.

［3］王晨.南京青奥体育公园连接体钢结构的卸载与施工监测研究［D］.镇江：江苏大学,2015.

［4］任路.大跨度悬挑结构卸载技术研究与施工过程力学分析［D］.武汉：武汉理工大学,2013.

［5］梁宝祥.大跨空间钢结构健康监测与施工模拟分析［D］.兰州：兰州理工大学,2013.

［6］杜小虎.大跨度空间钢结构施工仿真研究［D］.合肥：合肥工业大学,2011.

［7］田黎敏.大跨度空间钢结构的施工过程模拟分析及研究［D］.西安：西安建筑科技大学,2010.

［8］孙永明.大跨度复杂空间钢结构施工全过程受力分析与监测［D］.合肥：安徽建筑大学,2015.

［9］邹昕.大跨钢结构施工卸载过程力学分析［D］.南昌：南昌大学,2011.

［10］杜新明.大型钢结构工程施工力学模拟与动力性能分析——以营口鲅鱼圈奥体中心体育场为例［D］.济南：山东建筑大学,2013.

［11］罗葵葵.大跨度空间悬挑钢结构卸载研究［D］.武汉：武汉理工大学,2009.

［12］雷道威.大型空间钢结构施工过程应力与变形分析［D］.武汉：武汉理工大学,2009.

［13］胡建华,周科平,古德生.基于连续采矿的顶板诱导崩落时变力学特性分析［C］.第七届全国采矿学术会议,2006.

［14］鲍广鉴,李国荣,王宏.现代大跨度空间钢结构施工技术［J］.钢结构,2005,1(20)：43－48.

［15］刘学武,郭彦林.考虑几何非线性钢结构施工力学分析方法[J].西安建筑科学大学学报,2008,40(2):161—169.

［16］刘钝.铁路站房钢结构施工过程监测与分析[D].杭州:浙江大学,2013.

［17］王典武.大跨度异型钢桁架安装过程试验研究与数值分析[D].青岛:青岛理工大学,2010.

［18］董石麟.中国空间结构的发展与展望[J].建筑结构学报,2010(6):38—51.

［19］陈国栋,郭彦林,梁志,等.广州新白云国际机场航站楼结构分析的关键问题[J].建筑结构学报,2002,23(2):12—23.

［20］承宇.南京奥体中心体育场钢屋盖安装关键性技术研究[D].南京:东南大学,2004.

［21］秦开虎.武汉中心体育馆张弦网壳结构施工模拟与监测[D].武汉:华中科技大学,2007.

［22］高颖,傅学怡,杨想兵.济南奥体中心体育场钢结构支撑卸载全过程模拟[J].空间结构,2009,15(1):20—34.

［23］刘艳军.盐城体育场罩棚钢结构工程施工过程力学模拟分析[D].济南:山东建筑大学,2013.

［24］齐林.大跨度连续刚构桥施工控制理论与应用研究[D].长沙:中南大学,2007.

［25］刘小云.复杂结构施工监测分析与研究[D].西安:长安大学,2009.

［26］何联均.超高层结构施工塔吊的应力监测与数值模拟[D].哈尔滨:哈尔滨工业大学,2010.

［27］曾志斌,张玉玲.国家体育场大跨度钢结构在卸载过程中的应力监测[J].土木工程学报,2008,41(3):1—6.

［28］秦杰,李国立,张然.奥运场馆建设中的大跨度钢结构预应力施工技术[J].土木工程学报,2008,39(3):211—225.

［29］纪晗.大跨度网壳结构施工过程数值模拟与监测[D].武汉:华中科技大学,2006.

［30］袁行飞,董石麟.一种由索穹顶与单层网壳组合的空间结构及其受力性能研究[J].土木工程学报,2010,31(3):1—8.

［31］唐建民,沈祖炎.索穹顶结构的静力性状分析[J].空间结构,1998,4(3):17—25.

［32］罗尧治,沈雁彬.杭州铁路东站站房钢结构施工监测[J].空间结构,

2013,19(3):3—8.

[33] 李永梅,赵胥英,章慧蓉.新型索承网壳结构非线性风振反应特性及参数分析[J].空间结构,2008,14(3):28—35.

[34] 郭彦林.大型复杂钢结构施工力学及控制新技术的研究与工程应用[J].施工技术,2010,40(1):49—55.

[35] 范重,刘先明,范学伟.国家体育场大跨度钢结构设计与研究[J].建筑结构学报,2007,28(2):1—15.

[36] 王琪.异形独塔斜拉桥施工控制研究[D].武汉:武汉理工大学,2012.

[37] 郭彦林,刘学武,刘禄宇.中央电视台新台址主楼施工技术及变形预调值研究[C].全国建筑钢结构行业大会,2007.

[38] 曾麒中.组合钢板混凝土剪力墙结构施工模拟分析[D].重庆:重庆大学,2013.

[39] 刘美兰.钢桥结构设计与施工控制[D].合肥:合肥工业大学,2006.

[40] 季亮.基于施工过程的空间结构计算与设计方法研究[D].杭州:浙江大学,2010.

[41] 张建华,张毅刚,王振清.大跨度空间结构施工过程力学行为的研究[J].重庆建筑大学学报,2008,30(4):105—108.

[42] 宋扬.应用于天桥上部结构的张弦桁架设计分析[D].天津:天津大学,2006.

[43] 杜小虎.大跨度空间钢结构施工仿真研究[D].合肥:合肥工业大学,2011.

[44] 叶芳芳.大悬挑悬挂混合结构的施工控制[D].长沙:中南大学,2009.

[45] 杜秀丽.大跨钢结构合拢与卸载研究[D].太原:太原理工大学,2007.

[46] 朱兆国.青岛体育中心游泳跳水馆施工技术及健康监测[D].青岛:青岛理工大学,2011.

[47] 李峰.某钢桁架转换层结构施工全过程模拟分析[D].重庆:重庆大学,2013.

[48] 刘为俊.某大型复杂空间网格结构施工过程仿真与监测[D].武汉:武汉理工大学,2011.

[49] 李锦城.大跨度钢结构屋架挠度变形监测方法[J].铁道建筑,2006,6(12):96—98.

［50］傅俊涛.大跨越钢管塔节点强度理论与试验研究［D］.上海：同济大学,2006.

［51］曾志斌,张玉玲.国家体育场大跨度钢结构在卸载过程中的应力监测［J］.土木工程学报,2008,41(3)：1—6.

［52］敖学侣.型钢混凝土大悬挑结构施工全过程模拟分析［D］.重庆：重庆大学,2012.

［53］Meek J L,Tan H S. Geometrically nonlinear analysis of space frames by an Incremental iterative technique［J］. Computer Methods in Applied Mechanics and Engineering,1984,47(3)：261—282.

［54］Housner G W,Bergman L A,Caughey T K,et al. Structural control：Past,Present and Future［J］. ASCE,Journal of Engineering Mechanics,1997,123(9)：897—971.

［55］Farrar C R,Sohn H. Condition damage monitoring methodologies. Invited Talk,The Consortium of Organization for Strong Motion Observation Systems (COSMOS) Workshop,Emeryville,2001,LA-UR-01-6573.

［56］Doebling S W,Farrar C R,Prime M B,et al. Damage identification and health monitoring of structural and mechanical systems from changes in their vibration characteristics：A Literature Review［R］. LANA Report LA-13070-MS,1996.

［57］Hill K O,Fujii Y,Johnson D C,et al. Photo sensitivity in optical fiber wave guides：Application to reflection filter fabrication［J］. Applied Physics Letters,1978,32(10)：647—649.

［58］Meltz G,Morey W W,Glenn W H. Formation of bragg gratings in optical fib-res by a transverse holographic method［J］. Opttics Letters,1989,14(15)：823—825.

［59］Hill K O,Malo B,Bilodeaue E,et al. Bragg gratings fabricated in mono mode photosensitive optical fiber by UV exposure through a phase mask ［J］. Applied Physics Letters,1993,62(10)：1035—1037.

［60］Sabelli R,Mahin S,Chang C. Seismic demands on steel braced frame building with buckling-restrained braces［J］. Engineering Structures,2003,25(5)：655—666.

［61］刘学武.大型复杂钢结构施工力学分析及应用研究［D］.北京：清华大学,2008.

［62］郭小农,邱丽秋,罗永峰,等.大跨度屋盖钢结构拆撑过程模拟分析的约束方程法［J］.2013,34(9)：986－994.

［63］范重,孔相立,刘学林,等.超高层建筑结构施工模拟技术最新进展与实践［J］.施工技术,2012,41(369)：1－12.

［64］徐志洪,李寿奖.大跨度钢结构屋盖吊装施工工艺的力学分析与评价［J］.南京理工大学学报,2001,25(3)：323－327.

［65］王伯成.大跨度钢网架结构分段吊装技术的研究与应用［D］.重庆：重庆大学,2004.

［66］刘学武,郭彦林.钢结构吊装可动体系平衡状态确定的椭圆简化算法［J］.施工技术,2008,37(5)：18－21.

［67］雷旭.大跨度钢结构吊点布局研究［D］.大连：大连理工大学,2012.

［68］伍小平,高振锋,李子旭.国家大剧院钢壳体施工全过程模拟分析［J］.建筑结构学报,2005,26(5)：40－45.

［69］蒋顺武.巨型网格结构施工全过程模拟分析［D］.长沙：湖南大学,2008.

［70］卓新,石川浩一郎.张力补偿计算法在预应力空间网格结构张拉施工中的应用［J］.土木工程学报,2004,37(4)：38－40.

［71］李波,杨庆山,谭锋.张力结构的施工计算［J］.北京交通大学学报,2007,31(1)：93－96.

［72］张国发,董石麟,卓新.位移补偿计算法在结构索力调整中的应用［J］.建筑结构学报,2008,29(2)：39－42.

［73］王化杰,范峰,钱宏亮,等.巨型网格弦支穹顶预应力施工模拟分析与断索研究［J］.建筑结构学报,2010,31(S1)：247－253.

［74］洪彩玲.大跨度预应力空间钢结构施工过程分析与索力优化研究［D］.郑州：郑州大学,2013.

［75］陆津龙,左蔚文,刘雄,等.国内外幕墙的发展历史及现状［J］.住宅科技,2009,12(6)：46－49.

［76］宋秋之,刘志海.我国玻璃幕墙发展现状及趋势［J］.玻璃深加工,2009,3(2)：29－31.

［77］霍治澎.点支式玻璃幕墙索桁架支撑体系的风振响应［D］.昆明：昆明理工大学,2012.

［78］李勇智.点式玻璃幕墙的特点与施工技术［J］.工业建设与设计,2006,8(2)：64－65.

［79］胡雪莲,李正良,晏致涛.大跨度桥梁结构风荷载模拟研究［J］.重庆

建筑大学学报,1996,27(3):63—67.

[80] Hertig J A. Some indirect scientific paternity of Alan G. Davenport[J]. Journal of Wind Engineering and Industrial Aerodynamics,2003, 91(12):1329—1347.

[81] 黄本才.结构抗风分析原理及应用[M].上海:同济大学出版社,2001.

[82] Simiu E. Revised procedure for estimating along-wind response[J]. Journal of the Structural Division,1980(106):1—10.

[83] 彭大文,林文明.边缘构件对索网结构风振响应的影响分析[J].工程力学,1998,15(3):118—124.

[84] Fan J S,He F S,Liu Z R. Chaotic oscillation of saddle form cable-suspended roofs under vertical excitation action[J]. Nonlinear Dynamic,1997,12(1):119—127.

[85] 彭万珍.单层正价索网点支式玻璃幕墙自振特性研究[J].山西建筑,2006,32(5):64—65.

[86] 石永久,吴丽丽,王元清.单层索网体系非线性自振特性研究[J].振动工程学报,2006,19(20):173—178.

[87] 冯若强.单层平面索网玻璃幕墙结构动力性能研究[D].哈尔滨:哈尔滨工业大学,2006.

[88] 吴丽丽,王元清,石永久.索网结构振动模态分析[J].西南交通大学学报,2005,40(1):58—63.

[89] 冯若强,武岳,沈世钊.单层平面索网幕墙结构的风激动性能研究[J].哈尔滨工业大学学报,2005,38(2):153—155,237.

[90] Geoffrey Chase J,F Boyer,W Geoffrey. Probabilistic risk analysis of structural impact in seismic events for linear and nonlinear systems[J]. Earthquake Engineering Structure Dynamics,2014,43 (10):150—161.

[91] Mcmari M,Rchard A B,Paul A. Scismic behavior of curtain walls containing insulating glass units[J]. Journal of Architectural Engineering,2003,9(2):70—85.

[92] Rchard A B. Seismic performance of architectural glass in mid-Rised curtain wall[J]. Journal of Architectural Engineering,1998,4 (3):94—98.

[93] 冯若强.点支式玻璃幕墙单层索网体系索支撑体系研究及软件开

发[D].哈尔滨：哈尔滨工业大学,2002.

［94］吴丽丽.建筑幕墙单层平面索网结构风振响应与抗风设计方法研究[D].北京：清华大学,2006.

［95］武岳,沈世钊.大跨度张拉结构风致动力响应研究进展[J].同济大学学报,2002,30(5):533－538.

［96］同丽萍,李明.风荷载作用下玻璃幕墙结构的受力分析与计算[J].工业建筑,2000,30(4):27－30.

［97］李杰超,魏德敏.大跨索网结构风振系数分析[J].空间结构,2008,14(3):36－40.

［98］邓华,李本悦.空间网格结构风振计算频域法的参数讨论及数值分析[J].空间结构,2004,10(4):37－43.

［99］陈锡栋,杨婕,赵晓栋,等.有限元的发展现状及应用[J].中国制造业信息化,2010,39(11):6－9.

［100］古成中,吴新跃.有限元网格划分及发展趋势[J].计算机科学与探索,2008,2(3):248－255.

［101］刘宁,吕泰仁.随机有限元及其工程应用[J].力学进展,1995(1):23－26.

［102］洪天华.风荷载作用下点支式玻璃幕墙的动力性能研究[D].大连：大连理工大学,2007.

［103］裘毅冲.考虑施工作用的点支式玻璃幕墙承载性能研究[D].杭州：浙江大学,2003.

［104］董石麟,钱若军.空间网格结构分析理论与计算方法[M].北京：中国建筑工业出版社,2000.

［105］唐建民.柔性结构非线性分析的杆单元有限元法[J].中南工学院学报,1996(1):21－24.

［106］Stefanou G D. Dynamic response analysis of nonlinear structures using step integration techniques [J]. Computers and Structures, 1995,57(6):99－112.

［107］高兴军,赵恒华.大型通用有限元软件 ANSYS 简介[J].辽宁石油化工大学学报,2004(3):34－38.

［108］梁春铃,王邵华,修磊.浅谈大型通用有限元分析软件 ANSYS[J].水利科技与经济,2007(5):10－15.

［109］刑静忠,李军.ANSYS 的建模方法和网格划分[J].中国水运(学术版),2006(9):15－18.

[110] 刘涛,杨凤鹏.精通 ANSYS[M].北京:清华大学出版社,2002.

[111] 祝效华,余志祥.ANSYS 高级工程有限元分析[M].北京:电子工业出版社.2004.

[112] 张红松,胡仁喜,康士廷.ANSYS 13.0 有限元分析从入门到精通[M].北京:机械工业出版社,2011.

[113] 有限元与程序设计参考资料汇编[Z].昆明理工大学建筑工程学院土木系,2006.

[114] 张朝晖.ANSYS11.0结构分析工程应用实例解析[M].北京:机械工业出版社,2008.

[115] 何志娟,陆守明.点支式玻璃幕墙索桁架支撑体系自振特性及分析[J].四川建筑科学研究,2007,33(1):38-39.

[116] 杨立军,叶柏龙,喻爱南,等.预应力自平衡索桁架的非线性固有振动[J].中南大学学报,2011,42(4):1111-1116.

[117] Tabarrok B,Qin Z. Dynamic analysis of tension structures[J]. Computer and Structure,1997,51(6):312-325.

[118] 杨岭.点式玻璃幕墙的施工技术[J].河南科技,2008(10):60.

[119] 殷永烩,张其林,黄庆文.点支式中空和夹层玻璃承载性能的试验研究[J].建筑结构学报,2004,62(35):135-168.

[120] 赵小阳.索桁架结构的风振响应[J].特种结构,2006,67(31):64-87.

[121] 郑蕊.点式幕墙索桁架支撑体系的自振及风振特性研究[D].西安:西安理工大学,2004.

[122] 刘锡良,周颖.风荷载的几种模拟方法[J].工业建筑,2005,35(5):81-84.

[123] 姜丽丽.玻璃幕墙与索桁架结构力学性能研究[D].邯郸:河北工程大学,2012.

[124] 曹美伶.柔性索杆支撑体系点式玻璃幕墙的风振响应分析[D].济南:山东建筑大学,2013.

[125] 王之宏.风荷载的模拟研究[J].建筑结构学报,1994,15(1):44-52.

[126] 陈俊儒,吕西林.上海中心大厦脉动风荷载模拟研究[J].力学季刊,2010,35(1):92-100.

[127] 彭博栋,魏福利.VC6.0 与 Matlab7.0 混合编程方法研究[J].计算机与数字工程,2008,36(9):174-178.

［128］邓巍,丁为民,张浩. MATLAB 在图像处理和分析中的应用［J］.农机化研究,2006(6)：94－98.

［129］彪仿俊.建筑物表面风荷载的数值模拟研究［D］.杭州：浙江大学,2005.

［130］Meryman H,Silman R. Sustainable engineering using specifications to make it happen［J］. Structural Engineering International,2004,14(3)：216－219.

［131］George O,Clive B. Impact of ISO14000 on construction enterprise in Singapore［J］. Construction Management and Eeonomics,2000(18)：935－947.

［132］Victor Olgyay. Design with climate：bioclimatic approach to architectural regionalism ［M］. New Jersey：Princeton University Press,1963.

［133］Grace K. C. Ding. Sustainable construction—The role of environmental assessment tools ［J］. Journal of Environmental Management,2008,86(3)：451－464.

［134］Raymond J. Cole. Building environmental assessment methods：assessing construction practices［J］. Construction Management and Economics,2000,(18)：949－957.

［135］BREEAM（Building Research Establishment Environmental Assessment Method）,Homepage,available at http：//www. bre. co. uk,2002.

［136］LEED（Leadership in Energy and Environmental Design）,Homepage,available at http：//www. usgbc. org/,2002.

［137］Hu J,Xiao Z B,Zhou R J,et al. Ecological utilization of leather tannery waste with circular economy model［J］. Journal of Cleaner Production,2011,19(2)：221－228.

［138］Raut S P,Ralegaonkar R V,Mandavgane S A. Development of sustainable construction material using industrial and agricultural solid waste：A review of waste-create bricks ［J］. Construction and Building Materials,2011,25(10)：4037－4042.

［139］何关培. BIM 总论［M］.北京：中国建筑工业出版社,2011.

［140］葛清. BIM 第一维度［M］.北京：中国建筑工业出版社,2013.

［141］葛文兰. BIM 第二维度［M］.北京：中国建筑工业出版社,2011.

[142] 何关培.那个叫 BIM 的东西究竟是什么[M].北京：中国建筑工业出版社,2012.

[143] Eastman C,Eastman C,Eastman C,et al. BIM Handbook[M]. Wiley John + Sons,2011.

[144] 何关培.如何让 BIM 成为生产力[M].北京：中国建筑工业出版社,2015.

[145] 李久林.大型施工总承包工程 BIM 技术研究与应用[M].北京：中国建筑工业出版社,2014.

[146] 李久林.智慧建造理论与实践[M].北京：中国建筑工业出版社,2015.

[147] 欧阳东.BIM 技术：第二次建筑设计革命[M].北京：中国建筑工业出版社,2013.

[148] 李建成.BIM 应用·导论[M].上海：同济大学出版社,2015.

[149] BIM 工程技术人员专业技能培训用书编委会.BIM 应用案例分析[M].北京：中国建筑工业出版社,2016.

[150] 冯康曾.节地·节能·节水·节材：BIM 与绿色建筑[M].北京：中国建筑工业出版社,2015.

[151] 刘占省.BIM 技术与施工项目管理[M].北京：中国电力出版社,2015.

[152] 竹隰生,王冰松.我国绿色施工的实施现状及推广对策[J].重庆建筑大学学报,2005,1：97—100.

[153] 吴良镛.广义建筑学[M].北京：清华大学出版社,1989.

[154] 绿色奥运建筑研究课题组.绿色奥运建筑评估体系[M].北京：中国建筑工业出版社,2003.

[155] 绿色建筑评价标准：GB/T 50378—2006[S].北京：中国建筑工业出版社,2006.

[156] 建筑工程绿色施工评价标准：GB/T 50640—2010[S].北京：中国计划出版社,2011.

[157] 何瑞丰,赵泽俊.我国绿色施工的发展现状与实施途径[J].广西工学院学报,2007,7(1)：76—78.

[158] 申琪玉,李惠强.绿色施工应用价值研究[J].施工技术,2005,11：60—62.

[159] 王占军,张铭,李火箭.基于 LCA 的绿色施工管理模式研究[J].邮电设计技术,2009,10：68—72.

[160] 鲁荣利.建筑工程项目绿色施工管理研究[J].建筑经济,2010(3):104－107.

[161] 王强.住宅产业化是实现绿色施工的有效途径[J].住宅产业,2010(4):55－56.

[162] 覃爱民,王利.基于供应链管理的绿色施工[J].价值工程,2010,7:16－17.

[163] 廖秦明.全面绿色施工管理研究[D].哈尔滨:哈尔滨工业大学,2011.

[164] 黄海峰.基于灰色理论的建筑工程全过程绿色管理方法与评价研究[D].杭州:浙江大学,2013.

[165] 颜成书.基于全过程的绿色建筑经济评价体系[D].重庆:重庆大学,2007.

[166] 杨彩霞.基于全过程的绿色建筑评估体系研究[D].北京:北京建筑工程学院,2011.

[167] 陈晓红.基于层次分析法的绿色施工评价[J].施工技术,2006,35(11):85－89.

[168] 秦佑国,林波荣.中国绿色建筑评估标准研究[J].中国住宅设施,2005(7):17－19.

[169] 孙佳媚,张玉坤.绿色建筑评价体系在国内外的发展状况[J].建筑技术,2008,39(1):63－65.

[170] 牛跃林,骆凤平,吴强.浅谈建筑施工现场的环境污染与防治措施[J].资源环境与工程,2006,20(3):269－270.

[171] 张晓明,楼静.绿色建材和绿色施工在北方地区的应用[J].施工技术,2007,36(6):36－38.

[172] 王有为.中国绿色施工解析[J].施工技术,2008,37(6):1－6.

[173] 张倩影.绿色建筑全生命周期评价研究[D].天津:天津理工大学,2008.

[174] 张丁丁.基于全过程我国绿色住宅建筑评估体系的研究[D].北京:北京交通大学,2010.

[175] 高教银.建设项目全过程成本理论及应用研究[D].上海:同济大学,2008.

[176] 王竹,贺勇,魏秦.关于绿色建筑评价的思考[J].浙江大学学报(工学版),2002(6):599－663.

[177] 金磊.城市生态与绿色建筑设计的问题研究[J].重庆建筑,2006(1):

14—18.

[178] 申民,沈凤云,施锦飞.北京射击馆绿色建筑施工技术[J].施工技术,
2009,38(2):27—29.

[179] 林宪德.绿色建筑:生态·节能·减废·健康[M].北京:中国建筑
工业出版社,2007.

[180] 黄喜兵,黄庆,武小菲.绿色施工的模糊综合评价[J].西南交通大学
学报,2008,(2):292—296.

[181] 张燕文.绿色住区人居环境的综合评价指标体系[J].统计与决策,
2006(18):62—63.

[182] 杨建荣,张颖,葛曹燕.上海世博会绿色建筑认证项目技术及应
用[J].动感(生态城市与绿色建筑),2010(2):72—81.

成果附录

一、纵向课题

[1] 考虑应力–锈胀开裂动态相互作用的钢筋混凝土构件耐久性劣化规律研究,国家自然科学基金(项目编号:51608233),主持;

[2] 基于高性能材料 CFRP 索的弦支穹顶结构的受力机理和试验研究,国家自然科学基金(项目编号:51608234),主持;

[3] 基于耐久性的 FRP 筋与普通钢筋混合配筋混凝土构件设计及性能研究,国家自然科学基金(项目编号:51578267),主持;

[4] 基于疲劳性能的碳纤维筋锚固系统可靠性设计理论研究,国家自然科学基金(项目编号:51508235),主持;

[5] 波浪作用下海工混凝土结构动态损伤试验研究,国家自然科学基金(项目编号:51508234),主持;

[6] 面向脆弱性的建筑工人不安全行为早期干预研究,国家自然科学基金(项目编号:51408266),主持;

[7] 大跨度 CFRP 索斜拉桥三维时变温度效应及其对结构模态频率影响的研究,江苏省自然科学基金(项目编号:BK20160536),主持;

[8] 基于高性能 FRP 筋材的混合配筋混凝土结构耐久性提升技术研究,江苏省六大人才高峰(项目编号:JZ-008),主持;

[9] 透水混凝土—人工湿地雨水回用智能系统设计与应用研究,镇江市重点研发计划(项目编号:SH2015004),主持;

[10] 面向脆弱性的建筑工人不安全行为早期识别与前摄干预方法研究,教育部人文社科基金(项目编号:14YJCZH047),主持;

[11] 邻避事件中的群体行为预测及前摄控制方法研究,中国博士后基金(项目编号:2014M561600),主持;

[12] 碳纤维筋锚固系统的锚固机理、疲劳性能与设计技术研究,江苏省自然科学基金(项目编号:BK20140553),主持;

[13] CFRP 索–弦支穹顶结构的力学性能与设计方法研究,江苏省自然科学基金(项目编号:BK20160534),主持;

[14] 基于碳纤维材料的预应力混凝土结构自感知特性及其应用研究,国

家自然科学基金(项目编号：51478209)，主持；

［15］氯盐环境下考虑应力-腐蚀动态相互作用的钢筋混凝土构件设计及性能研究，国自应急管理项目(项目编号：51541802)，主持(已结题)；

［16］基于钢筋锈蚀耐久性的混凝土结构全寿命性能及设计理论研究，国家自然科学基金(项目编号：51378241)，主持(已结题)；

［17］海工预应力混凝土结构耐久性试验相似理论探索与工程应用研究，国家自然科学基金(项目编号：51278230)，主持(已结题)；

［18］侵蚀环境下预应力混凝土桥梁耐久性损伤及承载力退化机理研究，教育部博士点基金(博导类)(项目编号：20123227110006)，主持(已结题)；

［19］基于高性能材料 CFRP 索的超大跨桥梁原型设计与相关问题研究，国家自然科学基金(项目编号：51078170)，主持(已结题)；

［20］双指标侵蚀环境作用下预应力结构耐久性试验与寿命预测研究，国家自然科学，基金(项目编号：50878089)，主持(已结题)；

［21］CFRP 索预应力大跨结构力学行为分析与控制，国家自然科学基金(项目编号 50678074)，主持(已结题)；

［22］现代预应力耐久性(单指标)数值试验研究与理论分析，国家自然科学基金资助项目(项目编号：50478089)，主持(已结题)；

［23］现代预应力结构耐久性设计理论研究，江苏省自然科学基金资助项目(项目编号：BK2003050)，主持(已结题)；

［24］透水性生态混凝土的制备及其应用推广，青海省科技厅项目(项目编号：2006-N-551)，主要完成人(已结题)；

［25］碳纤维(CFRP)索结构应用基础研究，国家自然科学基金(项目编号：50178018)；主要完成人(已结题)。

二、著作

［1］刘荣桂，曹大富，陆春华. 现代预应力混凝土结构耐久性[M]. 北京：科学出版社，2013.

［2］刘荣桂，胡白香. 土木工程导论[M]. 江苏：江苏大学出版社，2016.

三、专利

［1］王进，杨进文，张怡，鲁开明；自动排烟系统，发明专利，专利号：ZL201410551175.1；

［2］张怡，鲁开明，王进，杨进文；基于光栅连续摄像及图像处理的应变测量设备，实用新型专利，专利号：ZL201420604037.7

〔3〕王进,杨进文,张怡,鲁开明;自动排烟系统,实用新型专利,专利号:
ZL201420600976.8

四、工法

〔1〕大型公共建筑消防自动排烟系统一体化安装施工工法(国家级工法)。

〔2〕大体量外倾鱼腹式全索玻璃幕墙施工工法(省级工法)。

五、QC 成果

〔1〕提高体育馆工程屋盖管桁架多道喷涂厚型防火涂料施工合格率(全国工程建设优秀 QC 成果)。

〔2〕高大空间屋盖馆桁架螺旋风管安装 BIM 技术创新应用(江苏省工程建设优秀 QC 成果)。

〔3〕运用 QC 方法提高 BIM 模型的运算速度(江苏省工程建设优秀 QC 成果)。

〔4〕运用 QC 方法提高金属屋面安装质量(江苏省工程建设优秀 QC 成果)。

〔5〕提高大型体育场馆雨水综合利用效率(江苏省工程建设优秀 QC 成果)。

〔6〕提高圆柱模板一次成优率(南京市工程建设优秀 QC 成果)。

〔7〕运用 QC 方法提高体育场看台防水的施工质量(南京市工程建设优秀 QC 成果)。

六、学术论文

〔1〕曲尧,刘荣桂,韩豫,王进.绿色施工全过程评价指标的相关性分析[J].建筑节能,2015(3):222－225.

〔2〕许龙堂,胡白香,王进.南京奥体公园体育馆幕墙索桁架受力性能分析[J].四川建筑科学研究,2016(1):35－38.

〔3〕王晨,胡白香,谢甫哲,王进.南京奥体公园体育馆钢结构卸载方案探讨[J].四川建筑科学研究,2015(5):23－26.

〔4〕王进,唐家杰.钉形双向搅拌桩在比赛场地软土地基处理中的应用[C].江苏省土木建筑学会论文.

〔5〕樊淑清,王进,王东海.分块吊装技术在南京青奥体育公园体育场钢结构工程中的应用[C].江苏省土木建筑学会论文.

〔6〕王进,樊淑清,张怡.南京青奥体育公园体育馆钢结构管桁架施工技术[C].江苏省土木建筑学会论文.

〔7〕王进,鲁开明,池苏庆.大跨度钢结构吊装技术在南京青奥体育公园

连接体工程中的应用[C].江苏省土木建筑学会论文.

［ 8 ］毛雨楠,王进,姚昌慧,欧阳禄龙.BIM技术在建筑工程技术交底实践应用[C].江苏省土木建筑学会论文.

［ 9 ］姚昌慧,王进,欧阳禄龙,毛雨楠.BIM技术在工程投标中的应用[C].江苏省土木建筑学会论文.

［10］欧阳禄龙,王进.施工企业BIM模型质量管理研究[C].江苏省土木建筑学会论文.

［11］毛雨楠,王进,姚昌慧,欧阳禄龙.3D打印技术在大型复杂工程项目中应用研究[C].江苏省土木建筑学会论文.

［12］姚昌慧,王进,欧阳禄龙,毛雨楠.浅谈工程招投标对BIM技术的要求[C].江苏省土木建筑学会论文.

［13］王进,樊淑清,王东海.南京青奥体育公园体育馆拉索玻璃幕墙施工技术[C].江苏省土木建筑学会论文.

［14］樊淑清,王进,王东海.BIM技术在南京青奥体育公园体育馆管线综合中的应用[C].南京施工专业学会论文.

［15］王东海,王进,池苏庆.钢结构屋盖下曲面吊顶施工技术[C].南京施工专业学会论文.

［16］姚昌慧,王进,欧阳禄龙,毛雨楠.BIM技术在南京青奥体育公园机电安装工程管线深化设计中的应用[C].南京施工专业学会论文.

［17］王东海,逯绍慧,姚昌慧,毛雨楠.BIM在绿色施工技术中的应用[C].南京施工专业学会论文.

［18］毛雨楠,王进,姚昌慧,欧阳禄龙.南京青奥体育公园项目BIM应用中的族管理[C].南京施工专业学会论文.

七、其他

［ 1 ］中国建筑业信息模型邀请赛获得卓越工程项目奖二等奖。

［ 2 ］住房和城乡建设部绿色施工科技示范工程"南京青奥体育公园SG2标工程"通过验收。

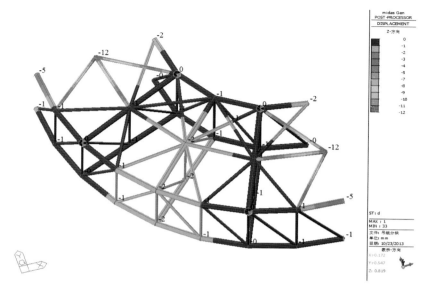

图4.41　体育馆典型分块吊装变形（mm）

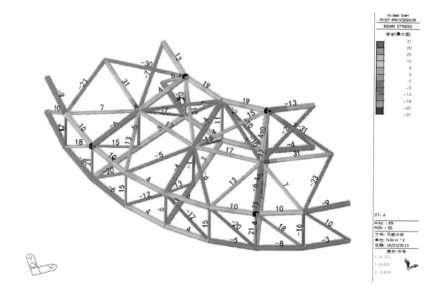

图4.42　体育馆典型分块吊装应力（N/mm²）

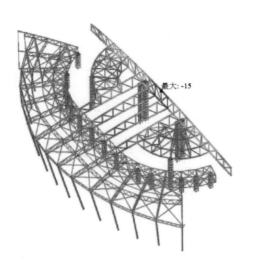

（a） 竖向变形（mm）

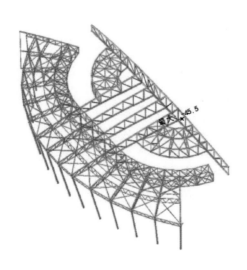

（b） 结构应力（N/mm²）

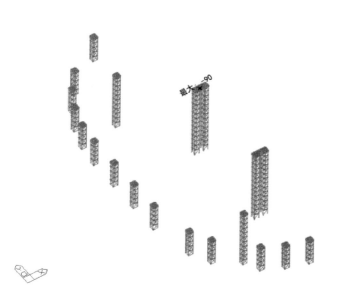

（c） 支撑应力（N/mm²）

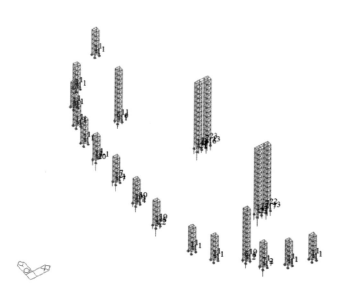

（d） 支撑反力（t）

图4.46 体育馆工况cs‐9计算结果

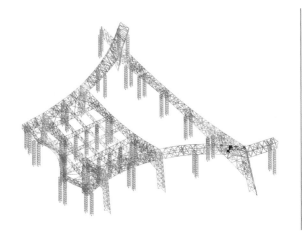

图4.66　工况cs16竖向变形（mm）

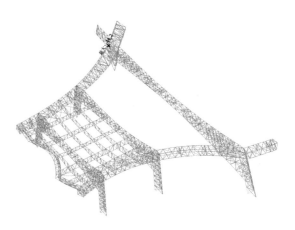

图4.67　工况cs16结构应力（N/mm²）

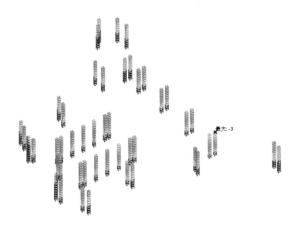

图4.68　工况cs16支撑竖向变形（mm）

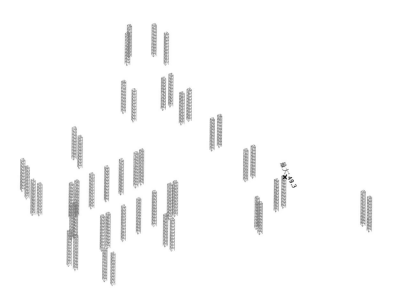

图4.69　工况cs16支撑应力（N/mm²）

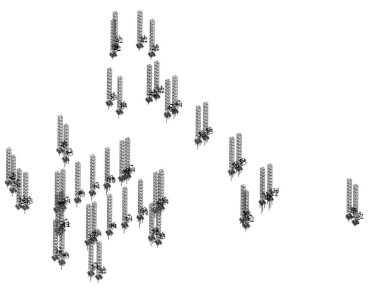

图4.70　工况cs16支撑反力（t）

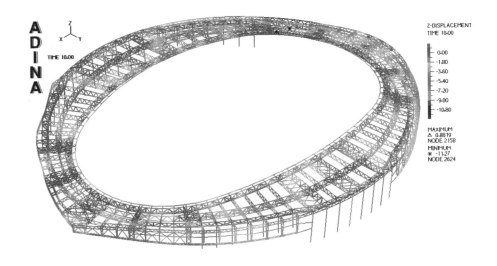

图4.73　C0工况体育场屋盖应力云图

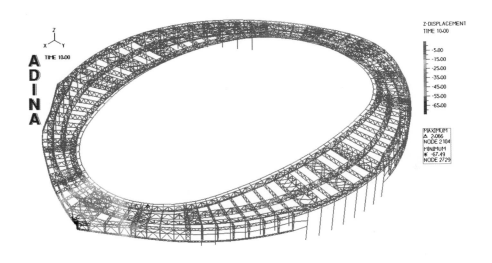

图4.74　C1工况体育场屋盖应力云图

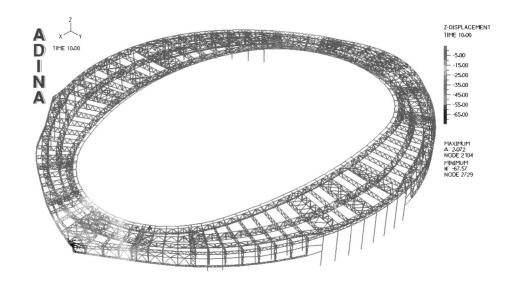

图4.75 C2工况体育场屋盖应力云图

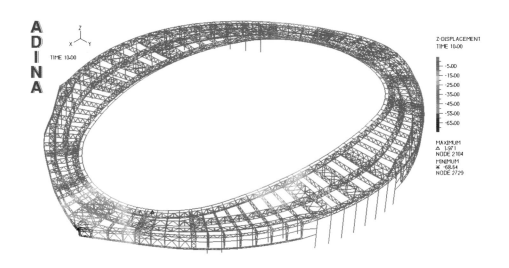

图4.76 C3工况体育场屋盖应力云图

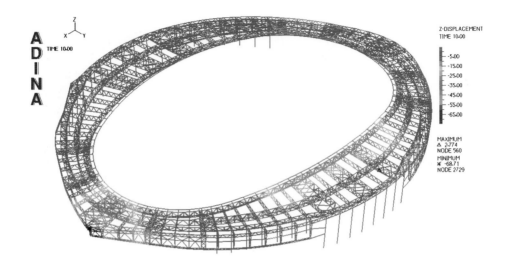

图4.77 C4工况体育场屋盖应力云图

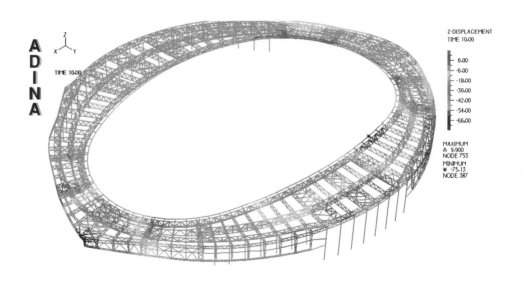

图4.78 C5工况体育场屋盖应力云图

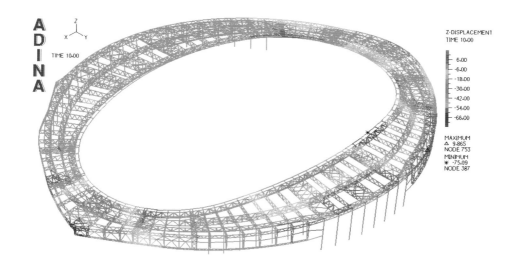

图4.79　C6工况体育场屋盖应力云图

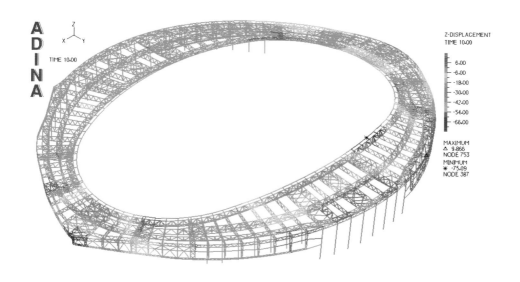

图4.80　C7工况体育场屋盖应力云图

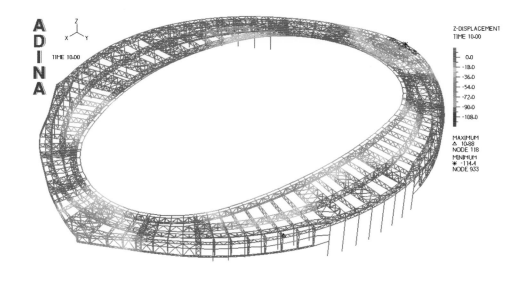

图4.81　C8工况体育场屋盖应力云图

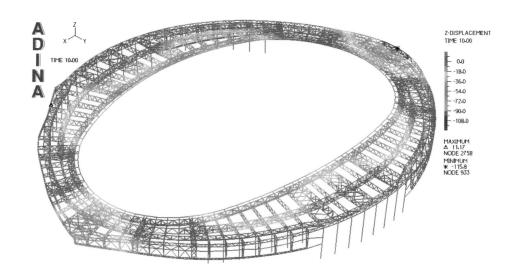

图4.82　C9工况体育场屋盖应力云图

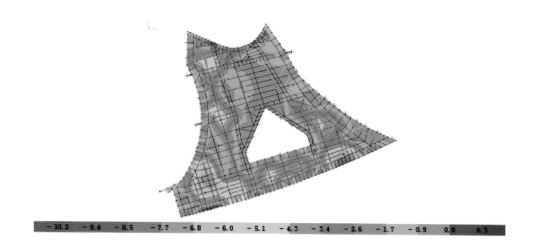

图4.91　屋盖结构的竖向位移图

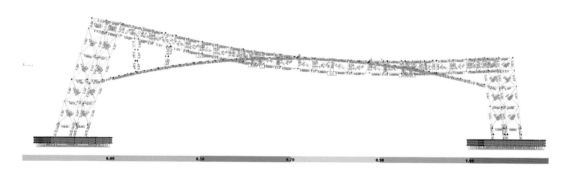

图4.92　连接体最大跨度处桁架应力比图

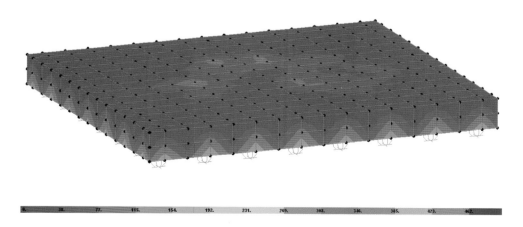

图4.93　连接体最大跨度处承台应力云图

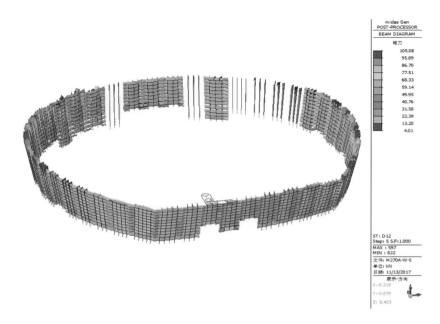

图5.13　荷载组合3D时的索力图

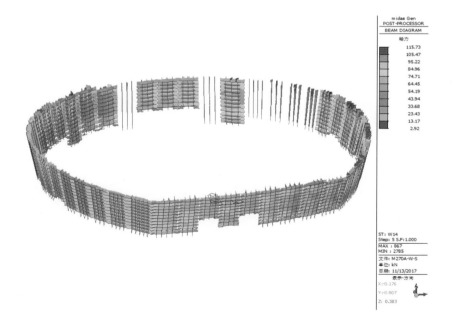

图5.14　组合1DW时的索力图（风向角270°）

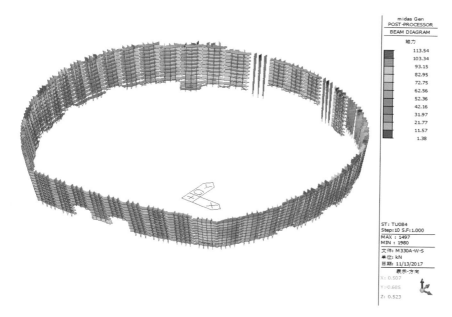

图5.15　组合1DWTU时的索力图（风向角330°）

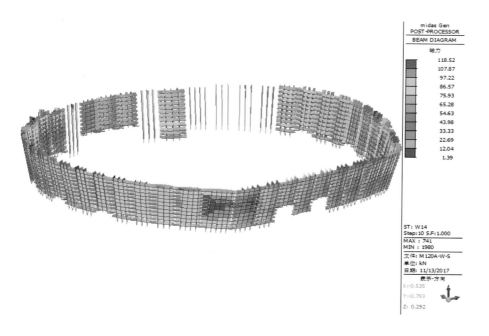

图5.16　组合1DTDW时的索力图（风向角120°）

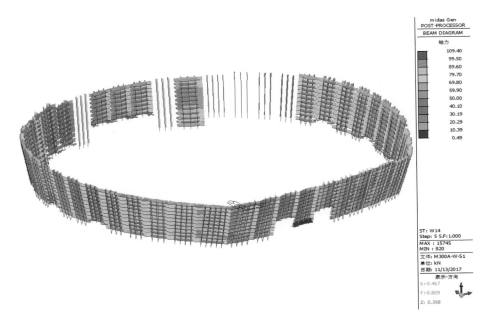

图5.17　组合2DTUW时的索力图（风向角300°）

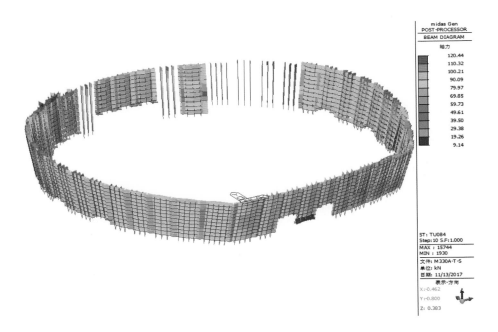

图5.18　组合2DTDW时的索力图（风向角330°）

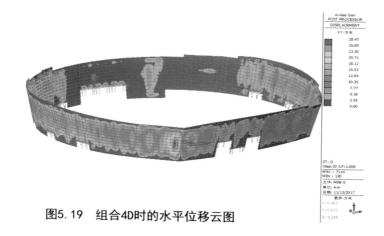

图5.19　组合4D时的水平位移云图

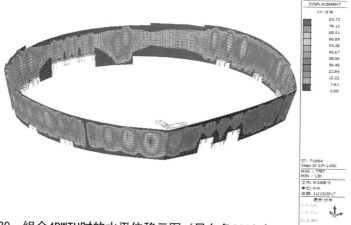

图5.20　组合4DWTU时的水平位移云图（风向角330°）

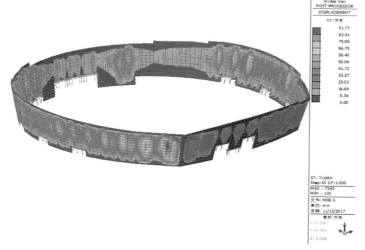

图5.21　组合4DWTD时的水平位移云图（风向角0°）

图5.26 工况6下幕墙变形云图

图5.27 工况7下幕墙变形云图